I0074351

KURZES LEHRBUCH
DER
ELEKTROTECHNIK

FÜR
WERKMEISTER
INSTALLATIONS- UND
BELEUCHTUNGSTECHNIKER

VON
PROFESSOR DR. R. WOTRUBA

*

(MIT 219 ABBILDUNGEN)

MÜNCHEN UND BERLIN 1925
DRUCK UND VERLAG VON R. OLDENBOURG

Vorwort.

Dieses kurze Lehrbuch der Elektrotechnik ist für Werkmeister, Installateure und Beleuchtungstechniker geschrieben.

Es setzt die Kenntnis der Hauptregeln der niederen Mathematik voraus, wie sie in den Fortbildungs- und Abendschulen allenthalben gelehrt wird.

Dieses Lehrbuch vermittelt die Grundbegriffe in einfacher Weise, führt in die Wirkungsweise der Stromerzeuger und Motoren für Gleich- und Wechselstrom ein, ohne von einem nennenswerten mathematischen Apparat Gebrauch zu machen.

Auf die Berechnungen von Leitungen wurde besonders Bedacht genommen, einfache Faustformeln abgeleitet.

Die Bedienung der Maschinen wird besprochen, ebenso die Betriebsstörungen, deren Behebung und die einfachen Reparaturen.

Auf die Beleuchtung wird schon im allgemeinen Teil und in einem besonderen Kapitel eingegangen, auch der Beleuchtung in Kinos gedacht.

Im Kapitel Hausinstallation wird das Installationsmaterial beschrieben, die nötigen Schaltungen und Verteilungen ausgiebig behandelt und schließlich die Freileitungen besprochen.

Um während des Lehrganges nicht außerhalb desselben liegende mechanische Begriffe einflechten zu müssen, sind diese Grundsätze gleich anfangs zusammengefaßt worden. Dadurch war bei Besprechung der Energie ein zwangloser Übergang zur elektrischen Energie gegeben.

Dieses kurze Lehrbuch soll dem Praktiker ein Lehr- und Hilfsbuch sein, dem Schüler von Gewerbeschulen und elektrotechnischen Fachschulen ein Übungs- und Wiederholungsbuch.

Die Siemens-Schuckertwerke haben ein reiches Bildstockmaterial zur Verfügung gestellt.

Der Verlag hat durch gewissenhafte Ausstattung sich um das Buch sehr verdient gemacht.

Wien, im August 1925.

Der Verfasser.

Inhaltsverzeichnis.

Seite

Grundsätze der Mechanik 1
Mechanische Energie 8
Gesetze des Gleichstroms 14
Elektrische Energie 14
Wärme, chemische und magnetische Wirkungen derselben im allgemeinen 14
Wärmewirkungen des Stromes. Das Joulsche Gesetz. Zulässige Stromstärken. Stromdichte. Sicherungen. Glühlampen. Lichtfluß. Lichtstärke. Bogenlicht 20
Spannungsabfall, Stromabnahme. Ringleitung. Stromverzweigung. Isolationsmessungen 31
Die chemischen Wirkungen des Stromes, Elektrolyse 43
Akkumulatoren 47
Magnetismus 56
Spannungserzeugung 65
Gleichstrommaschinen 74
Motoren 86
Wechselstromtheorie 103
Transformatoren 119
Drehstrommotoren 127
Wechselstrommotoren 140
Wechselstrom- und Drehstromerzeuger 148
Umformer 153
Beleuchtung 157
Hausinstallationen 165
Freileitungen 188
Schlußbemerkung 198

Grundsätze aus der Mechanik.

I. Geschwindigkeit, Beschleunigung, Kraft, Masse, Arbeit und Leistung. Beispiele.

Geschwindigkeit nennt man den sekundlichen Weg. Ist also der in einer Zeit zurückgelegte Weg gegeben, so ist

$$\text{Geschwindigkeit} = \frac{\text{Weg}}{\text{Zeit}}$$

$$\text{velocitas} = \frac{\text{spatium}}{\text{tempus}}$$

$$v = \frac{s}{t}.$$

Geschwindigkeit ist also ein Weg, dividiert durch eine Zeit. Man sagt also: Die Umfangsgeschwindigkeit eines Ankers ist 14 m/sec (14 m durch Sekunde). Bei Drehbewegungen gibt man die Anzahl der Umdrehungen in einer Minute an. Man spricht dann von der Drehzahl des Motors oder einer Maschine. Die Drehzahl bezeichnet man mit dem Buchstaben „n“. Ist der Durchmesser eines Ankers d Meter, so ist der zurückgelegte Weg eines Punktes auf der Ankeroberfläche bei einer Umdrehung gleich dem Ankerumfang $d\pi$. Ist die Drehzahl n, so ist der zurückgelegte Weg in einer Minute $d\pi n$ und die Umfangsgeschwindigkeit

$$v = \frac{\text{Weg}}{\text{Zeit}} = \frac{d\pi n}{60}\ \text{m/sec}.$$

B e i s p i e l. Wie groß ist die Umfangsgeschwindigkeit der Riemenscheibe eines sechspferdigen Drehstrommotors, wenn der Riemenscheibendurchmesser 16 cm beträgt und die Drehzahl 1430 ist?

$$v = \frac{0{,}16 \cdot 3{,}14 \cdot 1430}{60} = 12\ \text{m/sec}.$$

Bei den Drehbewegungen darf die Umfangsgeschwindigkeit bestimmte Höchstwerte nicht überschreiten. Die Fliehkräfte werden sonst zu groß und die sich drehende Masse kann zerreißen. So geht man z. B. bei gußeisernen Riemenscheiben nicht gerne über 25 m/sec hinaus. — Je fester der Baustoff und je geringer sein spezifisches Gewicht, desto größere Umfangsgeschwindigkeiten kann man zulassen. Bei den Turbogeneratoren findet man die größten Umfangsgeschwindigkeiten. So hat z. B. der von den Siemens-Schuckert-Werken gebaute 60 000 Kilovoltampere-Drehstromturbogenerator bei einer Drehzahl $n = 1000$ und einem Magnetwalzendurchmesser 2,3 m eine Umfangsgeschwindigkeit

$$v = \frac{2{,}3 \cdot 3{,}14 \cdot 1000}{50} = 120 \text{ m/sec.}$$

Hier hat der Maschinenbauer ungeheure Fliehkräfte zu beherrschen. Wiegt doch der Stahl der Magnetwalze allein 104 t und das darauf gewickelte Kupfer 11 t.

In vielen Fällen ist die Bewegung nicht gleichförmig, sondern ungleichförmig, wie z. B. die Bewegung eines fallenden Körpers, die Bewegung des Kolbens einer Dampfmaschine usw. Bei solchen Bewegungen ist auch die Geschwindigkeit in jedem Augenblicke anders, sie ist veränderlich.

Wir fahren aber jetzt langsam, sagt ein Bahnreisender zu dem anderen. Ich schätze die augenblickliche Geschwindigkeit höchstens zu 20 km/Std.! Was meint er damit? Wenn wir mit dieser augenblicklichen Geschwindigkeit weiter fahren, werden wir in 1 Stunde 20 km zurücklegen, oder in 1 Minute 333,3 m, oder in 1 Sekunde 5,55 m. Aber schon nach 5 Minuten sagt derselbe Reisende: Jetzt fahren wir bergab. Die Geschwindigkeit ist größer geworden, sie ist jetzt gewiß 60 km/Std. oder 1 km/min oder 16,66 m/sec. Der Zug hat sich beschleunigt. Um die Beschleunigung messen zu können, erklären wir die Beschleunigung als sekundliche Geschwindigkeitszunahme. Im angeführten Beispiele ist demnach die

$$\text{Zugsbeschleunigung} = \frac{16{,}66 - 5{,}55}{60 \cdot 5} = \frac{11{,}11}{300} = 0{,}037 \text{ m/sec}^2.$$

denn die Beschleunigung ist eine Geschwindigkeit, dividiert durch eine Zeit. Da aber Geschwindigkeit selbst eine Strecke durch eine Zeit ist, muß Beschleunigung eine Strecke durch das Quadrat einer Zeit sein. Das ist für Umrechnungen sehr wichtig.

Beispiel. Eine Beschleunigung ist 25 m/sec². Welche Zahl erhält man dafür, wenn man dieselbe Beschleunigung in km/min² ausdrücken will?

$$\text{Beschleunigung} = \frac{0{,}025 \text{ km}}{\frac{1}{60} \cdot \frac{1}{60}} = 900 \text{ km/min}^2.$$

Die Fallbewegung ist ebenfalls eine beschleunigte Bewegung. Die Beschleunigung ist ungefähr 9,81 m/sec². Sie heißt die Erdbeschleunigung und wird mit g bezeichnet.

Das von Galilei aufgestellte Trägheitsgesetz sagt aus, daß die Körper träge seien, daß sie in dem Zustand beharren wollen, in dem sie sich befinden. So will ein ruhender Körper in Ruhe, ein bewegter Körper in Bewegung bleiben, seine Geschwindigkeit und seine Bewegungsrichtung unentwegt aufrechterhalten. Betrachten wir einen Körper unter dem Gesichtspunkte seiner Trägheit, so ist der Körper für uns Masse. Weil nun ein Körper in seinem Zustande beharren will, wird er jeder Veränderung des Bewegungszustandes einen Widerstand entgegensetzen. Ist aber doch eine Veränderung eingetreten, so wurde eben dieser Widerstand, die Masse, überwunden. Das Überwindende nennen wir nun die Kraft. — Kraft und Masse müssen nun einen Ausgleich hervorrufen und dieser Ausgleich ist die Beschleunigung. Eine Kugel bewegt sich mit einer Geschwindigkeit von 5 m/sec. Plötzlich beobachten wir eine Beschleunigung. Nach 10 Sekunden messen wir eine Geschwindigkeit von 13 m/sec. In dieser Zeit wirkte also eine Beschleunigung von

$$\frac{13-5}{10} = \frac{8}{10}\ \text{m/sec}^2.$$

Diese Erscheinung können wir uns nur dadurch erklären, daß eine äußere Kraft, eine äußere Ursache vorhanden gewesen sein muß, die die Masse überwunden hat. Als Ergebnis dieses Kampfes trat eine Beschleunigung auf. Je stärker die Kraft, desto größer, je größer die Masse, desto kleiner die sich ergebende Beschleunigung. Daher können wir nun die erwähnte Beziehung so aufschreiben:

$$\text{Beschleunigung} = \frac{\text{Kraft}}{\text{Masse}}.$$

Jeder Körper ist träge, also hat er auch eine Masse. Die Masse eines Körpers betrachten wir als eine unveränderliche Größe, bestimmt unveränderlich während einer bestimmten Zeit. Über das Wesen der Masse können wir uns noch keinen klaren Begriff machen, obgleich die neue Lehre von dem Atom uns einen tieferen Einblick in das Wesen der Masse gestattet.

Wenn wir nun die Masse des Körpers, die 1 g wiegt, Eins nennen wollen und als Beschleunigungseinheit 1 cm/sec² festsetzen, so wäre

$$1\ \text{cm/sec}^2 = \frac{\text{Kraft}}{\text{Masse Eins}}.$$

dann müßte die Kraft auch „Eins" gesetzt werden und wir hätten somit eine Krafteinheit gewonnen. Dieser Krafteinheit bedient sich tatsächlich der Physiker und vielfach der Elektrotechniker. Er nennt sie Dyn. Ein Dyn ist demnach eine Kraft, die der Masse von 1 g Gewicht eine Beschleunigung von 1 cm/sec² zu erteilen vermag.

Der Praktiker wird aber diese Krafteinheit entbehren können, er mißt die Kräfte nach Gewichten, also nach Kilogrammen. Das verhält sich nun so:

Hängen wir an einen Faden eine Kugel, so spannt diese den Faden. Die Kugel will also fallen und eine Beschleunigung von 9,81 m/sec² annehmen. Nach unserer Vorstellung muß also auf die Kugel ständig eine Kraft wirken, und zwar nach der Formel

$$P = M \times 9{,}81.$$

Diese Kraft P ist nun nichts anderes als das Gewicht des Körpers

$$G = M \cdot 9{,}81.$$

Als Gewichtseinheit benutzen wir nun den Zug, den 1 dm³ (1 l) Wasser auf den Faden ausübt oder auch den Druck dieser Masse auf seine wagrechte Unterlage. Jetzt können wir umgekehrt wie früher aus dem Gewichte und der Erdbeschleunigung die Masse des Körpers berechnen:

$$M = \frac{G}{9{,}81}.$$

Soll die Masse Eins werden, so muß $G = 9{,}81$ werden. Daher ist diese Masseeinheit jene, die 9,81 kg wiegt. Wir vergleichen nun die beiden Krafteinheiten: das Dyn und das Kilogramm. 1 kg hat 1000 g die erteilte Beschleunigung ist 981 cm/sec². Daher hat 1 kg $1000 \cdot 981 = 981\,000 = 9{,}81 \cdot 10^5$ Dyn.

Weil die an einem Faden hängende Kugel ständig fallen will, denken wir uns, daß die Kugel in einem Kraftfelde sich befinde.

Wie vielleicht eine glühende Kugel Wärmestrahlen aussendet, so die Erde die Kraftstrahlen. Dieser Kraftfluß durchdringt jede um den Erdmittelpunkt gedachte Kugelschale senkrecht. Je größer die Kugelschale, desto geringer der Fluß pro Flächeneinheit der Schale. Da die Oberfläche einer Kugelschale $4\,r^2\pi$ ist, da also die Fläche der Schale 9 oder 16 mal größer wird, wenn der Kugelhalbmesser um das drei- oder vierfache wächst, so wird der Fluß mit dem Quadrate des Kugelhalbmessers abnehmen müssen. Aus diesem Grunde wird die Erdbeschleunigung ebenfalls mit dem Quadrate der Entfernung abnehmen müssen und mit ihr das Gewicht der Körper. Das Gewicht der Körper ist also keine unveränderliche Größe. Wie die Erde, so ist auch jeder andere Planet der Sonne, die Sonne selbst und jeder Fixstern von einem Kraftlinienfeld umgeben. Newton (sprich: Njuten) hat nun das Gesetz aufgestellt, daß die Himmelskörper sich scheinbar mit einer Kraft anziehen, die ihren Massen gerade und dem Quadrate ihrer Entfernungen umgekehrt proportional sei.

$$P = \frac{M_1 \cdot M_2}{r^2}.$$

Wenn man eine Last hebt, wenn man eine Feder zusammendrückt wenn ein Eisenbahnwagen längs einer Steigung hinaufgeschoben oder wenn ein solcher Wagen auf wagrechtem Gleis durch Schieben aus seiner Ruhelage in Bewegung gesetzt wird, so braucht man hiezu eine Arbeit. Die Größe der Arbeit hängt von der Größe der schiebenden Kraft und von der Länge des Weges ab. Messen wir die Kraft in Kilogramm, den Weg in Metern, so gibt das Produkt beider den Umfang der Arbeit an.

$$\text{Arbeit} = \text{Kraft} \times \text{Weg},$$
$$A = P \quad \times S.$$

Wählt man die Krafteinheit mit einem Kilogramm, die Wegeinheit mit einem Meter, so wird die Arbeitseinheit ein Kilogrammeter. Zum Messen sehr kleiner Arbeiten wählt man als Krafteinheit das Dyn und als Wegeinheit das Centimeter.

Diese Arbeitseinheit nennt man ein Erg. Der Zusammenhang zwischen Kilogrammeter und Erg ist folgender: 1 kg entspricht 981 000 Dyn. 1 m hat 100 cm. Daher hat 1 Kilogrammeter

$$981\,000 \times 100 = 9{,}81 \cdot 10^7 \text{ Erg}.$$

10^7 Erg, das sind 10 Millionen Erg, hat man ein Joule (sprich: Dschaul) genannt, also 1 kg/m = 9,81 Joule.

In den meisten Fällen interessiert den Techniker die von einer Maschine abgegebene oder aufgenommene sekundliche Arbeit. Erst dadurch kann man die Stärke einer Maschine beurteilen. Die sekundliche Arbeit hat man nun Leistung genannt. Es ist somit

$$\text{Leistung} = \frac{\text{Arbeit}}{\text{Zeit}} = \frac{\text{Kraft} \times \text{Weg}}{\text{Zeit}} = \text{Kraft} \times \text{Geschwindigkeit}.$$

oder in Buchstaben ausgedrückt:

$$N = \frac{A}{t} = \frac{P \cdot s}{t} = P \cdot v.$$

Ist $P = 1$ kg und $v = 1$ m/sec, so ist die Einheit der Leistung das kgm/sec. — Ist aber $P = 1$ Dyn und $v = 1$ cm/sec, so ist die Leistung ein 1 Erg/sec. — Neben dem gewöhnlichen Maß 1 kgm/sec und dem kleinsten Maß 1 Erg/sec bedient man sich noch eines anderen Maßes, das in seiner Größe dazwischen liegt. — Nimmt man $P = 10^7$ Dyn und $v = 1$ cm/sec, so wird $N = 10^7$ Dyn $\times$ 1 cm/sec = 1 Watt.

1 Watt ist also nichts anderes als ein Joule/sec. — Es muß also nach vorigen

$$1 \text{ kgm/sec} = 9{,}81 \text{ Watt}.$$

Hebt also jemand in einer Sekunde 1 kg 1 m hoch, so entspricht dies einer Leistung von 1 kgm/sec. Ist der Hub in gleicher Zeit nur 9,81 cm, so ist die Leistung 1 Watt. — 1000 Watt nennt man 1 Kilowatt

$$1000 \text{ W} = 1 \text{ kW}.$$

Ein veraltetes Maß für die Leistung ist die Pferdestärke (PS). 1 PS rechnet man mit 75 kgm/sec. Weil nun 1 kgm/sec 9,81 Watt sind, so hat 1 PS

$$75 \times 9{,}81 = 736 \text{ Watt}$$

oder 0 · 736 kW.

Umgekehrt ist 1 kW $\frac{1}{0{,}736} = 1{,}36$ PS.

Wird uns 1 kW 1 Stunde zur Verfügung gestellt, so ist die von diesem Kilowatt erzeugte Arbeit 1 Kilowattstunde (kWh). Wiederholend ergibt sich nun folgende Zusammenstellung:

1 kW = 1000 W = 101,98 kgm/sec,
1 kW = 1,36 PS,
1 PS = 0,736 kW = 75 kgm/sec,
1 kWh = 367 000 kgm,
1 W = 10^7 Erg/sec.

Eine Maschine ist im allgemeinsten Sinne ein Gerät, das einerseits Leistung aufnimmt, anderseits Leistung abgibt. Die abgegebene Leistung wird dann immer kleiner sein müssen als die aufgenommene. Der Bruch $\frac{\text{abgegebene Leistung}}{\text{aufgenommene Leistung}}$ heißt der Wirkungsgrad der Maschine und wird allgemein mit dem Buchstaben η (Eta = griechisches E) bezeichnet

$$\eta = \frac{N_{ab}}{N_{auf}}.$$

Vielfach ist es vorgekommen, daß eine Maschine, wie z. B. der Ottosche Viertaktmotor nicht von einem Theoretiker oder Fachmann, sondern von einem Praktiker oder gar einem Laien instinktmäßig erfunden worden ist. Die nachher einsetzende Theorie hat dann aber die Wege gezeigt, auf denen der Wirkungsgrad der Maschine verbessert werden kann. Man sucht dem unerreichbaren Ziele $\eta = 1$ so nahe wie möglich zu kommen. So zeigt jede Entwicklung einer Maschine eine stetige Verbesserung des Wirkungsgrades. Nebenbei beobachtet man eine stetige Erhöhung der Drehzahl bei abnehmendem Gewichte der Leistungseinheit.

Kleine elektrische Motoren (1 bis 2 PS) haben einen Wirkungsgrad von 0,7, er steigt dann auf 0,8 bei fünf- bis zwölfpferdigen Motoren, um bei hundertpferdigen Motoren schon über 0,9 angelangt zu sein.

B e i s p i e l. In einer Werkstätte sind von einer Transmission folgende Werkzeugmaschinen anzutreiben:

Eine	Spitzendrehbank, Spitzenhöhe 350 mm, leicht . .	5 PS,
»	» » 600 » schwer .	14 »
»	Walzendrehbank, $\varnothing = 400$ mm, Länge 2500 mm .	5 »
»	einspindelige Bohrmaschine für Bohrer bis 40 mm .	3 »
	Summe:	27 PS.

Der Wirkungsgrad der Transmission wird auf $\eta = 0{,}9$ geschätzt. Wieviel Pferdestärken wird der Antriebsmotor an die Transmission abgeben?

$$N = \frac{27}{0{,}9} = 30 \text{ PS.}$$

B e i s p i e l. Eine Kohlenförderungsanlage hat stündlich 45 t Kohle auf 6 m Höhe zu fördern. Der Wirkungsgrad der Anlage wird auf 0,8 geschätzt. Ein wieviel pferdiger Elektromotor wird für den Antrieb gewählt werden müssen?

45 t sind 45000 kg. Die theoretische Arbeit ist $45\,000 \times 6 = 270\,000$ mkg, die Leistung aber

$$\frac{270\,000}{3600} = 75 \text{ kgm/sec.}$$

Wirklich wird aber die Leistung

$$\frac{75}{0{,}8} = 93{,}75 \text{ kgm/sec.} \quad \text{oder} \quad \frac{93{,}75}{75} = 1{,}245 \text{ PS.}$$

Man wird daher einen 1½ PS-Motor wählen.

B e i s p i e l. Es soll eine kleine Wasserkraft für einen 2 km davon gelegenen Wirtschaftshof ausgenutzt werden. Die Messung ergab 60 l/sec und eine nutzbare Gefällshöhe von 18 m. — Der Wirkungsgrad des Peltonrades ist 0,8. Die mit dem Peltonrad unmittelbar gekuppelte Gleichstrommaschine hätte einen geschätzten Wirkungsgrad von 0,9. In der Leitung selbst läßt man einen Verlust von 10 vH zu, so daß die Leitung selbst einen Wirkungsgrad von 0,9 besitzt. Wieviel Kilowatt werden am Wirtschaftshof verfügbar sein?

Die theoretische Leistung ist

$$N = \frac{60 \cdot 18 \cdot 9{,}81}{1000} = 10{,}6 \text{ kW.}$$

Am Wirtschaftshof stehen aber nur zur Verfügung

$$10{,}6 \cdot 0{,}8 \cdot 0{,}9 \cdot 0{,}9 = 6{,}9 \text{ kW}.$$

Damit kann man ungefähr 160 Glühlampen mit 27 Kerzen mittlerer räumlicher Lichtstärke versorgen, die Leistung genügt, eine Steinschrotmühle von 100 cm Steindurchmesser, ebenso gleichzeitig die Häckselmaschine und den Rübenschneider oder eine Breitdreschmaschine mit Schaufelschüttler und halber Reinigung zu betreiben.

II. Mechanische Energie. Die verschiedenen Energieformen. Die Einheit der Energie. Beispiele.

Bei Besprechung der Arbeit erzählten wir von einem Manne, der den Eisenbahnwagen längs eines Weges beschleunigend vorwärts schob und dabei eine Arbeit verausgabte:

$$\text{Arbeit} = \text{Kraft} \times \text{Weg}.$$

Diese Arbeit muß doch irgendwo zu finden sein, denn verloren kann sie nicht gehen. Tatsächlich hat der Eisenbahnwagen die Arbeit geerbt. Vorerst war dessen Geschwindigkeit Null. Durch die schiebende Kraft des Mannes wurde die Masse des Wagens überwunden und er erhielt eine Beschleunigung. Durch die Beschleunigung hat der Wagen am Ende des Weges eine bestimmte Geschwindigkeit erreicht. Dank seiner Geschwindigkeit und seiner Masse ist er imstande, Fahrwiderstände zu überwinden, also jene Arbeit zu verausgaben, die der Mann auf ihn aufgewendet hat. Man sagt, der bewegte Eisenbahnwagen ist der Träger einer Energie. Es ist klar, daß die aufgewandte Arbeit und der Energieinhalt des Wagens untereinander gleich und auch wesensgleich sein müssen. Eigentlich für ein und dasselbe Ding zwei verschiedene Worte.

$$\text{Arbeit} \equiv \text{Energie}.$$

Will ich den Energieinhalt des Wagens wissen, so brauche ich mich nur an den Mann um Auskunft zu wenden. Hat dieser mit 30 kg längs eines Weges von 40 m geschoben, so war seine Arbeit $30 \times 40 = 1200$ kgm, das ist auch der Energieinhalt des Wagens. — Aber auch der Wagen selbst könnte mir Auskunft geben. Seine Antwort würde lauten: Nimm meine halbe Masse und multipliziere sie mit dem Quadrate meiner Geschwindigkeit.

$$P \cdot s = \frac{m}{2} \cdot v^2.$$[1]

[1]) Ist die erteilte Beschleunigung a, so ist die Endgeschwindigkeit

$$v = a \cdot t \quad \ldots\ldots\ldots \quad 1)$$

Der zurückgelegte Weg wird berechnet, wenn man die Zeit mit der mittleren Geschwindigkeit

$$v = \frac{o + a\,t}{2} = \frac{a\,t}{2}$$

So sprechen wir von der Energie eines dahinbrausenden Zuges oder von der Energie eines Schwungrades. Was ist der Zweck des Schwungrades? Eine bestimmte Energie anzusammeln und sie bei Überlastung teilweise an die Welle abzugeben, bis sich der Regulator auf die neue Belastung eingestellt hat. Dazu wollen wir folgendes Zahlenbeispiel rechnen:

Ein Schwungrad hat einen Schwerpunktsdurchmesser von 2,5 m. Das Gewicht des Schwungkranzes betrage 1800 kg. Die Drehzahl $n = 160$. Infolge Überlastung ist nun die Drehzahl innerhalb 10 Sekunden auf $n = 150$ gesunken. Wie groß war die vom Schwungradkranz abgegebene Energie und wie groß war die Mehrbelastung in Pferdestärken? Die Masse des Schwungradkranzes

$$m = \frac{G}{9{,}81} = \frac{1800}{9{,}81} = 184.$$

Die Geschwindigkeit im Schwerpunktsdurchmesser war anfangs

$$\frac{2{,}5 \cdot 3{,}14 \cdot 160}{60} = 21 \text{ m/sec}$$

und am Ende
$$\frac{2{,}5 \cdot 3{,}14 \cdot 150}{60} = 19{,}6 \text{ m/sec},$$

daher war der Energieinhalt anfangs

$$\frac{184}{2} \cdot 21^2 = 41\,000 \text{ kgm}$$

und am Ende
$$\frac{184}{2} \cdot 19{,}6^2 = 35\,500 \text{ kgm}.$$

Daher hat das Schwungrad

$$41\,000 - 35\,500 = 4500 \text{ kgm}$$

abgegeben. Sekundlich also

$$\frac{4500}{10} = 450 \text{ kg/sec}$$

---

multipliziert. Dann ist der Weg

$$s = \frac{a\,t}{2} \cdot t = \frac{a}{2}\,t^2 \quad \ldots\ldots\ldots\ldots \quad 2)$$

oder weil aus 1) $t^2 = \frac{v^2}{a^2}$ wird,

$$s = \frac{v^2}{2\,a}.$$

Nun ist die schiebende Kraft $P = m \cdot a$,

daher ist die Arbeit $P \cdot s = m\,a\,\frac{v^2}{2\,a} = \frac{m\,v^2}{2}.$

oder

$$\frac{450}{75} = 6 \text{ PS.}$$

Das ist auch die Mehrbelastung gewesen. —

Die Energie des Schwungrades ist an seine Masse gebunden. So ist es in vielen Fällen. Ich schlage mit einem Hammer auf einen Ambos. Dabei habe ich eine mechanische Arbeit getan. Wohin ist sie gekommen?

1. Hätte ich in den Ambos ein Loch gebohrt und in dasselbe, gut verwahrt, ein feinteiliges Thermometer gesteckt, so hätte ich bei jedem Schlag ein Steigen des Thermometers wahrnehmen können. Das kann man sich mechanisch etwa folgend erklären: Die kleinsten Teilchen des Eisens sind nicht etwa in Ruhe zu denken, sie haben vielmehr eine ziemlich große Geschwindigkeit. Sie wirbeln in einem kugelförmigen Raum herum, diesen für sich allein beanspruchend. Dieses Teilchen hat eben ein Raumbedürfnis, das abertausende Male größer sein kann als der Raum, den das Teilchen in Ruhe gedacht ausfüllen würde. Je größer die Geschwindigkeit, desto größer ist das Raumbedürfnis. Jedes Teilchen hat aber dank seiner Geschwindigkeit und Masse auch einen Energieinhalt $\frac{m v^2}{2}$. Durch den Hammerschlag wurden die Geschwindigkeiten der Teilchen größer, es wuchs somit der Energieinhalt. Das, was wir Temperaturerhöhung nennen, ist nichts anderes als Geschwindigkeitsvermehrung, und das, was wir als Wärme bezeichnen, ist nichts anderes als die Summe aller $\frac{m v^2}{2}$ der einzelnen Massenteilchen. Robert Mayer aus Heilbronn (1843) war der erste, der die Wesensgleichheit von mechanischer Energie und Wärme aufstellte. Wir wissen heute, daß das, was wir eine Kilogrammkalorie nennen, wesensgleich mit 427,2 kgm ist[1]).

$$1 \text{ kcal} = 427{,}2 \text{ kgm.}$$

Durch jeden Hammerschlag kommt die ganze Masse des Hammers in Schwingungen, die sich den einzelnen Luftteilchen mitteilen. Die Luft schwingt. Jedes Luftteilchen besitzt eine Energie $\frac{m v^2}{2}$, so daß der ganze Raum mit Schallenergie erfüllt ist. Auch diese wird in kgm gemessen. Die Schallenergie pflanzt sich wellenförmig mit einer bestimmten Geschwindigkeit fort. Wellental und Wellenberg bilden

[1]) Die Wärmeeinheit [WE] ist diejenige Wärmemenge, welche die Temperatur von 1 kg Wasser bei 15° C um 1° C erhöht. Sie heißt Kilogrammkalorie oder große Kalorie. Grammkalorie oder kleine Kalorie ist die für ein Gramm Wasser nötige Wärmemenge, also 0,001 Kilogrammkalorie.

eine Welle. Der Abstand eines Wellenberges von dem andern heißt die Länge der Welle. Diese Länge l, die Fortpflanzungsgeschwindigkeit v (333 m/sec in der Luft) und die Anzahl der sekundlichen Schwingungen f stehen in folgender Beziehung:

$$v = l \cdot f.$$

Wenn beim Hammerschlag Funken sprühen, ist ein Teil der aufgewandten mechanischen Energie wellenförmig in den Raum gewandert. Es gilt für die Lichtwellen ebenfalls die Beziehung

$$v = l \cdot f.$$

Da die Fortpflanzungsgeschwindigkeit des Lichtes sehr groß (330 000 km/sec), l sehr gering ist, muß f sehr groß werden. Die Lichtwellen sind Energiewellen. Unser Auge kann nur eine besondere Art von diesen Wellen aufnehmen und diese uns sinnlich machen. Und zwar hängt dies von der Wellenlänge ab. So ist unser Auge nur für jene Wellen empfänglich, deren Wellenlänge zwischen vier und acht hunderttausendstel Zentimeter liegen. — Alle anderen Wellen kann das Auge uns nicht sinnlich machen. Wir haben daher Instrumente und Apparate geschaffen, diesem Notstand abzuhelfen. Das Röntgenlicht hat noch viel kleinere Wellenlängen als das sichtbare Licht, aber es gibt auch Energiewellen, deren Wellenlängen in Zentimeter, in Meter, ja in Kilometer meßbar sind. Solche langen Wellen heißen elektromagnetische Wellen. Diese sind es, die wir bei der Funkentelegraphie und Telephonie verwenden. Die Energiewellen bringen uns die Energie von der Sonne, deren Kinder wir sind. —

Bohren wir im Kopf und im Fuß des Ambosses zwei Löcher und klemmen in diese Löcher zwei Drähte, die wir zu einem Galvanometer führen. Bei jedem Hammerschlag zeigt sich ein Ausschlag des Galvanometers. Es muß sich ein Teil der mechanischen Energie in elektrische Energie verwandelt haben. Die elektrische Energie, sei sie nun an Massen gebunden oder nicht, ist wesensgleich der mechanischen Energie und wird wie diese oder wie die Wärme-, Schall- oder Lichtenergie in Kilogrammeter gemessen. Diese Einsicht der Einheit aller Energien ist für die Fortentwicklung der Wissenschaften wichtig gewesen und wird von uns öfters gebraucht werden. Es gibt also nur eine Energie, aber viele Formen derselben. Das Maß aber ist für alle gleich.

B e i s p i e l. Unter den Dampfkesseln einer Anlage werden stündlich 1300 kg Steinkohle mit einem Heizwerte von 7600 kcal verbrannt. Der wirtschaftliche Wirkungsgrad der Kraftanlage ist 0,16. Welcher mechanischen Leistung wird diese Anlage entsprechen?

Wenn der Heizwert der Kohle 7600 kcal ist, werden bei der Verbrennung dieser Kohle von jedem Kilogramm Kohle 7600 kcal gewonnen. Von dieser erzeugten Wärme kann aber nur ein geringer Teil in mechanische Energie verwandelt werden. Ein bestimmter Teil geht als Wärme durch den Schornstein, ein geringerer Teil strahlt vom Kessel aus. Ungefähr 80% werden in das Wasser übergeführt, das unter der Einwirkung der zugeführten Wärme verdampft. Jetzt fließt der Dampf in der Dampfleitung der Turbine zu. Auch in der Dampfleitung gibt es Wärmeverluste, die man durch entsprechende Einpackung der Leitung zu vermindern sucht. — In der Dampfturbine leistet der Dampf dank seiner großen Geschwindigkeit, mit der er die Turbinenlaufräder durcheilt, mechanische Arbeit. Im abfließenden Dampfe ist aber noch eine sehr große Energie enthalten, die nicht in mechanische Energie verwandelt werden konnte. Auch die vom Dampfe erzeugte Leistung kann nicht ganz zur Nutzleistung herangezogen werden, da die Turbine selbst einen Teil der Leistung zur Betätigung des Regulators der Kondensatorpumpen usw. braucht. So bleiben schließlich nur 16 % an der Turbinenwelle zur Verfügung.

$7600 \times 0{,}16 = 1220$ kcal. Dieser Wärme entsprechen

$$1220 \times 427{,}2 = 520\,000 \text{ kgm},$$

das sind in 1 sec

$$\frac{520\,000}{3600}\ 144{,}5 \text{ kgm/sec}$$

oder

$$\frac{144{,}5 \cdot 9{,}81}{1000} = 1{,}415 \text{ kW}.$$

Da wir aber 1300 kg Kohle stündlich verbrennen, so wird die an die Welle abgegebene Leistung

$$1{,}415 \times 1300 = 1850 \text{ kW}.$$

B e i s p i e l. Ein Elektrodendampfkessel nimmt zur Dampferzeugung 1500 kW auf. Wieviel Kilogramm Dampf erzeugt dieser Kessel stündlich, wenn der Dampf einen Überdruck von 8 at hat und der Wirkungsgrad des Kessels mit 0,9 bestimmt wurde?

Zum Speisen des Kessels verwendet man das Kondensat, das eine Temperatur von 30° C besitzt. Dampf, der unter einem Drucke von 8 at steht, hat eine Temperatur von 174,4° C. Soll 1 kg Wasser verdampft werden, so muß man es erst auf 174,4°C erwärmen. Dazu braucht man die Flüssigkeitswärme. Wird nun dieses Wasser verdampft, so braucht man noch hiezu die Verdampfungswärme. Beide zusammen machen in unserem Falle 630,4 kcal aus.

In Wirklichkeit werden wir

$$\frac{630{,}4}{0{,}9} = 706 \text{ kcal}$$

verbrauchen. Das entspricht einer Energie von

$$706 \cdot 427{,}2 = 301\,600 \text{ kgm}$$

oder

$$\frac{334\,000 \cdot 9{,}81}{1000} = 2960 \text{ Kilojoule}$$

oder

$$\frac{2960}{3600} = 0{,}82 \text{ kWh.}$$

Nachdem der Elektrokessel 1500 kW aufnimmt, wird die stündliche Leistung des Elektrokessels

$$\frac{1500}{0{,}9} \cdot 0{,}82 = 1360 \text{ kg}$$

Dampf sein.

Beispiel. Ein elektrischer Kochtopf von Prometheus mit 1,5 l Wasserinhalt nimmt 600 Watt auf. In welcher Zeit wird das Wasser kochen, wenn dessen Anfangstemperatur 10° C ist und der Wirkungsgrad des Kochtopfes mit 0,9 angenommen wird? Die nötige Wärmemenge ist für 1 l Wasser 100 — 10 = 90 kcal und für 1 ½ l 135 kcal. Das entspricht einer mechanischen Energie von

$$135 \times 427{,}2 = 57\,800 \text{ kgm.}$$

In Wirklichkeit wird man

$$\frac{57\,800}{0{,}9} = 64\,500 \text{ kgm}$$

aufwenden müssen oder

$$64\,500 \times 9{,}81 = 630\,000 \text{ Joule.}$$

Da wir dem Kochtopf sekundlich 600 Joule zuführen, ist die Zeit

$$\frac{630\,000}{600} = 1050 \text{ sec}$$

oder

$$\frac{1050}{60} = 17{,}5 \text{ Minuten.}$$

Beispiel. Wir verbinden die Klemmen eines Elementes mit einer Drahtspirale. Die Drahtspirale wird warm. Wir wissen bereits, daß die Ursache der Erwärmung nur die elektrische Energie sein kann, die das Element erzeugt. In der Drahtspirale hat sich lediglich elektrische Energie in Wärmeenergie umgeformt. Um die abgegebene Wärmemenge messen zu können, geben wir die Spirale in ein Glasgefäß, in das wir 1 l Wasser gegossen haben. Mit der Taschenuhr beobachten wir eine Zeit von 8 Minuten, bis das Wasser sich um 1° C erwärmt hatte. Die entwickelte Wärmemenge ist einer Arbeit von 427,2 mkg gleichwertig. Die Zeit betrug 60 × 8 = 480 sec, daher war die Leistung des Elementes 427 : 480 = 0,89 kgm/sec oder 0,89 × 9,81 = 8,7 Watt.

Wir haben also mit einer Wage (um 1 kg Wasser zu wiegen), einem Thermometer und einer Uhr die elektrische Leistung des Elementes während des Versuches gemessen.

Gesetze des Gleichstroms.

Über die elektrische Energie im allgemeinen. Wärme-chemische und magnetische Wirkungen derselben. Die Coulombsche Wage. Das Ohmsche Gesetz. Vorbild des elektrischen Ausgleichs.

Die elektrischen Erscheinungen konnten lange Zeit nicht einheitlich erklärt werden. Franklin (1750) unterschied positive und negative Elektrizität und stellte sich die Elektrizitätsmenge als Flüssigkeit vor. Die elektrische Spannung maß man nach dem Ausschlage des Goldblattelektroskops. Coulomb (1784) war imstande, mit der von ihm ausgebildeten Torsionswage die abstoßenden Kräfte zweier gleichartiger Elektrizitätsmengen zu messen und kam zu dem wichtigen Schluß, daß die abstoßenden Kräfte Newtonsche Kräfte seien, wie er dies auch für die Abstoßung zweier gleichartiger Magnetpole nachwies. Schon die Form des Newtonschen Gesetzes legte es Coulomb nahe, von elektrischen und magnetischen Mengen oder Massen zu sprechen.

Bedeutend war die Beobachtung Oerstedts (1820), daß die in einer Leitung fortschreitende elektrische Energie magnetische Wirkungen besäße. Eine Magnetnadel wurde abgelenkt. Diese Ablenkung hat Ohm 1825 mit der Coulombschen Wage gemessen und darauf sein berühmtes Gesetz aufgestellt. Das was Ohm selbst noch als magnetische Kraft des Stromes bezeichnet, nennen wir heute Stromstärke. — Das Ohmsche Gesetz verknüpft ein großes Gebiet von Erscheinungen, die früher ungeordnet nebeneinander standen. Durch das Ohmsche Gesetz wurden erst die Vorbilder möglich, die man sich später gemacht hat, um die elektrischen Ausgleichserscheinungen zu verstehen.

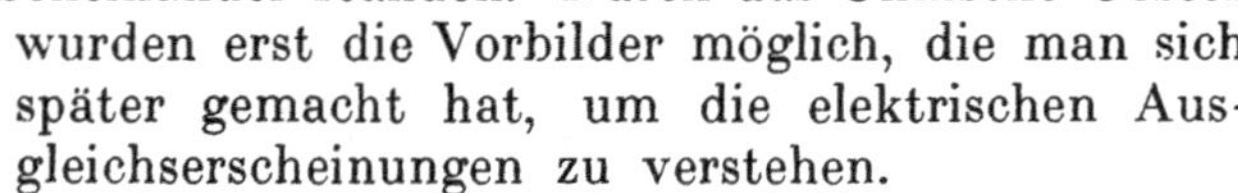

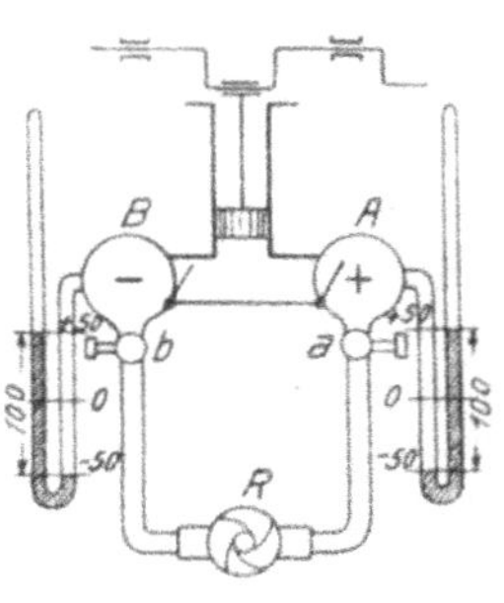

Fig. 1.

Ein solches Vorbild zeigt Fig. 1.

Zwei hohle Glaskugeln sind mit einer Röhre verbunden. Auf dieser ist ein Pumpenstiefel aufgesetzt, in dem ein Kolben mittels eines Kurbeltriebes auf und ab bewegt werden kann. An beide Hohlkugeln sind zwei kleinere Kugeln angeblasen, die je einen Absperrhahn tragen. An die beiden Auslässe können Gummischläuche angeschlossen werden, die zu einem eingekapselten Windrädchen führen. An beide Hohlkugeln sind Haarröhrchen angefügt. Beide Röhrchen sind bis zur Lage *o — o* mit Quecksilber gefüllt und sperren die Luft in den beiden Hohlkugeln von der äußeren Luft ab. Beide Hohlkugeln besitzen je ein Ventil. Geht nun der Kolben aufwärts, so wird aus der Hohlkugel *A* die Luft herausgesaugt, beim Abwärtsgehen des Kolbens die angesaugte Luft in den Kolben *B* hineingedrückt. Bei gesperrten Hähnen wird sich in der linken Hohlkugel ein Unterdruck, in der rechten Hohlkugel ein Überdruck bemerkbar machen. Diese Drücke kann man in Millimeter Quecksilbersäule an den Haarröhrchen ablesen. So lesen wir z. B. links einen Unterdruck von 50 mm, rechts einen Überdruck von 50 mm ab. Der ganze Druckunterschied (Potentialdifferenz genannt) ist die Spannung, entsprechend der elektrischen Spannung an den Klemmen eines Elementes oder eines Gleichstromgenerators. Die elektrische Spannung kann, wenn sie groß genug ist, durch den Ausschlag eines Elektroskops richtig geschätzt werden. Öffnen wir nun die Hähne ein wenig, so stellt sich eine Strömung ein. Der Strom fließt vom positiven Pol durch das Windrädchen zum negativen Pol. — Die Stromstärke ist im ganzen Stromkreise unveränderlich. Fließt in einem Querschnitte vor dem Rädchen beispielsweise sekundlich 2 g Luft, so wird hinter dem Rädchen durch irgendeinen Querschnitt ebenfalls soviel durchfließen müssen. Die sekundlich durch einen Querschnitt fließende Luftmenge können wir als Stromstärke bezeichnen. Wir sehen schon, daß der Strom selbst nicht verbraucht wird. Er fließt zum negativen Pol zurück. Die Spannung (*E*) messen wir in Volt (*V*), die Stromstärke (*J*) messen wir in Ampere (*A*). Ob der Strommesser nun vor oder hinter das Rädchen eingebaut wird, ist einerlei. So kann auch das Amperemeter vor oder hinter dem Verbrauchsapparat liegen.

Während des Fließens wird aber Spannung verbraucht. Wir beobachten beim Fließen des Stromes ein Senken der Quecksilbersäule im rechten Haarröhrchen. Ist die Säule auf die Höhe *o — o* gesunken, so hört die Strömung auf, die Spannung ist verbraucht. Wollen wir nun die Spannung von 100 aufrecht erhalten, so muß am Kolben ständig gearbeitet werden. Hier wird also die Potentialdifferenz, die Spannung, immer von neuem erzeugt. Das ist die elektromotorische Kraft des Apparates, entsprechend der elektromotorischen Kraft (EMK) eines Elementes oder eines Generators. Wie ein Stein von oben nach unten fällt, wie sich der Luftstrom vom Überdruck zum Unterdruck bewegt, so fließt der elektrische Strom vom hohen zum niederen Potential, bildlich immer von oben nach unten.

Wenn nun zum Fließen des Stromes eine Spannung verbraucht wird, so muß auch ein Widerstand (*R*) vorhanden sein. Der Widerstand ist die von den Abmessungen des Leiters abhängige Größe, die mit der Spannung die Stromstärke bestimmt. — Das geht auch aus unserem Vorbild hervor: Sind die Hähne nur wenig geöffnet, die Gummischläuche lang und vom geringen Querschnitt, so wird die Stromstärke nur gering sein. Bei kurzen und weiten Schläuchen wird die Stromstärke groß, der Widerstand der Leitung also gering sein. — Das Ohmsche Gesetz schreibt man daher so auf:

$$J = \frac{E}{R}.$$

Der Widerstand einer Leitung wird mit seiner Länge zunehmen, mit seinem Querschnitte aber geringer werden. Außerdem wird noch das Leitungsmaterial selbst eine Rolle spielen. Wie es bei einem Schlauch nicht gleichgültig ist, ob er innen glatt oder rauh ist, so hat jedes Leitungsmaterial seine kennzeichnende Leitfähigkeit $\left(k = \frac{1}{\sigma}\right)$. Wir schreiben also

$$R = \frac{l}{k \cdot q}.$$

R messen wir in Ohm (Ω).

Jetzt erregt es gewiß unsere Teilnahme, über die Einheiten der Stromstärke, der Spannung und des Widerstandes etwas zu erfahren.

Wie die mechanische Leistung zwei Faktoren besitzt ($N = P \cdot v$), so wird auch die elektrische Leistung durch zwei Faktoren auszudrücken sein. Nun hatte Joule (1841) durch Untersuchungen festgelegt, daß die Erwärmung von Drähten vom Widerstande abhängig sei, einerlei, ob dieser Widerstand von einem Eisen-, Kupfer- oder Nickeldraht gebildet ist. Ebenso aber wächst die Erwärmung mit dem Quadrate der Stromstärke. Diese Beobachtung schreibt man so auf:

$$\text{Wärmemenge} = C \cdot J^2 \cdot R,$$

wenn C irgendein Faktor ist. Nun hat uns Robert Mayer gelehrt, daß Wärme und Arbeit wesensgleich sind. Daher muß auch für die sekundliche Arbeit die Beziehung bestehen:

$$N = C \cdot J^2 \cdot R$$

oder der $R\,J = E$ ist

$$N = C \cdot E \cdot J.$$

Wir sehen also, daß die beiden Faktoren der elektrischen Leistung die Spannung und die Stromstärke sind. Die Einheit der Leistung sei das Watt. Das Watt ist uns bereits bekannt. Der Elektrotechniker hat sich nun die Einheit der Stromstärke und die Einheit der Spannung so zu wählen, daß deren Produkt einer Leistung von einem Watt gleichkommt. Hat er sich z. B. das Ampere beliebig gewählt, so ist das Volt zwangsläufig bestimmt. — Dann aber ist auch die Größe eines Ohms durch das Ohmsche Gesetz festgelegt. Wir werden erst später auf die genauen Erklärungen von Ampere und Volt zurückkommen. Jetzt sei nur gesagt, daß man sich den Widerstand von einem Ohm leicht herstellen kann. — Es ist dies der Widerstand eines Quecksilberfadens von 1 mm² Querschnitt und 1,063 m Länge bei 0° C. — Dieses Ohm heißt das internationale Ohm. — Legt man an die Enden dieses Widerstandes eine Spannung von einem Volt, so fließt durch diesen Widerstand ein Strom von der Stärke eines Ampere. Ersetzt man den genannten Quecksilberfaden z. B. durch einen Silberfaden gleicher Abmessungen, so wird dieser von einem Strome der Stromstärke 62,5 Ampere durchflossen werden. Silber leitet also 62,5mal besser wie Quecksilber. 62,5 ist also die Leitfähigkeit k des Silbers.

Jeder Stoff hat eine gewisse Leitfähigkeit. Man nimmt für Leitungen Stoffe bester Leitfähigkeit, für Widerstände solche mittlerer Leitfähigkeit. Stoffe, die sehr schlecht leiten, sind Isolierstoffe. Die angehängte Tabelle gibt eine Übersicht.

Metalle für Leitungen.

Stoff	σ	$\frac{1}{\sigma} = k$
Kupfer, weich	0,0173	58
» hart	0,0175	57
Aluminium	0,0277	34,8
Bronze	0,0284	35,3
Eisen, hart gezogen	0,138	7,25
Patentgußstahldraht	0,204	4,9
Monnetmetall, weich	0,0345	29
» hart	0,0475	21
Zink	0,06	16,7

Metalle für Widerstände.

Stoff	σ	k
Konstantan	0,48	2,1
Manganin	0,41	2,44
Nickelin	0,39	2,57
Bogenlichtkohle	0,40	0,025

Isolierstoffe.

Widerstände in MΩ[1]) eines Kubikzentimeter-Würfels.

Paraffin	$5{,}10^{12}$
Hartgummi	$1{,}10^{12}$
Glimmer	$2{,}10^{11}$
Schellack	$1{,}10^{10}$
Kautschuk	$1{,}10^{8}$
Vulkanfiber	50
Schiefer	100
Paraffinöl	$8{,}10^{5}$.

¹) Ein Megohm (MΩ) = eine Million Ohm.

Für Isolierstoffe kommt oft mehr die Stärke der Isolierschicht in Betracht, die von einer bestimmten Spannung durchschlagen wird.

Ein Wechselstrom von 20 000 Volt durchschlägt eine Isolierschicht

1. von Luft	von	der	Stärke	34,0	mm,
2. Paraffin	»	»	»	0,5	»
3. Transformatorenöl	»	»	»	2,0	»
4. vulkanisierter Gummi	»	»	»	1,2	»
5. nicht vulkanisierter Gummi	»	»	»	0,85	»

Die Leitfähigkeit k oder der spezifische Widerstand $\sigma = \frac{1}{k}$ eines Stoffes verändert sich mit der Temperatur. Bei Metallen, besonders bei Eisen, wächst der Widerstand mit der Temperatur, bei Kohle, vielen Metalloxyden und bei flüssigen Widerständen nimmt der Widerstand bei zunehmender Temperatur ab.

Bestimmte Legierungen (Konstantan) haben innerhalb weiter Temperaturgrenzen gleichen spezifischen Widerstand. Nennen wir den Zuwachs für 1 Ohm und 1° C Temperaturerhöhung den Temperaturkoeffizienten, so ist

$$R_t = R_{15}\,(1 + a\,t)\,\Omega.$$

R_{15} = Widerstand bei 15° C,
R_t = Widerstand bei einer Temperaturerhöhung von t° C,
t = Temperaturerhöhung in ° C.

Für Metalle schwankt
a zwischen 0,003 bis 0,004,
Eisen hat besonders $a = 0{,}0047$.

B e i s p i e l. Ein Kochtopf nimmt eine Leistung von 600 Watt auf. Die Spannung, an die der Kochtopf angeschlossen wird, sei 220 Volt. Wie groß ist die Stromstärke, die durch den Heizwiderstand des Kochtopfes fließt?

$$J = \frac{600}{220} = 2{,}72 \text{ A.}$$

B e i s p i e l. Durch einen Bogenlampenvorschaltwiderstand fließen 8 Ampere. Der Widerstand hat 3,75 Ω. Wieviel Volt werden in diesem Widerstand vernichtet?

Die Potentialdifferenz

$$V_1 - V_2 = E = 8 \times 3{,}75 = 30 \text{ Volt.}$$

Welchen Verlust verursacht dieser Widerstand?

$$N = 8 \times 30 = 240 \text{ Watt.}$$

B e i s p i e l. Wie groß ist der Widerstand einer 35 mm² Kupferleitung von 5 km Übertragungslänge?

$$R = \frac{l}{kq} = \frac{10\,000}{57 \cdot 35} = 5\,\Omega.$$

Wie groß ist der Spannungsabfall in der Leitung, wenn in derselben ein Strom von 120 Ampere fließt?

$$V_1 - V_2 = E = 120 \cdot 5 = 600 \text{ Volt.}$$

Wie groß war die Übertragungsspannung am Anfange der Leitung, wenn der Spannungsabfall 5% betrug?

$$600 = \frac{5 \cdot E}{100}$$

$$E = \frac{60\,000}{5} = 12\,000 \text{ Volt.}$$

B e i s p i e l. Welche Stromstärke nimmt ein 12pferdiger Gleichstrommotor bei Vollast auf? Klemmenspannung 440 Volt.

Den Wirkungsgrad schätzen wir auf 0,8. Es sind also dem Motor

$$\frac{12 \cdot 736}{0{,}8} = 11\,000 \text{ Watt}$$

zuzuführen. Daher ist die Stromstärke

$$J = \frac{11\,000}{440} = 25 \text{ A.}$$

B e i s p i e l. Wie groß ist die Leitfähigkeit des Kupfers bei 50° C?

Für weiches Kupfer, wie es für Ankerwicklungen verwendet wird, ist nach der Tabelle $\sigma = 0{,}0173$, das ist der Widerstand für 1 m Länge und 1 mm² Querschnitt bei 15° C. Bei 50° C wird

$$\sigma = 0{,}0173\ (1 + 0{,}00393 \cdot 35),$$
$$\sigma = 0{,}0173 \cdot 1{,}1376 = 0{,}0193,$$

daher die Leitfähigkeit

$$k = \frac{1}{\sigma} = \frac{1}{0{,}0193} = 51.$$

Die Leitfähigkeit ist kleiner geworden. Tatsächlich rechnet der Maschinenbauer für die Leitfähigkeit des Kupfers in Anker- und Magnetwicklungen nur $k = 50$.

Wärmewirkung des Stromes. Das Joulsche Gesetz. Über die zulässigen Stromstärken in Leitungen. Stromdichte. Sicherungen. Glühlampen. Lichtfluß. Lichtstärke. Mittlere räumliche Lichtstärke. Vakuum- und gasgefüllte Glühlampen. Das Bogenlicht. Die Reihenschluß-, Nebenschluß- und Differentiallampe. Reinkohlen und Effektkohlen.

Die elektrische Energie geht selbsttätig in Wärmeenergie über, wenn sie durch besondere Verhältnisse nicht gezwungen wird, in einer anderen Form zu erscheinen. In vielen Fällen wollen wir eine restlose Verwandlung in Wärme, wie z. B. im elektrischen Dampfkessel, im Kochtopf, im elektrischen Heizapparat, in den Glüh- und Bogenlampen, im Elektrostahlofen usw.

Vielmals wollen wir diese Energieverwandlung vermeiden, wie z. B. in den Leitungsdrähten oder in den Anker- und Magnetwicklungen. In den ersteren verlieren wir Energie, die erst an Ort und Stelle ihrem Zwecke zugeführt werden soll, im zweiten Falle ist uns die Erwärmung unangenehm, weil die Temperaturerhöhung die Leistungsfähigkeit der Maschine begrenzt. Wir dürfen bei Baumwollisolierung des Anker- oder Magnetdrahtes höchstens eine Temperaturerhöhung von 40° C zulassen. — Bei den Sicherungen z. B. wollen wir, daß der Sicherungsdraht bei einer bestimmten Stromstärke durchschmilzt. Dann wird der Strom unterbrochen und der zu sichernde Apparat geschützt.

Wird ein Draht vom Widerstande R, vom Strome J durchflossen, so verbraucht er zum Fließen das Gefälle

$$E = R \cdot J \text{ Volt.}$$

In diesem Widerstande R wird die Leistung

$$N = E\,J = R\,J^2$$

in Wärme verwandelt. Diese Wärme läßt sich nun leicht berechnen.

$$1 \text{ kcal} = 1000 \text{ gcal} = 427{,}2 \text{ kgm},$$

$$1 \text{ kgm} = \frac{1000}{427{,}2} = 2{,}34 \text{ gcal},$$

$$1 \text{ Joule} = \frac{2{,}34}{9{,}81} = 0{,}24 \text{ gcal}.$$

Nun sind $R\,J^2$ Watt, und in der Zeit t'' bedeutet das Produkt $R \cdot J^2 \cdot t$ nichts anderes als Joule.

Es ist also die vom Strome J im Widerstande R erzeugte Wärmemenge Q, in kleinen Kalorien gemessen, durch die Formel gegeben:

$$Q = J^2 \cdot R \cdot t \cdot 0{,}24 \text{ gcal.}$$

Diese Gleichung umfaßt das Joulesche Gesetz. Durch die Wärmezufuhr wird die Temperatur des Widerstandes steigen, bis endlich die größtmöglichste Temperatur erreicht ist. Man sagt, daß der Behaarungszustand eingetreten ist. Wann wird das sein? Gewiß dann, wenn die sekundlich zugeführte Wärmemenge gleich wird der ausgestrahlten Wärmemenge. Die ausgestrahlte Wärmemenge hängt nun von der Oberfläche des Widerstandes ab, vom Temperaturunterschied der Oberfläche und dem diese Oberfläche umgebenden Mittel und endlich von der Ausstrahlungsfähigkeit der Oberfläche selbst. Betrachten wir nun ein Stück Draht von der Länge l und dem Umfange $d\pi$. Der Temperaturunterschied sei ϑ, a die Zahl, welche die Ausstrahlungsfähigkeit berücksichtigt. Dann gilt folgende Gleichung:

$$J^2 \cdot R \cdot 0{,}24 = a \cdot l \cdot d\pi \cdot \vartheta.$$

Statt R können wir den Wert

$$\frac{l}{k \cdot q} = \frac{l \cdot 4}{k d^2 \pi}$$

einsetzen.

$$J^2 \frac{4 l \cdot 0{,}24}{k \cdot d^2 \pi} = a l d \pi \vartheta,$$

l fällt auf beiden Seiten der Gleichung weg.

$$J^2 \frac{4 \cdot 0{,}24}{k \cdot d^2 \pi} = a d \vartheta \pi$$

$$J^2 = \frac{a \pi^2 k \vartheta d^3}{0{,}96}$$

oder, π^2 9,6 gesetzt,

$$J^2 = 10 \cdot a \cdot k \cdot \vartheta \cdot d^3.$$

Bei einer zulässigen Temperaturerhöhung von $\vartheta = 10^0$ C wird für Kupferdraht

$$J^2 = a \cdot 57 \cdot 100 \cdot d^3$$

$$J^2 = 5700 \cdot a \cdot d^3.$$

Für isolierte Kupferdrähte ist

$$a = 0{,}007.$$

Es ist somit

$$J^2 = 40\, d^3$$

und

$$J = 6{,}32 \sqrt{d^3}.$$

Mit letzter Formel kann man sich die Stromstärke bei gegebenem Durchmesser berechnen.

B e i s p i e l. Die Normalien für isolierte Starkstromleitungen geben an, daß ein gummiisolierter Leitungsdraht von 10 mm² dauernd mit höchstens 45 Ampere belastet werden darf. Der Durchmesser des Kupferdrahtes ist 3,58 mm, $d^3 = 3{,}58^3 = 45{,}88$.

Nach unserer Formel ist demnach

$$J = 6{,}32 \sqrt{45{,}88}$$
$$= 6{,}32 \cdot 6{,}76 = 42{,}7 \text{ A}.$$

Es ist sehr wichtig, zu wissen, daß große Querschnitte schlechter ausgenutzt werden können als kleine Querschnitte, denn die Oberfläche des Drahtes wächst langsamer bei zunehmendem Durchmesser als der Querschnitt. — Man wird also für 1 mm² des großen Querschnitts einen geringeren Stromdurchgang wählen müssen wie bei einem kleineren Querschnitt. Den Bruch $\frac{J}{q}$ nennen wir die Stromdichte (i) und messen sie in Ampere/mm². Die Veränderlichkeit der Stromdichte für gummiisolierte Leitungen ergibt sich aus der Formel $J = 6{,}32 \sqrt{d^3}$, wenn wir $J = q \cdot i$ setzen.

$$q \cdot i = 6{,}32 \sqrt{d^3}$$
$$i = 8 \sqrt{\frac{1}{d}}.$$

Aus der Formel ersieht man, daß i mit wachsenden d abnimmt. Den Kupferdraht der Magnetwicklungen beansprucht man höchstens mit 2 Ampere/mm², Ankerdrähte kleiner Motoren höchstens mit 6 Ampere/mm². — Bei einem 100pferdigen Motor z. B. wird die Stromdichte in den Ankerstäben etwa 2 Ampere/mm² sein.

Folgendes Beispiel soll den Anfänger belehren, daß es bei Würdigung von Widerständen mehr auf die Stromdichte als auf die Größe des Widerstandes ankommt. Der Widerstand einer Spule eines Stöpselwiderstandes beträgt 400 Ω. Der seideumsponnene Draht hat einen Durchmesser von 0,05 mm. Man schließt diesen Widerstand an eine Spannung von 60 Volt an. Die Stromstärke

$$J = \frac{60}{400} = 0{,}15 \text{ A},$$

der Querschnitt des Drahtes aber nur 0,002 mm². Es ist daher die Stromdichte

$$i = \frac{0{,}15}{0{,}002} = 75 \text{ A}.$$

Bei dieser Beanspruchung wird die Temperatur der Spule so schnell hoch steigen, daß sie verbrennt.

Sicherungen[1]) werden gewöhnlich für Spannungen von 250, 500 und 750 Volt gebaut, wobei jedoch zu berücksichtigen ist, daß offene Schmelzsicherungen nicht für 750 Volt und geschlossene Schmelzsicherungen nicht für 250 Volt vorgesehen sind. Für letztere bildet also 500 Volt die

[1]) Kalender für Elektrotechniker.

niedrigste zulässige Spannung. Die Schmelzsicherungen haben den Zweck, eine übermäßige Erwärmung des zu sichernden Apparates zu verhindern. Sie sollen daher bei kurzzeitiger Überschreitung der ordentlichen Stromstärke nicht schmelzen. Sie sollen 30 vH des ordentlichen Stromes noch ertragen, bei doppelter Überlastung aber sicher in 2 Minuten abschmelzen.

Nun gibt es für einen Schmelzdraht einen bestimmten Strom,[1]) den Grenzstrom, der vom Schmelzdraht eben noch ausgehalten wird.

Dieser Grenzstrom

$$J_g = 45\sqrt{d^3} \text{ für Silberdraht,}$$
$$= 62{,}5\sqrt{d^3} \text{ für Kupferdraht,}$$
$$= 6{,}5\sqrt{d^3} \text{ für Bleidraht.}$$

Nach den gestellten Bedingungen ist es am besten, den Betriebsstrom J_b 75 vH des Grenzstromes groß zu machen.

Beispiel. Bei einem Querschnitt von 16 mm² ist die höchste, dauernd zulässige Stromstärke 75 Ampere. Nach den Vorschriften für die Errichtung elektrischer Starkstromanlagen muß diese Leitung mit 60 Ampere gesichert sein. Welchen Durchmesser erhält der Silberdraht der Sicherung.

$$J_b = 60 \text{ A},$$
$$J_b = \frac{3}{4} J_g,$$
$$J_g = \frac{4}{3} J_b = \frac{4}{3} \cdot 60 = 80 \text{ A},$$
$$80 = 45\sqrt{d^3}$$
$$80^2 = 45^2 \cdot d^3,$$
$$d^3 = \frac{6400}{2025} = 3{,}17,$$
$$d = \sqrt[3]{3{,}17} = 1{,}46 \text{ mm}.$$

Für Hausinstallationen sind Stöpselsicherungen mit Edisongewinde am meisten im Gebrauch. Auch die sog. Siemensdeckel sind ihrer Einfachheit wegen bei den Installateuren sehr beliebt. Die zweiteiligen Stöpsel sind als die besten anerkannt worden. Zu dieser Art gehören das von den Siemens-Schuckert-Werken eingeführte Sicherungssystem Diazed mit Kennvorrichtung. Die Sicherung besteht aus der Patrone, dem Stöpselkopf und der Paßschraube. Jede Patrone hat einen andern

[1]) E. u. M. 1910, S. 619.

geformten Fuß für die Paßschraube, wie Fig. 2 und 3 zeigt. Die Unverwechselbarkeit erstreckt sich sowohl auf Stromstärken wie auch auf Spannungen.

Die obigen Patronen sind für 250 Volt vorgesehen, eine andere Typenreihe gilt für 500 Volt. — Die Kennvorrichtung ist je nach Stromstärke ein verschieden gefärbtes Kennplättchen, welches durch ein Glasscheibchen im Stöpselkopf deutlich sichtbar ist. Beim Durchbrennen des Schmelz-

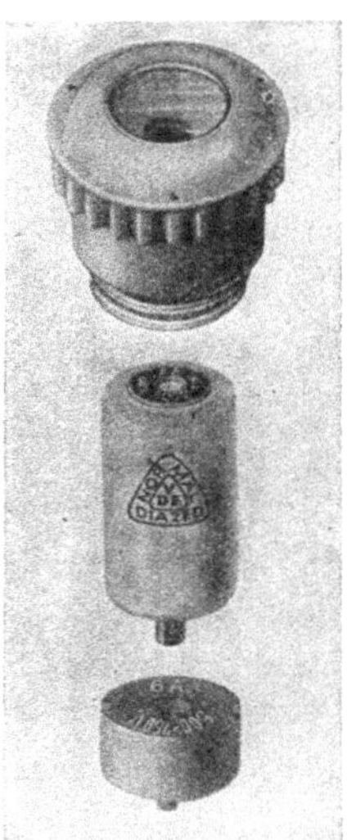

Fig. 2.

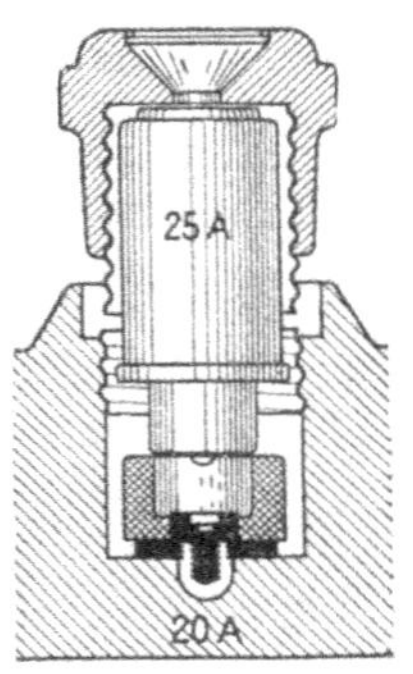

Fig. 3.

Fig. 4.

drahtes wird dieses Metallplättchen, wie Fig. 4 zeigt, durch eine kleine Spiralfeder von der Patrone weggeschleudert und auf diese Weise das Auffinden durchgebrannter Patronen erleichtert. Das Auswechseln bezieht sich nur auf die Patrone, während der Stöpselkopf dauernd verwendbar bleibt.

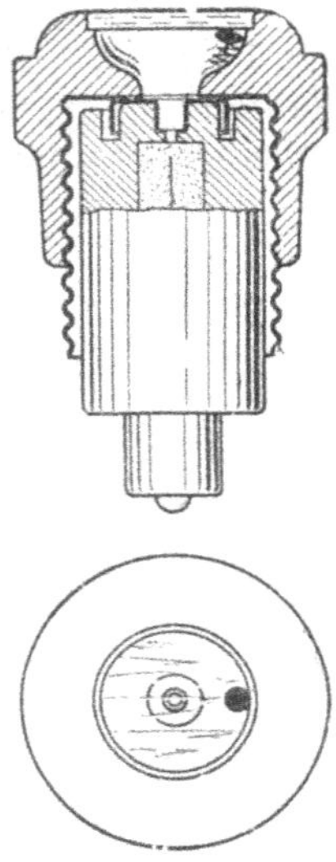

Folgende Tabelle gibt die höchste, dauernd zulässige Stromstärke in Ampere für die Querschnitte an, wie auch die Nennstromstärke für die entsprechenden Abschmelzsicherungen:

q mm²	Ampere	Nennstromfläche der Sicherung in Ampere	q mm²	Ampere	Nennstromfläche der Sicherung in Ampere
0,5	7	6	6	31	25
0,75	9	6	10	43	35
1	11	6	16	75	60
1,5	14	10	25	100	80
2,5	20	15	35	125	100
4	25	20	50	160	125

Das beste Material für Schmelzdrähte ist Silber. Beim Abschmelzen entstehen Metalldämpfe, die bei Bleidrähten, da diese stärker sind, eine Explosion hervorrufen können. Auch ist bei Bleidrähten der nachher entstehende Metallspiegel stärker, der auch nach dem Abschmelzen eine Brücke bilden kann.

Die heute verwendeten Glühlampen sind Metalldrahtlampen. Der Metalldraht wird sehr stark beansprucht. So hat z. B. eine Lampe von 50 Kerzen einen Leuchtdraht aus Wolfram. Er ist 605 mm lang und hat einen Durchmesser von 0,053 mm. Bei 110 Volt Spannung wird der Draht von 0,5 Ampere durchflossen. — Dann ist der Widerstand des erhitzten Drahtes

$$R = \frac{E}{J} = \frac{110}{0,5} = 220 \text{ Ohm},$$

der Querschnitt des Drahtes

$$q = \frac{d^2 \pi}{4} = 0,0022 \text{ mm}^2,$$

daher die Stromdichte

$$i = \frac{0,5}{0,0022} = 228 \text{ Ampere/mm}^2.$$

Bei dieser ungeheuren Beanspruchung wird der Draht weißglühend und seine Temperatur um so größer, je geringer die Möglichkeit vorhanden ist, die Wärme auszustrahlen. Dies verhindert eine sehr starke Luftverminderung in der den Draht umgebenden Glasbirne. Die Temperatur des Leuchtdrahtes ist ungefähr 2000° C. Nun steht die Helligkeit des Leuchtdrahtes mit seiner Temperatur in einer solchen Beziehung, daß die erstere mit der zwölften Potenz der Temperatur steigt. Steigt also die Temperatur des Leuchtdrahtes nur um 6 vH, so wird schon die Flächenhelligkeit verdoppelt. Daher versteht man das Bestreben, die Ausstrahlung der Wärme so gering wie möglich zu machen. — Der Leuchtdraht sendet Energiewellen aus. Die Wellen, die eine Wellenlänge zwischen 4 bis 8 Hunderttausendstel cm besitzen, empfinden wir als Licht. Diese Energiestrahlung hängt nun auch von der Temperatur ab und wächst mit der vierten Potenz dieser.

Dem Praktiker liegt der Wattverbrauch der Lampe näher. Um diesen mit der Leistung der Lampe in Beziehung bringen zu können, müssen wir einige Erklärungen voraussenden.

Jede Lichtquelle (sie sei punktförmig gedacht) strömt nach allen Richtungen Energiewellen aus. Hätten alle Energiewellen die gleiche Wellenlänge (von 0,4 bis 0,8 μ), so würden wir die gesamte Strahlung als Licht empfinden. In Wirklichkeit wird es nur ein Teil sein. — Legen wir nun um die punktförmige Lichtquelle eine Kugel vom Radius Eins, so wird die Oberfläche dieser Kugel $4\,r^2\pi = 4\,\pi$ Flächeneinheiten haben. Ist der gesamte Lichtfluß Φ, so ist der Bruch $\frac{\Phi}{4\,\pi}$ der Fluß für eine Flächeneinheit.

Diesen Fluß nennen wir die Lichtstärke J.

$$J = \frac{\Phi}{4\,\pi}.$$

Nun haben wir keine Einheit der Lichtstärke, die wir auf unser mechanisches Maßsystem zurückführen könnten. Es wäre aber eine solche Lichtstärke denkbar. Man brauchte den Lichtfluß pro Flächeneinheit nur durch eine Linse sammeln und damit eine kleine Wassermenge erwärmen. Aus der Wärme könnten wir dann leicht die sekundliche Energiestrahlung in Watt berechnen. Wäre sie zufällig 1 Watt, so hätten wir damit eine Einheit der Lichtstärke bestimmt. Der von der Lichtquelle ausgehende Lichtfluß wäre dann

$$\Phi = 4\,\pi\,J.$$

Nun haben wir, wie gesagt, noch keine solche Einheit. Wir verwenden als Einheit der Lichtstärke die Hefnerkerze (*H K*). Diese Kerze hat eine Flammenhöhe von 40 mm. Das Dochtröhrchen hat einen inneren Durchmesser von 8 mm. Brennstoff ist Amylazetat, ein Derivat der Essigsäure, das ein rein weißes Licht erzeugt. Ist also die Lichtstärke $J = 3\,HK$, so wäre der ganze Lichtfluß

$$\Phi = 4 \cdot \pi \cdot 3 = 38 \text{ Lumen}.$$

Denken wir uns nun um die Lichtquelle eine Kugel vom Radius r gelegt. Da diese Kugel die Oberfläche $4 r^2 \pi$ besitzt, wird auch die Beleuchtung dieser größeren Kugel schwächer sein als die Beleuchtung der Kugel mit dem Radius Eins.

$$J = \frac{\Phi}{4\,\pi} \qquad J_1 = \frac{\Phi}{4\,r^2\,\pi}$$

$$J : J_1 = 1 : \frac{1}{r^2}$$

$$J : J_1 = r^2 : 1.$$

Die Beleuchtung ist daher dem Quadrate der Entfernung umgekehrt proportional.

Ist die Lichtquelle nicht punktförmig, sondern hat sie wie bei den Lampen eine bestimmte Ausdehnung, so braucht die Lichtstärke der Lampe nicht nach allen Richtungen gleich zu sein, sondern sie ist verschieden groß. Dann spricht man von einer mittleren räumlichen Lichtstärke Jo, die mit $4\,\pi$ multipliziert wieder den gesamten Lichtstrom in Lumen ergibt. Der Bruch $\frac{\text{Lumen}}{\text{Watt}}$ ist nun eine gute Kennziffer für die gebrauchte Lampe. — Folgende Tabelle gibt Auskunft.

Lampenspannung 110 Volt.

Wattverbrauch der Lampe	Lichtstrom in Lumen	Mittlere räumliche Lichtstärke J_0 in HK.	$\frac{\text{Watt}}{J_0}$	$\frac{\text{Lumen}}{\text{Watt}}$
40	500	40	1	12,5
60	815	65	0,92	13,6
75	1 130	90	0,83	15,2
100	1 570	125	0,8	15.7
200	3 500	280	0,71	17,5
300	5 600	450	0,67	18,7
500	10 000	800	0,63	20
1000	21 500	1700	0,59	21,5
1500	33 000	2600	0,58	22

Lampenspannung 220 Volt.

Wattverbrauch der Lampe	Lichtstrom in Lumen	Mittlere räumliche Lichtstärke J_0 in HK.	$\frac{\text{Watt}}{J_0}$	$\frac{\text{Lumen}}{\text{Watt}}$
100	1 320	105	0,95	13,2
150	2 250	180	0,83	15
200	3 150	250	0,8	15,5
300	5 000	400	0,75	16,7
500	9 500	750	0,67	19
1000	20 000	1600	0,62	20
1500	31 500	2500	0,6	21

Für den Anschluß werden die Lampen meist mit Edisonsockel versehen. Der Goliathsockel mit 39 mm äußerem Durchmesser, der Normalsockel mit 28 mm, der Mignonsockel mit 13 mm und der Zwergsockel mit 9,2 mm Außendurchmesser. — Die Metalldrahtlampen mit niedriger Wattzahl sind durchwegs Vakuumlampen. Bei der hohen Temperatur verdampft der Wolframdraht allmählich, wodurch die Klarglasglocke einen grauen bis schwarzen Spiegel erhält. Dann ist die Lampe unbrauchbar. Dies tritt nach etwa 1000 Brennstunden ein.

Füllt man die Klarglasglocke mit Stickstoff oder Argon, so kann man das Verdampfen des Wolframdrahtes verzögern, auch dessen Oxydation verhindern, die bei Vakuumlampen doch eintritt. Diese Lampen kann man daher stärker beanspruchen und somit eine höhere Lichtausbeute erreichen. Man nennt diese Lampen Gasfüllungslampen. Die Gasfüllung bedingt größere Wärmeverluste des Leuchtdrahtes. Man verringert diese durch Wahl spiralförmig gewickelter Drähte.

B o g e n l a m p e n verwendet man zur Herstellung starker Einzellichter.

Entfernt man zwei vorher sich berührende Kohlenstifte, die unter Spannung stehen, voneinander, so entsteht ein Lichtbogen. Die positive Kohle brennt mehr wie doppelt so schnell ab als die negative Kohle, weswegen man der ersteren den 2½fachen Querschnitt gibt. An der positiven Kohle bildet sich ein Krater, in dem sich die Kohle im feuerflüssigen Zustande befindet und dabei eine Temperatur von etwa 4000° C aufweist. Auf den Krater entfällt auch die größte Strahlung. Sie ist 85 vH der Gesamtstrahlung, während die negative Kohle 10 vH, der Lichtbogen selbst nur 5 vH liefert. Im Krater ist auch der größte Spannungsabfall zu beobachten. Er ist etwa 30 Volt. Unmittelbar an der negativen Kohle zeigt sich ein Abfall von 4 Volt, während der Abfall im Lichtbogen mit der Lichtbogenlänge wächst und mit der Stromstärke abnimmt. Er ist

$$\frac{32 \cdot l_{\text{mm}}}{J_{\text{Ampere}}}.$$

Der gesamte Spannungsverbrauch ist also

$$E = 43 + \frac{32 \cdot l}{J} \text{ Volt.}$$

Hält man den Kohlenabstand unverändert, so stellt sich bei jeder aufgedrückten Spannung eine bestimmte Stromstärke ein. Trägt man die zugehörigen Werte in ein Achsenkreuz ein, so erhält man folgendes Bild:

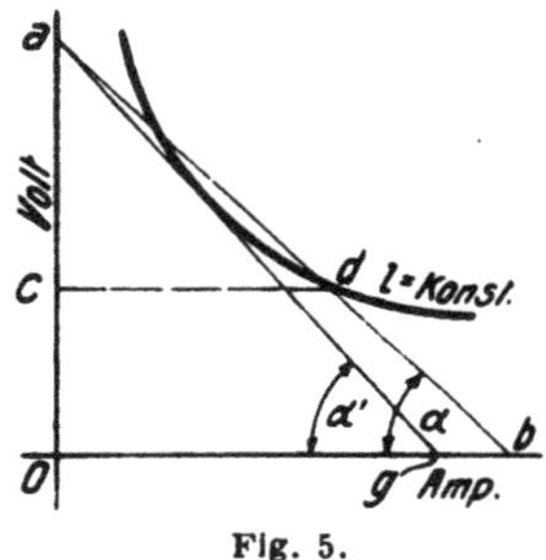

Fig. 5.

Es sei nun die Netzspannung $o\,a = E\,K$ gegeben und unveränderlich. Vor dem Lichtbogen ist noch ein Widerstand R geschaltet. Hat sich nun die Stromstärke $J = o\,g$ eingestellt, so ist $o\,c = E$ der Spannungsverbrauch und $c\,a = E_k - E$ der Spannungsverbrauch im Widerstande R.

$$E_k - E = J \cdot R, \qquad R = \frac{E_k - E}{J} = \operatorname{tg} \alpha.$$

Ändert man nun den Vorschaltwiderstand R, so ändert sich damit $\operatorname{tg} \alpha$, also auch der Winkel α selbst. Da der Punkt a festliegt, muß sich also die Gerade um a drehen. Wird α größer (also R größer), so wandert der Punkt d auf der Linie nach aufwärts. Die Stromstärke wird kleiner und die Spannung an den Kohlen größer. Wenn der Strahl $a\,b$ die Kurve tangiert, so verlischt der Lichtbogen. Der Mechanismus jeder Bogenlampe hat folgende Aufgaben zu lösen. Beim Einschalten der Lampe erstens die Kohlenstifte zu nähern, zweitens im Augenblicke der Berührung die beiden Kohlenstifte rasch auf den Kohlenabstand zu entfernen, daß der Lichtbogen entsteht, und drittens die Lampe zu regulieren. Je nach Art der Regulierung unterscheidet man Reihenschluß-, Nebenschluß- und Differentiallampen.

Die Schaltung der Reihenschlußlampe zeigt Fig. 6 a in einfachster Form. Im Ruhezustand zieht die Feder den Anker nach oben, die Kohlen berühren sich. Bei Stromdurchgang wird der Eisenkern in die Spule gezogen, die Kohlenstifte gehen auseinander, der Lichtbogen entsteht. — Auf den Eisenkern wirken zwei Kräfte in entgegengesetzter Richtung. Die Federkraft F nach oben, die Spulenkraft nach unten. Diese ist aber vom Strome J abhängig, also gleich $C \cdot J$, wo C ein unveränderlicher Faktor ist, der von der Anzahl der Windungen der Spule von der ganzen Anordnung abhängig ist. Sind die beiden Kräfte im Gleichgewicht, so ist

$$C J = F,$$

$$J = \frac{F}{C}.$$

Ist $\frac{F}{C}$ konstant, so ändert sich auch J nicht. Die Reihenschlußlampe reguliert also auf konstante Stromstärke. Stellt man die Feder F anders ein, so wird sich auch J anders einstellen.

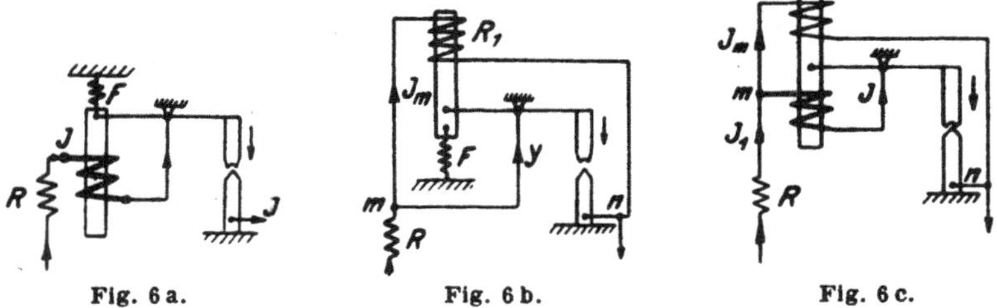

Fig. 6 a. Fig. 6 b. Fig. 6 c.

Die Nebenschlußlampe (Fig. 6 *b*). Im Ruhezustand hält die Feder f die Kohlenstifte auseinander. Beim Einschalten kann der Strom J noch nicht fließen. Aber der Spulenstrom J_m fließt. Der Kern wird in die Spule hineingezogen, die Federkraft überwindend, die Kohlen nähern sich bis zur Berührung. In diesem Augenblick ist die Spannung zwischen m und n kleiner, daher auch die Spulenkraft. Die Feder erhält das Übergewicht, trennt die Kohlen voneinander, der Lichtbogen entsteht. Im Gleichgewichte ist

$$C \cdot J_m = F,$$

da aber

$$J_m = \frac{E}{R_1},$$

so ist

$$\frac{C \cdot E}{R_1} = F, \qquad E = \frac{R_1}{C} F.$$

Die rechte Seite ist konstant, daher ist es auch die linke. Nebenschlußlampen regulieren auf konstante Lichtbogenspannung.

Die Differentiallampe (Fig. 6 c) hat zwei Spulen, die den gemeinsamen Kern betätigen. Im Gleichgewichtszustande ist

$$C_1 J_m = C_2 J.$$

die Nebenschlußspule ist wieder an die Lichtbogenspannung angeschlossen.

$$J_m = \frac{E}{R_1},$$

$$C_1 \cdot \frac{E}{R_1} = C_2 J,$$

$$\frac{E}{J} = \frac{C_2}{C_1} R_1.$$

Die linke Seite stellt den Widerstand der Lampe vor. Die rechte Seite ist unveränderlich. Die Differentiallampe reguliert, auf konstanten Widerstand. — Jeder Lampe schaltet man einen Widerstand vor. Je größer dieser Widerstand ist, um so größer die erforderliche Netzspannung E, desto größer auch die Verluste in diesem Widerstand. Aber um so stabiler brennt die Lampe.

Bei einer verfügbaren Spannung von 110 Volt schaltet man zwei Lampen hintereinander. Den Rest der Spannung verbraucht man im

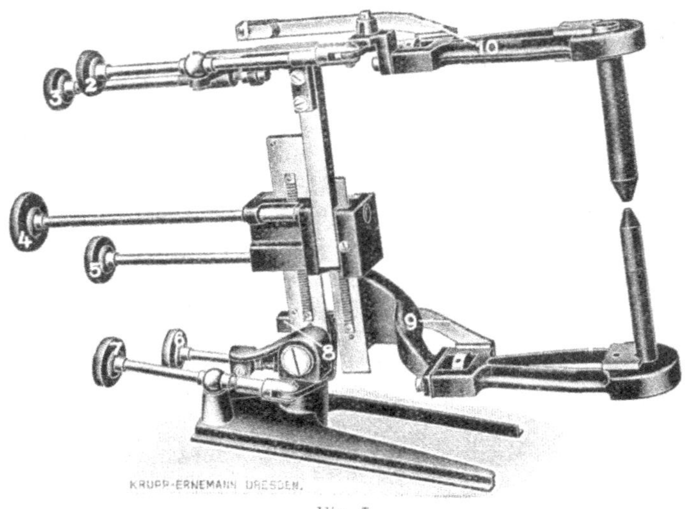

Fig. 7.

Beruhigungswiderstand. Zum Hintereinanderschalten eignen sich am besten die Differentiallampen.

Statt der Reinkohlenstifte verwendet man auch in Bogenlampen Effektkohlen. Solche Kohlen sind mit Metallsalzen versetzt. Der Lichtbogen wird hier zur Hauptquelle der Strahlung. Er ist größer, wenn durch die magnetische Wirkung der stromdurchflossenen, in V-Form zueinander stehenden Kohlenstifte der Lichtbogen auseinandergeblasen wird. Je nach dem Metallsalz gibt der Lichtbogen weißes, bläuliches, gelbes oder rotes Licht. Die Lichtausbeute ist gut.

Für Kinoapparate zieht man Bogenlampen mit Handregulierung vor. Fig. 7 stellt die Krupp-Ernemann-Prismenlampe vor. Bei 1 und 8 werden die Zuführungsdrähte eingeklemmt. Mittels des Triebes 2 kann die obere Kohle nach der Seite geschwenkt werden, mittels des Triebes 3 wird sie nach vor- und rückwärts bewegt. Mit dem Trieb 4 regelt man den Abbrand der Kohle, der Trieb 5 gestattet, beide Kohlen, ohne deren gegenseitige Neigung zu ändern, nach oben und unten zu verschieben, während der Trieb 6 die Neigung der Kohlen verändert. Das seitliche Schwenken beider Kohlen besorgt Trieb 7. Die Spindeln 9 und 10 halten die Kohlen zwischen den Backen fest. Einfacher sind die Lampen der Kinoscheinwerferlampe, bei der die Kohlen in der Achse des Scheinwerfers liegen und leicht auswechselbar sind. Der Stromverbrauch der Lampen bei gleicher Helligkeit der Bilder verhält sich bei beiden Lampen etwa wie 6 : 1.

Der Spannungsabfall. Energieübertragung. Motorenanschlüsse. Verteilte Stromabnahme. Die Ringleitung. Stromverzweigung. Die Wheatstonsche Brücke. Isolationsmessung. Bestimmung des Isolationsfehlers.

Im vorigen Kapitel haben wir die höchstzulässigen Stromstärken in Leitungen berechnet. In vielen Fällen wird man selbe gar nicht anwenden dürfen, weil dadurch der Spannungsabfall in der Leitung zu groß wird. Dieser darf aber ein bestimmtes Maß nicht überschreiten. Bei Fernleitungen muß man wohl 10 bis 15 vH zulassen, aber bei Anschlüssen an Ortsnetze nimmt man nicht mehr als 2 vH an.

Wir hätten nun in einer Leitung die Stromstärke J. Der Querschnitt der Leitung sei q mm². Die Entfernung von der Anschlußstelle bis zum Verbrauchsort sei l m. Die verfügbare Spannung am Anfange der Leitung sei E_1 Volt. Da der Strom in der Hin- und Rückleitung einen Teil der Spannung verbrauchen wird, wird am Ende der Leitung die verfügbare Spannung E_2 geringer sein. Es ist somit der Spannungsabfall

$$\varepsilon = E_1 - E_2.$$

Dieser Spannungsabfall ist nun leicht zu rechnen. Der Widerstand der Leitung

$$R = \frac{2l}{kq}.$$

2 l deswegen, weil l in dieser Formel nur die einfache Länge bedeutet und die Länge des Drahtes für die Hin- und Rückleitung zweimal so groß ist. Um diesen Widerstand zu überwinden, braucht man die Spannung

$$\varepsilon = J \cdot \frac{2l}{kq}$$

oder anders geschrieben

$$\varepsilon = \frac{2}{kq} \cdot J \cdot l.$$

Ist umgekehrt ε gegeben und wird der Querschnitt q gesucht, so wird

$$q = \frac{2}{k \cdot \varepsilon} J l \text{ mm}^2.$$

Wir hätten z. B. einen Motor von 440 Volt und 23 Ampere anzuschließen. Die Entfernung vom Anschluß betrage 80 m. Die verfügbare Spannung sei 444 Volt wir wollen in der Leitung bei Vollast nur 4 Volt Spannungsabfall zulassen. Die Leitfähigkeit k des Kupfers nehmen wir der Einfachheit wegen mit 50 an. Es ist somit

$$q = \frac{2}{50 \cdot 4} \cdot 23 \cdot 80$$

$$q = 18{,}4 \text{ mm}^2$$

ausgeführt mit

$$q = 16 \text{ mm}^2.$$

Nach der Tabelle können wir einen solchen Draht mit 75 Ampere belasten.

In vielen Fällen ist nicht die Stromstärke gegeben, sondern die zu übertragende Leistung N in Kilowatt. Ferner ist der Spannungsabfall in Prozenten p der Übertragungsspannung gegeben.

Dann ist
$$J = \frac{N \cdot 1000}{E_1}$$

und der Spannungsabfall

$$\varepsilon = \frac{E_1 \cdot p}{100}.$$

Setzen wir diese Werte in unsere Formel ein, so wird

$$q = \frac{2}{k\varepsilon} \cdot J l \text{ mm}^2,$$

$$q = \frac{2 \cdot 100}{k \cdot E_1 \cdot p} \cdot \frac{N \cdot 1000}{E_1} l \text{ mm}^2$$

und ausgerechnet

$$q = \frac{2 N \cdot 10^5 \cdot l}{E_1^2 \cdot k \cdot p}.$$

Diese Formel ist besonders bemerkenswert. Die Übertragungsspannung steht mit dem Quadrate im Nenner. Das heißt: Wird die Übertragungsspannung zweimal, dreimal, zehnmal größer, so wird der Querschnitt viermal, neunmal, hundertmal kleiner. Darin liegt die Ursache, daß man zur Übertragung großer Leistungen auf große Entfernungen sehr hohe Übertragungsspannungen wählen muß, damit die Kosten für die Leitung nicht zu groß werden. Freilich kann man hohe Spannungen einfach nur mit Wechselstrom erzeugen.

B e i s p i e l. Es sollen 3000 kW auf 20 km mit einer Wechselstromleitung übertragen werden. Der Spannungsabfall in der Leitung soll 10 vH betragen. Der Leitungsquerschnitt soll aus wirtschaftlichen Gründen 35 mm² nicht überschreiten. Welche Übertragungsspannung ist zu wählen?

$$q = \frac{2 \cdot N \cdot 10^5 \cdot l}{E_1^2 \cdot k \cdot p}$$

$$q \cdot E_1^2 \cdot k \cdot p = 2 \cdot N \cdot 10^5 \cdot l$$

$$E_1^2 = \frac{2 \cdot N \cdot 10^5 \cdot l}{q \cdot k \cdot p}$$

$$E_1 = \sqrt{\frac{2 \cdot N \cdot 10^5 \cdot l}{q \cdot k \cdot p}}$$

$$E_1 = \sqrt{\frac{2 \cdot 3000 \cdot 10^5 \cdot 20\,000}{35 \cdot 50 \cdot 10}}$$

$$E_1 = \sqrt{6{,}86 \cdot 10^8} = 26\,200 \text{ V.}$$

Da wir die Leitfähigkeit des Kupfers der Einfachheit wegen mit 50 statt 57 angenommen haben, so runden wir die Spannung auf 25 000 Volt ab. Durch die Leitung fließt ein Strom

$$J = \frac{N}{E} = \frac{3\,000\,000}{25\,000} = 120 \text{ Ampere.}$$

die Stromdichte ist

$$s = \frac{120}{35} = \sim 4 \text{ Amp./mm}^2.$$

Der Installateur hat meist Motoren anzuschließen. Die Anzahl der Pferdestärken ist gegeben. Würde er die Anzahl der Pferdestärken in obige Formel einsetzen, so bekäme er für den Querschnitt q einen zu großen Wert. Anderseits muß er sich auch darauf erinnern, daß der Motor einen Wirkungsgrad besitzt, daß er also mehr Leistung zuführen muß als $736 \times N$, wenn N jetzt die Anzahl der Pferdestärken bedeutet. Erinnert er sich weiter, daß 1 PS = 0,736 kW, so kann er für seine Zwecke die Formel so aufschreiben:

$$q = \frac{2 \cdot N \cdot 0{,}736 \cdot 10^5 \cdot l}{E_1^2 \cdot k \cdot p \cdot \eta}.$$

Diese Formel ist für den Praktiker unbrauchbar. Er wird sich daraus eine Faustformel machen. Gleichstrommotoren werden meist mit 440 Volt betrieben. Den Spannungsabfall kann man mit 2 vH annehmen. Der Wirkungsgrad der in Frage kommenden Motoren ist $\eta = 0{,}8$. Für Kupfer nehmen wir wieder $k = 50$; dann ist

$$q = \frac{N \cdot l \cdot 2 \cdot 0{,}736 \cdot 10^5}{440^2 \cdot 50 \cdot 2 \cdot 0{,}8}$$

$$\underline{q = 0{,}01 \cdot N \cdot l.}$$

Diese Formel ist leicht zu behalten. Nur merken muß man sich, daß sie nur für 440 Volt gilt. Ist also ein 10pferdiger Gleichstrommotor anzuschließen und ist die Entfernung 50 m, so ist

$$q = 0{,}01 \cdot 10 \cdot 50,$$
$$q = 5 \text{ mm}^2.$$

Ausgeführt mit 6 mm², Nennstromstärke der Stöpselsicherung 25 Ampere.

Diese Formel kann aber auch für andere Spannungen und Spannungsabfälle verwendet werden, wie folgendes Beispiel zeigt.

Es soll ein 4pferdiger Motor von 220 Volt Spannung angeschlossen werden. Die Übertragungsentfernung l beträgt 80 m. Es wird ein 4proz. Spannungsabfall zugelassen.

Wäre die Spannung 440 Volt, der Abfall 2 vH, so wäre der Querschnitt

$$q = 0{,}01 \cdot N \cdot l,$$
$$= 0{,}01 \cdot 4 \cdot 80 = 3{,}2 \text{ mm}^2.$$

Bei 4 vH Spannungsabfall betrüge der Querschnitt nur die Hälfte, also 1,6 mm². Da aber die Spannung nur 220 Volt ist, also die Hälfte von 440 Volt, so ist der Querschnitt viermal größer zu machen:

$$q = 1{,}6 \times 4 = 6{,}4 \text{ mm}^2,$$

ausgeführt mit 6 mm².

In den meisten Fällen ist eine Leitung nicht nur am Ende, sondern wie bei einer Steigleitung oder einem offenen Leitungsstrang eines Ortsnetzes an mehreren Punkten belastet.

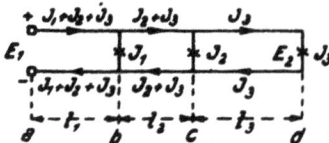

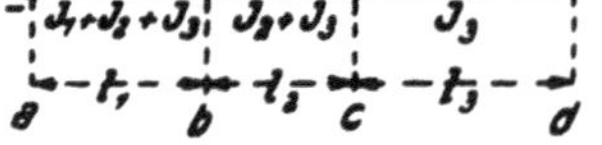

Fig. 8.

In Fig. 8 ist ein offener Leitungsstrang gezeichnet. An drei verschiedenen Stellen werden die Ströme J_1, J_2 und J_3 abgenommen. — Der Querschnitt der Leitung ist der ganzen Länge nach gleich und q mm². Wir sehen, daß die Strecke l_1 am meisten, die Strecke l_3 am wenigsten belastet ist. Der Spannungsabfall $\varepsilon = E_1 - E_2$.

Er setzt sich hier aus drei Teilen zusammen.

Der Abfall der Strecke l_1 ist

$$\varepsilon_1 = \frac{2\, l_1}{k \cdot q} (J_1 + J_2 + J_3),$$

in der Strecke l_2

$$\varepsilon_2 = \frac{2\, l_2}{k \cdot q} (J_2 + J_3)$$

und in der Strecke l_3

$$\varepsilon_3 = \frac{2\, l_3}{k \cdot q} J_3$$

$$\varepsilon = \varepsilon_1 + \varepsilon_2 + \varepsilon_3 = \frac{2}{k \cdot q} [J_1 l_1 + J_2 l_1 + J_3 l_1 + J_2 l_2 + J_3 l_2 + J_3 l_3].$$

Wir werden den Klammerausdruck nach den Stromstärken ordnen:

$$E = \frac{2}{k \cdot q} [J_1 l_1 + J_2 (l_1 + l_2) + J_3 (l_1 + l_2 + l_3)]$$

Betrachtet man sich den Ausdruck in der eckigen Klammer, faßt man J_1, J_2 und J_3 als Belastungen auf, die an den Hebelarmen l_1 $(l_1 + l_2)$ und $(l_1 + l_2 + l_3)$ angreifen, so kann man von einem Strommoment sprechen und sagen, die eckige Klammer ist die Summer aller Strommomente. Das schreibt man nun einfach so auf:

$$\varepsilon = \frac{2}{k \cdot q} \cdot \Sigma\, (\mathrm{Mi}).$$

daraus ist

$$q = \frac{2}{k \cdot \varepsilon} \cdot \Sigma\, (\mathrm{Mi}).$$

Ein Beispiel wird zeigen, wie einfach die Rechnung ist. Fig. 7 stelle eine Steigleitung vor.

$$J_1 = 5\,A, \qquad l_1 = 25\text{ m},$$
$$J_1 = 10\,A, \qquad l_2 = 8\text{ m},$$
$$J_3 = 4\,A, \qquad l_3 = 6\text{ m}.$$

Der Spannungsabfall darf nur 3,5 Volt betragen. Dann ist Σ (Mi) $=$

$$5 \times 25 = 125$$
$$10 \times 33 = 330$$
$$6 \times 39 = 234$$
$$\Sigma\, (\mathrm{Mi}) = 689;$$

daher ist

$$q = \frac{2}{50 \cdot 3{,}5} \cdot 689 = 8\text{ mm}^2.$$

Ausgeführt mit 10 mm².

Nennstromstärke der Sicherung 35 Ampere.

Manchmal bildet eine Leitung einen geschlossenen Ring, der an einer Stelle gespeist wird. Man denke sich nur z. B. eine Dreherei, deren Maschinen elektrischen Einzelantrieb besitzen. Dann wird die Hauptleitung einen Ring bilden, wie Fig. 9 zeigt. In dieser Figur ist der Einfachheit wegen nur der positive Leiter gezeichnet worden. Den negativen Leiter denke man sich hinter dem positiven gelegt. In der Zeichnung deckt der positive Leiter den negativen, daß letzterer nicht zu sehen ist. Der Ring wird bei A gespeist. Der Strom teilt sich nun in zwei Teile. In den oberen Zweig J_0 und den unteren Zweig J_u. Irgendwo in der Leitung wird eine Stelle sein, wo zwischen positiven und negativen Leiter die Spannung am kleinsten ist. Diese Stelle sei b. Selbstverständlich ist dann der Spannungsabfall von A über a nach b ebensogroß wie der Spannungsabfall von A über c nach b. Dieser Spannungsabfall darf in der Praxis nicht zu groß sein, sonst würde ja der Motor bei b mit einer zu geringen Spannung arbeiten müssen. Die Leitung könnte man sich bei b aufgeschnitten denken, der Motor bei b wird dann von zwei Seiten aus gespeist. Der Ring zerfällt also in zwei offene Leitungsstränge. Da wir einen offenen Leitungsstrang bereits berechnen können, so handelt es sich nur um den tiefsten Punkt b der Ringleitung auszuforschen. Diesen finden wir aber sogleich, wenn wir entweder J_0 oder J_u kennen. Diese sind aber leicht zu bestimmen. Wir betrachten J_0 von A aus und bestimmen den Spannungsabfall in den einzelnen Strecken, unbekümmert um den tiefsten Punkt, solange bis wir wieder bei A angelangt sind. Dann wissen wir, daß der gesamte Spannungsabfall Null sein muß.

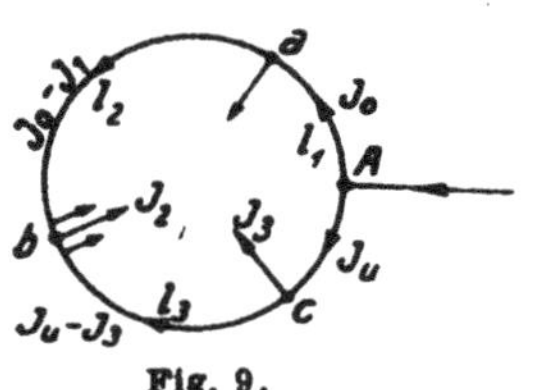

Fig. 9.

Wir erhalten daher:

$$0 = \frac{2\,l_1}{kq} J_0 + \frac{2\,l_2}{kq}(J_0 - J_1) + \\ + \frac{2\,l_3}{kq}(J_0 - J_1 - J_2) + \frac{2\,l_4}{kq}(J_0 - J_1 - J_2 - J_3).$$

Wenn wir beiderseits vom Gleichheitszeichen durch 2 dividieren und mit $K \cdot q$ multiplizieren, so bleibt die Gleichung richtig.

$$0 = l_1 J_0 + l_2 J_0 - l_2 J_1 + l_3 J_0 - J_1 l_3 - J_2 l_3 + \\ + l_4 J_0 - J_1 l_4 - J_2 l_4 - J_3 l_4$$

oder nach den Stromstärken geordnet:

$$0 = J_0 (l_1 + l_2 + l_3 + l_4) - J_1 (l_2 + l_3 + l_4) - J_2 (l_3 + l_4) - J_3 \cdot l_4.$$

Daher ist

$$J_0 = \frac{J_1 (l_2 + l_3 + l_4) + J_2 (l_3 + l_4) + J_3 l_4}{l_1 + l_2 + l_3 + l_4}.$$

Im Nenner steht also die Summe aller Längen. Der Ausdruck im Zähler ist nichts anderes als eine Summe der Strommomente. Der Anfang des Hebelarms ist an jenem Ende zu suchen, wohin der Teilstrom J_0 fließt.

Ein Zahlenbeispiel wird noch die Formel erläutern (Fig. 10).

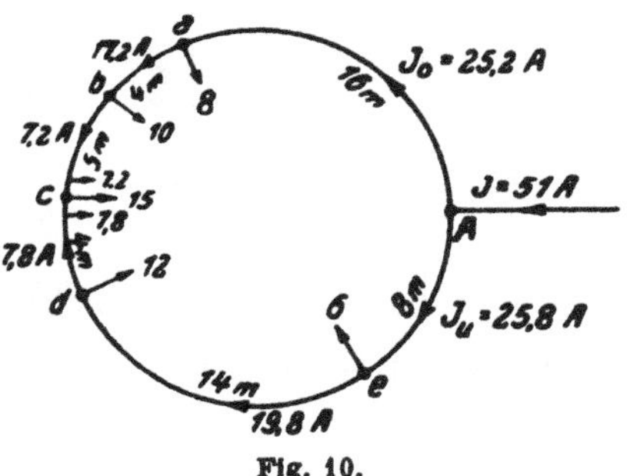

Fig. 10.

Die Belastung einer Ringleitung sei

$J_1 = \ \ 8$ Ampere,
$J_2 = 10$ „
$J_3 = 15$ „
$J_4 = 12$ „
$J_5 = \ \ 6$ „

die entsprechenden Entfernungen:

$l_1 = 16$ m $\quad l_3 = 5$ m $\quad l_5 = 14$ m
$l_2 = \ \ 4$ » $\quad l_4 = 4$ » $\quad l_6 = \ \ 8$ »

Die Summe aller $l = 16 + 4 + 5 + + 4 + 14 + 8 + = 51$ m.

Die Summe aller Strommomente ist

$$8 \cdot 35 + 10 \cdot 31 + 15 \cdot 26 + 12 \cdot 22 + + 6 \cdot 8 =$$
$$= 280 + 310 + 390 + 264 + 48 = 1292.$$

Somit ist

$$J_0 = \frac{1292}{51} = 25{,}2 \text{ Amp.}$$

daher fließen zwischen

A—a	. . . .	25,2 A,
a—b	. . . .	17,2 »
b—c	. . . .	7,2 »

Bei *c* ist somit der tiefste Punkt. Der offene Strang *A — a — b — c* ist am Ende mit 7,2 Amperen belastet. Der Rest 15 — 7,2 = 7,8 Ampere wird vom zweiten Strange geliefert.

Es fließen also von

d	nach *c*	. . . .	7,8 Amp.,
e	» *d*	. . .	19,8 »
A	» *e*	. . .	25,8 »

Es ist nun gleichgültig, welchen Strang man berechnet, den oberen oder den unteren. Jeder gibt dasselbe Ergebnis. Berechnen wir den oberen Strang:

$$q = \frac{2}{k\varepsilon} \cdot \Sigma \text{ (Mi)}.$$

dann ist nach dem früheren:

$$
\begin{aligned}
\Sigma\,(\mathrm{Mi}) = 7{,}2 \times 25 &= 180 \\
10 \times 20 &= 200 \\
8 \times 16 &= 128 \\
\hline
\Sigma\,(\mathrm{Mi}) &= 508
\end{aligned}
$$

Ist $\varepsilon = 2$ Volt, so wird

$$q = \frac{2}{50 \cdot 2} \cdot 508 = 10{,}16 \text{ mm}^2.$$

ausgeführt mit 10 mm².

Nun können wir auch folgende Stromverteilung betrachten:

In A verzweigt sich der Strom J. Sind R_1 und R_3 so gewählt, daß C und D gleiches Potential besitzen, so wird die Brücke $C\,D$ stromlos

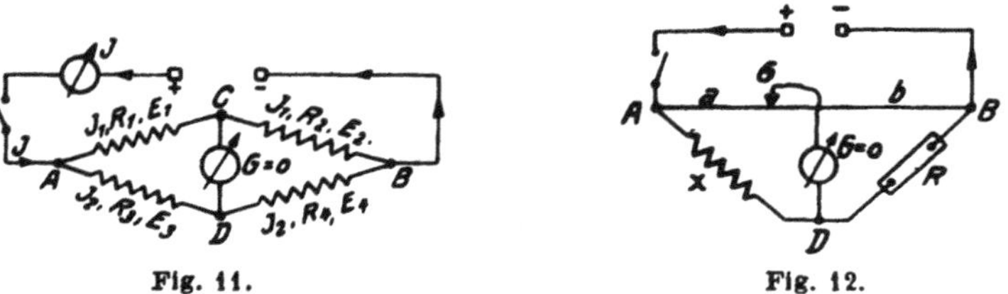

Fig. 11. Fig. 12.

sein. Es fließt somit im Zweig $A\,C\,B$ der Strom J_1 und im Zweige $A\,D\,B$ der Strom J_2. Noch immer unter der Voraussetzung, daß C und D gleiche Potentiale besitzen, ist

$$E_1 = J_1\,R_1 = E_3 = J_2\,R_3$$
$$E_2 = J_1\,R_2 = E_4 = J_2\,R_4.$$

Durch Division dieser Gleichungen erhält man

$$\frac{R_1}{R_2} = \frac{R_3}{R_4}.$$

Diese Beziehung kann man benützen, um einen unbekannten Widerstand zu messen (Fig. 12).

Statt der hintereinander geschalteten Widerstände R_1 und R_2 nimmt man einen Meßdraht $A\,B$, auf den der Kontakt C schleift. R ist ein Widerstandskasten, in dem sich bekannte Widerstände befinden, die nach Bedarf gestöpselt werden. — R ist der unbekannte Widerstand. Man verschiebt nun C solange, bis das Galvanometer keinen Strom mehr anzeigt. a und b sind Strecken des Meßdrahts. Ihre Widerstände $\frac{a}{kq}$ und $\frac{b}{kq}$. Das Verhältnis der Widerstände ist gleich dem Verhältnis der Strecken.

Es ist somit

$$\frac{a}{b} = \frac{x}{R}$$

$$x = R\,\frac{a}{b}.$$

Eine in der Praxis immer wiederkehrende Aufgabe ist die Untersuchung einer Leitung auf ihren Isolationszustand. Die Isolationsmessung soll nach den Vorschriften für die Errichtung elektrischer Starkstromanlagen (§ 5) tunlichst mit der Betriebsspannung, mindestens aber mit 100 Volt ausgeführt werden. Haben wir einen Hausanschluß auf Isolation zu prüfen, so wird uns die Netzspannung zur Verfügung stehen. Man mißt zuerst den Isolationswiderstand jeder Leitung gegen Erde, dann den Isolationswiderstand der beiden Leitungen gegeneinander. Als Meßinstrument nimmt man ein empfindliches Voltmeter mit großem Eigenwiderstand, der uns bekannt sein muß. — Vor der Messung müssen alle Verbraucher, wie Glühlampen, Motoren usw. von den Leitungen abgetrennt, dagegen alle Sicherungen eingesetzt und alle Schalter geschlossen sein. a und b (Fig. 13) wären die Anschlußklemmen. Man legt das Voltmeter an diese beiden Klemmen. Es zeige 222 Teilstriche an. Es ist somit die Spannung 222 Volt und der Strom, der durch das Voltmeter fließt.

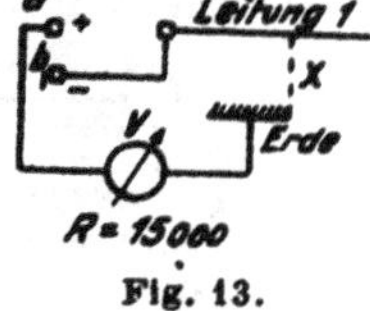

Fig. 13.

$$a_1 = \frac{222}{15\,000}.$$

Legt man nun den negativen[1]) Pol an Leitung 1, an den positiven Pol die eine Klemme des Voltmeters, die andere Klemme des Voltmeters an Erde, so gibt das Voltmeter z. B. einen Ausschlag $a_2 = 5$, dann muß der Strom

$$a_2 = \frac{222}{15\,000 + x}.$$

Somit ist

$$\frac{a_1}{a_2} = \frac{15\,000 + x}{15\,000}$$

$$15\,000 \cdot \frac{222}{5} = 15\,000 + x$$

$$x = 651\,000\,\Omega.$$

[1]) Liegt die negative Leitung an Erde, so wird dort infolge Elektrolyse entweder Metall ausgeschieden oder mindestens eine dort bestehende Oxydschicht reduziert. Dadurch entsteht mit der Erde guter Kontakt. Darauf beruht die Erscheinung, daß stets der negative Strang eine schlechtere Isolation zeigt.

Das ist aber der Isolationswiderstand zwischen Leitung 1 und Erde. Dasselbe wiederholt man mit Leitung 2. Um die Isolation der beiden Leitungen gegeneinander zu messen, verfährt man wie früher, nur legt man die eine Leitung vom Voltmeter nicht an Erde, sondern an die zweite Leitung. Der Isolationswert soll mindestens 1000 × Spannung sein, in unserem Beispiel also 1000 × 220 = 220 000 Ohm. Der obige Isolationswiderstand wäre also vollkommen hinreichend. Wenn er diesen Wert nicht erreicht hat, so darf der Anschluß nicht erfolgen.

Um den Ort eines Fehlers aufzususchen, wird man die Leitung streckenweise — zwischen zwei Abzweigdosen — untersuchen (Fig. 14). Ist der Galvanometerausschlag Null, so ist

$$\frac{a}{b} = \frac{l_1}{l_2}.$$

Die beiden Leiter der Strecke sind am entfernten Ende kurzgeschlossen und die Anfänge zum Meßdraht parallel geschaltet worden.

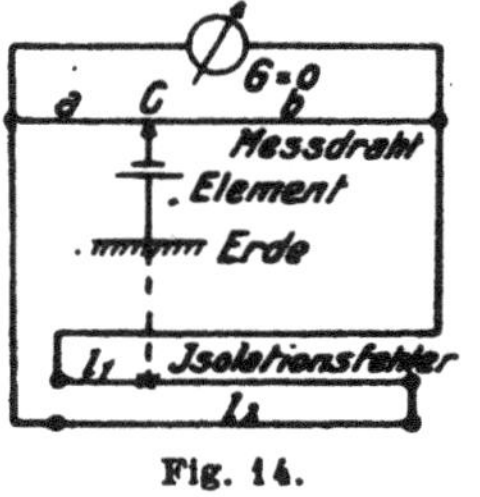

Fig. 14.

Wie wir aus den früheren Beispielen ersehen, sind die einzelnen elektrischen Energieverbraucher an die Leitung nebeneinander geschaltet. Alle Verbraucher haben — von dem geringen Spannungsabfall abgesehen — dieselbe Spannung. Ein Verbraucher ist von dem anderen vollkommen unabhängig.

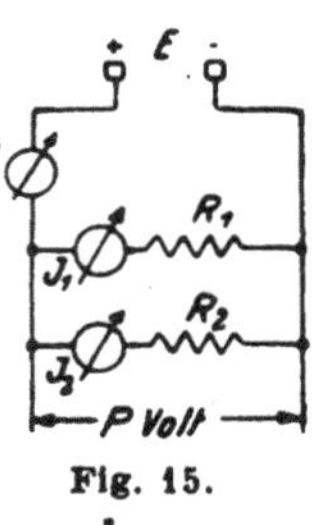

Fig. 15.

R_1 und R_2 in Fig. 15 sind zwei nebeneinander geschaltete Widerstände. Durch den Widerstand R_1 fließt der Strom J_1 und durch den Widerstand R_2 der Strom J_2. Es ist

$$J = J_1 + J_2.$$

Es fragt sich nun, welchen Widerstand R man einschalten müßte, der die Widerstände R_1 und R_2 vollkommen ersetzt, durch den also der Strom J fließen würde, wenn er ebenfalls an die Spannung P angeschlossen wäre. Offenbar ist dieser Ersatzwiderstand

$$R = \frac{E}{J} = \frac{E}{J_1 + J_2}.$$

Nun ist

$$J_1 = \frac{E}{R_1}, \quad J_2 = \frac{E}{R_2},$$

so daß

$$R = \frac{E}{\frac{E}{R_1} + \frac{E}{R_2}} = \frac{1}{\frac{1}{R_1} + \frac{1}{R_2}} = \frac{1}{\frac{R_1 + R_2}{R_1 \cdot R_2}} = \frac{R_1 \cdot R_2}{R_1 + R_2}.$$

Zu diesem Ergebnis hätte man auch durch folgende Überlegung einfacher kommen können. Jeder der Widerstände hat einen bestimmten Leitwert. Das ist $\frac{1}{R_1}$ und $\frac{1}{R_2}$. Sind die Widerstände nebeneinander geschaltet, so addieren sich diese Leitwerke. Es ist somit der ganze Leitwert

$$\frac{1}{R} = \frac{1}{R_1} + \frac{1}{R_2} = \frac{R_1 + R_2}{R_1 \cdot R_2}\text{[1]},$$

daher der Widerstand R das umgekehrte vom Leitwert:

$$R = \frac{R_1 \cdot R_2}{R_1 + R_2}.$$

Die Ströme und Widerstände stehen in einfacher Beziehung:

$$E = J_1 \cdot R_1,$$
$$E = J_1 \cdot R_2,$$
$$\text{also } J_1 R_1 = J_2 R_2.$$

Diese gleichen Produkte kann man in Form einer Proportion schreiben. In einer solchen ist das Produkt der inneren Glieder gleich dem Produkte der äußeren Glieder

$$J_1 : J_2 = R_2 : R_1.$$

Man sagt, daß die Stromstärken umgekehrt den Widerständen proportional sind.

In einer Nebenschlußmaschine sind Anker und Magnetspulen nebeneinander geschaltet. Da der Strom in der Magnetschule sehr gering ist, wird der Widerstand der Magnetspulen sehr groß sein müssen.

Will man die Spannung an irgend zwei Punkten messen, so schließt man an diese ein Voltmeter an. Da das Voltmeter nur einen sehr geringen Strom führen braucht, da ja zur Bewegung des Zeigers nur eine ganz unbedeutende Energie gehört, so wird der Widerstand eines Voltmeters außerordentlich groß sein müssen. Der Praktiker sagt auch daher, daß durch das Voltmeter kein Strom fließt. — Gute Voltmeter bis zu einem Meßbereich von 110 Volt haben einen inneren Widerstand von etwa 15 000 Ω. Durch das Voltmeter fließt also ein Strom

$$J = \frac{110}{15000} = 0{,}0066 \text{ Amp.}$$

[1]) Leitwerte drückt man in Siemens aus. 1 Siemens $= \frac{1}{1\,\Omega}$.

Widerstände können auch hintereinander geschaltet werden, wie Fig. 16 zeigt. In diesem Falle addieren sich die Widerstände und es ist

$$J = \frac{E}{R_1 + R_2}.$$

Legt man an R_1 und R_2 je ein Voltmeter, so liest man an denselben die in den Widerständen R_1 und R_2 verbrauchten Spannungen ab.

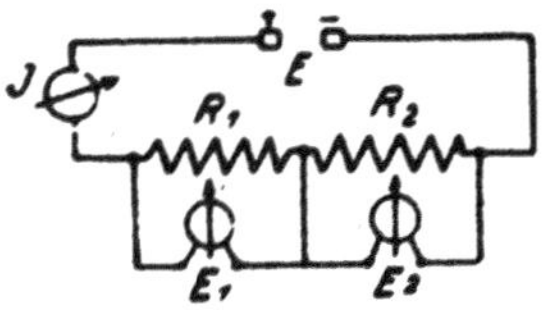

Fig. 16.

$$E_1 = J \cdot R_1$$
$$E_2 = J \cdot R_2$$
$$E = E_1 + E_2.$$

Jedes Amperemeter liegt im Stromkreis. Das Amperemeter in Fig. 15 ist also mit R_1 und R_2 in Hintereinanderschaltung. Auch das Amperemeter braucht nur soviel Energie, um den Zeiger zu bewegen. Da es aber vom ganzen Strome durchflossen wird, so muß es einen äußerst geringen Widerstand besitzen, damit man als Praktiker annehmen darf, daß das Amperemeter keine Energie verbrauche. Amperemeter, die hunderte oder tausende Ampere messen, müßten also geradezu unheimliche Kupferquerschnitte erhalten. In dem Falle begnügt man sich nur, den hundertsten oder tausendsten Teil des Stromes zu messen. Das geschieht so, daß man das Amperemeter mit einem sehr geringen Widerstande (der mit dem Instrument zusammengebaut ist) nebeneinander schaltet. Nehmen wir an, daß dieser Widerstand $\frac{1}{999}$ Ohm sei, daß das Amperemeter selbst einen Widerstand von 1 Ω hätte, dann verhält sich nach Fig. 14

$$J_1 : J_2 = \frac{1}{999} : 1,$$

$$J_1 : J_2 = 1 : 999.$$

J_1 ist der Strom, der durch die Spule des Amperemeters fließt, J_2 ist der Strom, der durch den geringen Widerstand fließt. J_1 ist also nur $\frac{1}{999}$ von J_2. — Der zu messende Strom ist aber $J = J_1 + J_2$.

$$(J_1 + J_2) : J_1 = 1000 : 1,$$
$$J : J_1 = 1000 : 1,$$
$$J = 1000\, J.$$

Der zu messende Strom ist also tausendmal größer als der vom Instrument angezeigte Strom. Damit man nicht zu rechnen braucht, wird das Amperemeter gleich mit der tausendfachen Angabe graduiert.

Die chemischen Wirkungen des Stromes. Die Elektrolyse.

Das Molekül. Das Atom. Wahlverwandschaft. Wertigkeit. Atomgewicht. Dissoziation. Die Ionen. Das Äquivalentgewicht. Das Faradaysche Gesetz.

Die Stoffe sind aus unendlich kleinen Bausteinen zusammengesetzt, die wir Moleküle nennen. Das Molekül selbst braucht nicht einfach zu sein, sondern besteht oft aus einer sehr großen Anzahl von Teilchen, die durch gewöhnliche Mittel nicht mehr zerlegt werden können. Diese letzten Teilchen nennen wir Atome.

Da es ungefähr 90 verschiedene Grundstoffe gibt, so gibt es auch 90 verschiedene Atome. Ein Eisenatom hat nun eine andere Masse, wie ein Kupfer- oder ein Bleiatom, daher auch ein anderes Gewicht. Nun kann man das Gewicht eines Kupferatoms zwar nicht genau angeben, aber man kann sagen, daß es 63,5mal schwerer ist als das leichteste Atom, das Wasserstoffatom. In diesem Sinne sprechen wir von einem Atomgewicht.

Das Atom eines Grundstoffes hat seine besonderen Eigenschaften. Eine besondere Eigenschaft der Atome ist, daß sie zu bestimmten anderen Atomen eine Liebe empfinden, den Willen haben, sich mit ihm zu vereinigen und festzuhalten. Man nennt diese Liebe der Atome die Wahlverwandschaft. Dadurch sind die unzähligen Verbindungen, welche die Natur unmittelbar darbietet oder die in der Retorde des Chemikers erzeugt werden, möglich.

So ist das Kochsalz eine Verbindung von Natrium (Na) und Chlor (Cl), also NaCl, Wasser eine Verbindung von Wasserstoff (H) und Sauerstoff (O), also H_2O.

Das Sauerstoffatom ist aber imstande, zwei Wasserstoffatome festzuhalten. Diese neue Eigenschaft der Atome nennt man die Wertigkeit derselben. So sind in der kleinen Tabelle einige Stoffe mit ihren Atomgewichten und Wertigkeiten angegeben.

Stoff	Zeichen	Atomgewicht	Wertigkeit
Wasserstoff . . .	H	1	1
Sauerstoff	O	16	2
Stickstoff	N	14	3 oder 5
Schwefel	S	32	2
Blei	Pb	207,2	2
Silber	Ag	107,9	1
Kupfer	Cu	63,5	2
Zink	Zn	65,4	2

Wenn man z. B. für Wasser die chemische Formel H_2O aufschreibt, so heißt das, daß sich zwei Atome Wasserstoff mit einem Atom Sauerstoff zu einem Moleküle Wasser verbindet, und zwar immer zwei Gewichtsmengen Wasserstoff mit 16 Gewichtsmengen Sauerstoff:

$$2 \text{ Gramm H} + 16 \text{ Gramm O} = 18 \text{ Gramm } H_2O.$$

Die Moleküle der meisten einfachen Stoffe bauen sich selbst aus zwei Atomen auf. Nur einige davon machen eine Ausnahme, wie z. B. das Quecksilber (Hg) oder das Argon, Helium oder Neon, die einatomig sind, keine Wahlverwandschaft besitzen und vereinsamt bleiben. Wenn man sagt, daß sich die Welt aus etwa 90 verschiedenen Elementen aufbaut, so paßt uns diese verwickelte und wenig einfache Auffassung nicht. Instinktiv vermutet man, daß jene Atome, die wir als Elemente bezeichnen, eigentlich aus einem gemeinsamen Grundstoff bestehen müßten. Und in der Tat ist man auf dem besten Wege, diese Frage zu lösen. Dieser Grundstoff ist das Elektron, wie die Atomtheorie heute angibt. — Dividiert man das Atomgewicht eines Elementes durch seine Wertigkeit, so erhält man das sog. Äquivalentgewicht. So hat Wasserstoff das Äquivalentgewicht 1, Sauerstoff $\frac{16}{2} = 8$, Stickstoff $\frac{14}{3} = 4{,}66$, Silber $\frac{107{,}9}{1} = 107{,}9$ und Blei $\frac{207{,}2}{2} = 103{,}8$.

Löst man z. B. Kochsalz im Wasser auf, so verteilen sich die Kochsalzmoleküle darin gleichmäßig. Zum Lösen war eine bestimmte Arbeit notwendig. Denn es mußten die die Moleküle zusammenhaltenden Kräfte überwunden werden. Diese Arbeit wurde dem Wärmeinhalt des Wassers entnommen.

Die Lösung wird sich abgekühlt haben. Da das Thermometer nur die mittlere Temperatur (mittlere Geschwindigkeit) anzeigt, so gibt es auch Wasser- und Salzmoleküle, die eine weit höhere Geschwindigkeit besitzen müssen. Wir wissen bereits, daß die Temperatur nur ein Maß für diese Geschwindigkeiten ist. Unter den höheren Geschwindigkeiten werden viele Salzmolekülchen ihren Verband lösen und sich in Natrium und Chlor trennen. Dabei wird ein Teil Wärmeenergie in elektrische Energie verwandelt, Natrium und Chlor erhalten je eine elektrische Ladung, das Natriumatom eine positive Ladung und das Chlor eine negative Ladung. Die elektrisch geladenen Atome heißen nun Jonen und der ganze geschilderte Vorgang umfaßt die Dissoziation. Man sagt, die Salzlösung sei dissoziert.

Wir tauchen nun in die Salzlösung zwei Platinbleche, die wir Elektroden nennen. Legen wir an die Elektroden eine Spannung, so tritt eine Wanderung der Jonen ein, und zwar nach dem Gesetze, daß sich ungleichnamige Elektrizitätsmengen anziehen. Das positiv geladene Natriumatom wandert zur negativen Elektrode. Da man die negative Elektrode Kathode nennt, so heißt man auch das Natriumjon das Kation Ebenso wandert das negativ geladene Chloratom zur positiven Elektrode, zur Anode. Das negativ geladene Jon heißt das Anion. — Die angelegte Spannung hat jetzt lediglich die inneren Reibungswiderstände zu überwinden, daher ist die von der angelegten Stromquelle geforderte Leistung nur gering.

Die Ionen, die an den Elektroden angelangt sind, geben ihre Elektrizitätsmenge ab und sind in diesem Augenblick keine Ionen mehr, sondern nur Elemente, die ihrer Wahlverwandtschaft wegen sofort eine neue Verbindung suchen, wenn sich dazu Gelegenheit bietet. Und diese ist in unserem Falle da. Das Natrium verbindet sich mit Gier mit dem Wasserstoff des Wassers, ebenso das Chlor, denn beide haben zu Wasserstoff eine große Wahlverwandtschaft, die viel größer ist als die Wahlverwandtschaft zwischen Natrium und Chlor selbst.

Es erfolgt nun eine rein chemische Erscheinung:

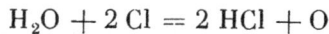

$$H_2O + 2\,Cl = 2\,HCl + O$$

Zwei Chloratome und zwei Wasserstoffatome verbinden sich zu 2 Molekülen Salzsäure. Sauerstoff wird frei und setzt sich in Bläschenform an der Anode an.

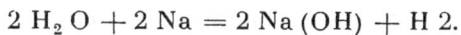

$$2\,H_2\,O + 2\,Na = 2\,Na\,(OH) + H\,2.$$

Zwei Wassermolekülchen verbinden sich mit zwei Natriumatomen zu zwei Molekülen Natronlauge, während sich Wasserstoff in Bläschenform an der Kathode ansetzt.

Die Ausscheigungsprodukte sind also Sauerstoff (O) und Wasserstoff (H_2), so daß es den Anschein hat, als ob man Wasser (H_2O) in Wasserstoff und Sauerstoff zerlegt hätte.

Man muß also wandernde Ionen von den Ausscheidungsprodukten wohl unterscheiden.

Schwefelsäure mit Wasser verdünnt bildet ebenfalls Ionen

$$\begin{array}{ccc} H_2 & | & SO_4 \\ \swarrow & & \searrow \\ \text{Kation} & & \text{Anion} \end{array}$$

Ebenso

Bleisuperoxyd

$$\begin{array}{ccc} Pb & | & O_2 \\ \swarrow & & \searrow \\ \text{Kation} & & \text{Anion} \end{array}$$

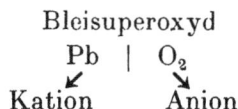

In Wasser gelöstes Kochsalz, Schwefelsäure, allgemein eine Lösung von Salzen, Säuren oder Basen in Wasser heißen Elektrolyte. Bei Anlegung einer Spannung an die Elektroden werden die Elektrolyte elektrolysiert.

Faraday hatte diese elektrolytischen Erscheinungen, ohne die vorstehenden Theorien zu kennen, beobachtet und gewichtsmäßig untersucht. Er bewies durch seine Versuche, daß die aus dem Elektrolyten ausgeschiedene Menge eines Metalls der gesamten Elektrizitätsmenge proportional sei, die während der beobachteten Zeit durch den Zersetzungsapparat floß. Ferner fand er, daß die Masse des abgeschiedenen Metalls vom Äquivalentgewichte dieses Metalls abhängig sei. — Drücken wir also die Masse des abgeschiedenen Metalls in Gramm aus, nennen wir die Elektrizitätsmenge Q, das Äquivalentgewicht a, so schreiben wir:

$$\mathfrak{G} \cong Q \cdot a.$$

Dividieren wir beiderseits durch a, so erhalten wir

$$\frac{\mathfrak{G}}{a} \cong Q.$$

Nun stellt die linke Seite nichts anderes vor, als die von der Elektrizitätsmenge Q abgeschiedenen Äquivalente. Man kann also sagen, daß die Elektrizitätsmenge Q der Anzahl der abgeschiedenen Äquivalente proportional sei.

Wurden z. B. in einer gewissen Zeit 12 g Sauerstoff abgeschieden, so ist die Anzahl der abgeschiedenen Äquivalente $\frac{12}{8} = 1{,}5$. Mit 1,5 Äquivalenten muß also eine ganz bestimmte Elektrizitätsmenge verbunden sein.

Hätten wir aber dieselbe Elektrizitätsmenge z. B. durch eine Silbernitratlösung geführt (wir haben zu diesem Zwecke beide Zersetzungsapparate hintereinander geschaltet), so hätte dieselbe Elektrizitätsmenge 161,85 g Silber ausgeschieden. 161,85 g Silber sind $\frac{161{,}85}{107{,}9} = 1{,}5$ Äquivalente.

Es ist also mit 12 g Sauerstoff ebensoviel Elektrizitätsmenge verbunden als mit 161,85 g Silber. — Es kommt also jetzt nur darauf an, zu wissen, welche Elektrizitätsmenge mit einem Äquivalente verbunden ist. Diese Frage haben die Brüder Kohlrausch durch Versuch beantwortet: Die Strommenge von einem Coulomb (1 Ampere × 1 Sekunde) scheidet 0,001118 g Silber aus. Daher ist die Elektrizitätsmenge, die von einem Äquivalent Silber verbunden ist, $\frac{107{,}9}{0{,}001118} =$ 96494 Coulomb.

Diese Elektrizitätsmenge ist also mit 107,9 g Silber, mit $\frac{16}{2} = 8$ g Sauerstoff, mit $\frac{1}{1} = 1$ g Wasserstoff, mit $\frac{207{,}2}{2} = 103{,}6$ g Blei usw. verbunden. Daraus läßt sich nun erkennen, daß mit 1 g der verschiedenen Stoffe sehr verschiedene Elektrizitätsmengen verbunden sind und daß ein Coulomb verschiedene Mengen eines Stoffes ausscheiden kann.

Wieviel Gramm Silber scheidet ein Coulomb aus?

96494 Coulomb — 107,9 g Silber,

1 Coulomb — ?

$$x : 107{,}9 = 1 : 96\,494,$$

$$x = \frac{107{,}9}{96\,494} = 0{,}0011183.$$

Nennt man nun allgemein die Menge in Gramm, die ein Coulomb auszuscheiden vermag c, so ist die von einem Strome in der Zeit t ausgeschiedene Gewichtsmenge

$$\mathfrak{G} = i \cdot t\, c \text{ Gramm.}$$

c ist das elektrochemische Äquivalent. — So ist z. B. c für Kupfer 0,000328 oder 0,000657, für Gold 0,000681, für Nickel 0,000303 und für Platin 0,000504 g.

Akkumulatoren.

Lade- und Entladevorgang. Formierung der Platten. Die Ruhespannung. Die Spannung während der Ladung und Entladung. Kapazität. Zellenschalter. Wirkungsgrad. Behandlung der Zellen. Die Sulfutation. Anwendung. Der Edisonakkumulator. Beispiel.

Die Wirkung der aus Blei hergestellten Akkumulatoren beruht auf der Umwandlung, die das Bleisulfat unter dem Einflusse des elektrischen Stromes erleidet. In ein mit 20 vH Schwefelsäure gefülltes Glasgefäß hängt man zwei Bleiplatten und führt einen Strom hindurch. Ob zwar bekanntermaßen Blei von verdünnter Säure nicht angegriffen wird, überzieht sich doch die mit der Säure in Berührung stehende Bleioberfläche mit einem Hauch von Bleisulfat $PbSO_4$.

Der Strom elektrolysiert die Schwefelsäure:

H_2 | SO_4

↙ ↘

Kation Anion.

Der Wasserstoff wandert mit dem Strom und findet an der Kathode das Bleisulfat:

$$2\,H + PbSO_4 = Pb + H_2SO_4.$$

Es entsteht auf der Platte schwammiges Blei von graublauem Aussehen. Ferner entwickelt sich Schwefelsäure.

Das Anion SO_4 wandert zur Anode und geht mit dem Sulfat und dem Wasser der verdünnten Säure folgende Verbindung ein:

$$SO_4 + PbSO_4 + 2\,H_2O = PbO_2 + 2\,H_2SO_4.$$

An der Anode, das ist an der positiven Platte, setzt sich Bleisuperoxyd PbO_2 von rotbrauner Farbe an. Abermals entsteht Schwefelsäure.

Das ist der Ladevorgang einer Zelle: An der negativen Platte bildet sich schwammiges Blei, an der positiven Platte Bleisuperoxyd. Das spezifische Gewicht der Säure wird größer.

Nun bildet Blei, Bleisuperoxyd mit dem Elektrolyten verdünnter Schwefelsäure ein Element von ungefähr 2 Volt Spannung. Man kann also diesem Elemente elektrische Energie entnehmen. Schließt man also dieses Element durch einen äußeren Widerstand, so fließt der Strom von der positiven Bleisuperoxydplatte durch den äußeren Widerstand zur negativen Bleiplatte und durch den Elektrolyten zur positiven Platte. Der Elektrolyt wird also während der Entladung im umgekehrten Sinne vom Strome durchflossen. Abermals wird die verdünnte Schwefelsäure elektrolysiert:

$$\begin{array}{ccc} H_2 & | & SO_4 \\ \swarrow & & \searrow \\ \text{Kation} & & \text{Anion.} \end{array}$$

Der Wasserstoff H_2 fließt mit dem Strome und gibt seine Ladung an die positive Platte ab und muß dann folgende Verbindung eingehen:

$$2\,H + PbO_2 + H_2SO_4 = PbSO_4 + 2\,H_2O.$$

Es bildet sich also das Bleisuperoxyd in Bleisulfat zurück. Nebenbei entstehen zwei Moleküle Wasser.

Das Ion SO_4 wandert zur negativen Platte, gibt ebenfalls seine Elektrizitätsmenge ab und geht folgende Verbindung ein:

$$SO_4 + Pb = PbSO_4.$$

Aus dem schwammigen Blei wird Bleisulfat zurückgebildet. Die Dichte der Säure, die bei der Ladung größer wurde, geht bei der Entladung wieder auf das ursprüngliche Maß zurück. Beide Versuche würden nun in kurzer Zeit erledigt sein. Die Zelle hat eben eine sehr geringe „K a p a z i t ä t". Wiederholt man diese beiden Vorgänge sehr oft, so wird die Kapazität der Zelle nach und nach größer. Man f o r m i e r t die Platten. So machte es zuerst Faure. Um die Formierung abzukürzen, hatte zuerst Planté auf die Platten Bleisalze aufgetragen, aus denen sich schon bei der ersten Ladung Blei bzw. Bleisuperoxyd ausschied. Für die positiven Platten nimmt man Pb_3O_4 und für die negativen Platten nimmt man P b O, sog. Bleiglätte. Um das Abfallen der aktiven Massen vom Bleigerüst zu verhindern, gibt es nun eine große Anzahl von Bauarten.

Für starke Entladeströme und für kurze Ladezeiten eignet sich die Großoberflächenplatte, eine gegossene Platte, welche mit sehr vielen feinen Rippen oder vielen schmalen Kanälen versehen ist. Diese Platten (zumeist die positiven Platten) werden nach dem alten Grundsatz von Faure formiert. Doch hat man die Art der Formierung (wechselnde Stromrichtung) so verbessert, daß sie in kurzer Zeit vollendet ist.

Bei leichtem Gewicht baut man Gitter- und Masseplatten. Das Gitter besteht aus Hartblei (Zusatz von Antimon). In die einzelnen Fenster des Gitters preßt man feindurchlochte Bleitaschen, die die aktiven Massen aufnehmen. Man mischt wohl den aktiven Massen Glas-, Kieselgur- oder Kaolinpulver bei, um das Schrumpfen der ersteren zu verhindern und um den Zutritt der Säure zu den aktiven Massen zu fördern.

Die Zelle zeigt nun bei der Ladung und Entladung ein besonderes Verhalten. In Ruhe zeigt eine Zelle eine Spannung, die durch die Formel

$$E = 0{,}85 + D$$

ausgedrückt werden kann. D ist die Dichte der Schwefelsäure, die im geladenen Zustand der Zelle 1,2, im entladenen Zustand derselben 1,16 betragen wird. Es ist somit die Ruhespannung der Zelle im geladenen Zustand

$$E = 0{,}85 + 1{,}2 = 2{,}05 \text{ Volt}$$

und im entladenen Zustand

$$E = 0{,}85 + 1{,}16 = 2{,}01 \text{ Volt.}$$

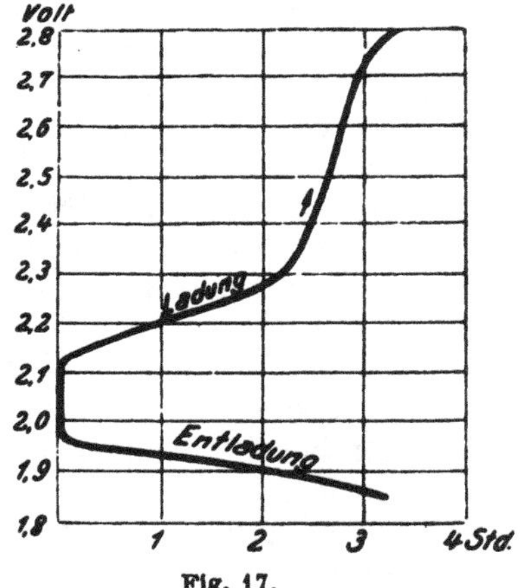

Fig. 17.

Da die gewöhnlichen Voltmeter kaum Hundertstel Volt anzeigen werden, zeigt ein solches Voltmeter eben in beiden Fällen 2 Volt.

Bei der Entladung fällt nun die Spannung fast augenblicklich um einen kleinen Betrag. Es ist der Spannungsabfall in der Zelle. Gibt z. B. eine Zelle 30 Ampere, ist deren innerer Widerstand 0,0018 Ohm, so ist der Abfall $0{,}0018 \times 30 = 0{,}054$ Volt. Während der weiteren Entladung fällt die Spannung, in den ersten zwei Stunden langsam und stetig, gegen Ende der dritten Stunde etwas schneller. Ist die Spannung auf 1,85 Volt gesunken, so muß man mit der Entladung aufhören. Der Formel nach wäre dann die Dichte der Säure gerade „Eins“ geworden! Das hat aber seine Richtigkeit und ist so zu erklären. Unter der Dichte der Säure während des Betriebes hat man nicht die mittlere Dichte der Säure zu verstehen, sondern die Dichte jener Säure, die mit den aktiven Massen unmittelbar in Berührung steht. Nun schreitet der chemische Prozeß während der Entladung immer mehr in das Innere der Massen vor. Das dort entwickelte Wasser muß in die Säure diffundieren. Da aber das gebildete Bleisulfat einen größeren Raum einnimmt, so werden die Poren verstopft, die Diffusion immer langsamer, bis zuletzt in den aktiven Massen nur mehr reines Wasser vorhanden ist. Würde man die Stromstärke vermindern, so würde vielleicht diese Schwierigkeit gar nicht auftreten. Ist die Entladung beendet, vielmehr bei einer Spannung von 1,85 Volt unterbrochen worden, so erholt sich die Zelle langsam, die Dichte der Säure wird überall gleichmäßig, die Spannung der Zelle wird daher größer und hat nachher den Wert

$$0{,}85 + 1{,}16 = 2{,}01 \text{ Volt.}$$

Man erkennt daraus, daß man den Ladezustand einer Zelle nicht mit dem Voltmeter bestimmen kann. Einzig allein die Dichte der Säure ist für diesen Zustand bestimmend.

Wird die Zelle von neuem geladen, so beobachtet man beim Einschalten am Voltmeter ein sofortiges Steigen der Spannung. Es ist wieder der Betrag des inneren Spannungabfalles. Die Säuredichte in den aktiven Massen wird nach und nach größer. Nach etwa 2 ½ Stunden wird die Spannung 2,3 Volt erreicht haben. Im weiteren Verlauf der Ladung steigt die Spannung der Zelle rasch auf 2,7 bis 2,8 Volt. Dieses Aufsteigen kann nicht mehr durch die steigende Säuredichte in den aktiven Massen erklärt werden. Der Elektrolyt hat auch Bleisulfat dissoziert. Am Ende der Ladung wird dieses Bleisulfat verbraucht. Hierdurch wird der sog. Lösungsdruck der Elektroden (den wir an dieser Stelle nicht besprochen haben) größer, somit auch die elektromotorische Gegenkraft der Zelle. Zu dieser Zeit bemerkt man auch eine kräftige Gasentwicklung in der Zelle. Die Zelle „kocht". Die Gasbläschen sind Sauerstoff und Wasserstoff. Die an den Elektroden anhaftenden Bläschen vergrößern den inneren Widerstand nicht unbeträchtlich, so daß die Spannung eben auf den Endwert von etwa 2,8 Volt steigen kann. Unterbricht man die Entladung, so fällt die Spannung, die Dichte der Säure wird allmählich gleichmäßig und die Ruhespannung der Zelle wird

$$E = 0{,}85 + 1{,}2 = 2{,}05 \text{ Volt.}$$

Bleibt eine geladene Zelle längere Zeit in Ruhe, so nimmt die Säuredichte infolge Selbstentladung langsam ab. Die Selbstentladung beträgt ungefähr täglich 1 vH der aufgeladenen Strommenge. Die Selbstentladung hat verschiedene Ursachen. Im Ruhezustande liegen die unteren Teile der Platten in dichterer Säure als die oberen Teile der Platten. Jede Platte hat daher unten ein höheres Potential wie oben. Daraus folgt, daß die oberen Teile auf Kosten der unteren aufgeladen werden. Das Bleisuperoxyd der positiven Platte bildet mit dem Bleigitter derselben Platte viele kleine kurzgeschlossene Elemente. Bleisuperoxyd und Blei werden dabei in Bleisulfat verwandelt. So wird wohl der Bleiträger selbst nach und nach zur Stromlieferung herangezogen, aber der Zerfall der positiven Platte ist unausbleiblich. — Daher soll eine Zelle weder im geladenen noch im ungeladenen Zustande längere Zeit unbenutzt stehen bleiben. Beides schadet der Zelle. Ihre „Kapazität" wird dadruch geringer, oft so gering, daß die „kranke" Zelle einer gründlichen Neuformierung bedarf.

Unter Kapazität einer Zelle versteht man diejenige Elektrizitätsmenge in Amperestunden, die der Akkumulator zu liefern vermag, bis seine Klemmenspannung um ein Zehntel des Anfangswertes gefallen ist. Die Größe der Kapazität wird von der Menge der aktiven Masse, von der guten Verbindung dieser mit dem Bleikern, von der Porosität, der Säuredichte, von der Temperatur und hauptsächlich von der Größe der Entladestromstärke bestimmt. Bei hoher Entladestromstärke werden die äußeren Schichten der aktiven Masse, wo der Säureverbrauch rasch ersetzt werden kann, besonders herangezogen, während die innen liegenden Massen sich weniger daran beteiligen können. Je kleiner der Entladestrom, desto mehr können auch die innen liegenden Massen herangezogen werden, weshalb auch die Kapazität der Zelle größer wird. Bei Entladung mit sehr schwachen Strömen ist sogar die Kapazität durch das Gewicht der aktiven Massen gegeben. Man rechnet für 1 Amperestunde 3,86 g Bleischwamm und 4,45 g Bleisuperoxyd. Man wird daher die positiven Platten stärker machen müssen als die negativen Platten. Bei ordentlicher Entladung wird diese Kapazität niemals erreicht. Bei den gebräuchlichen Stromdichten (ungefähr 1 Ampere für 1 dm^2 freier positiver Plattenoberfläche) werden bei dreistündiger Entladung 45 vH der positiven und 25 vH der negativen aktiven Massen zur Stromlieferung herangezogen. Die gewünschte Kapazität einer Zelle wird erreicht, wenn man eine bestimmte Anzahl positiver und negativer Platten eines Typs in ein Gefäß einbaut, wobei die gleichpoligen Platten untereinander parallel geschaltet werden. Die Zahl der negativen Platten ist immer um eins größer als die der positiven Platten, und zwar deshalb, um eine beiderseitige Beanspruchung der teuren positiven Platten zu erzielen.

Als Gefäßmaterial verwendet man Stoffe, die von verdünnter Schwefelsäure nicht angegriffen werden, also Glas, Hartgummi, Zelluloid. Bei sehr großen Zellen verwendet man mit Bleiblech verkleidete Holzkasten. Die einzelnen Platten einer Zelle sind voneinander isoliert. Entweder durch Glasrohre, harzreiche Furniere oder Hartgummiseparatoren.

Um höhere Spannungen zu erzielen, schaltet man nun die Zellen hintereinander. Um auch am Ende der Entladung eine normale Netzspannung von 110, 220 und 440 Volt zu erhalten, wird man bei Berücksichtigung des Spannungsabfalles

$$\frac{120}{1,85} = 65, \qquad \frac{230}{1,85} = 124, \qquad \frac{450}{1,85} = 244$$

Zellen hintereinander schalten.

Um eine konstante Netzspannung zu erhalten, wird man anfangs eine bestimmte Anzahl von Zellen abschalten müssen. Dies besorgt der Zellenschalter. Bei 110 Volt sind anfangs nur $\frac{120}{2,05} = 58$ Zellen erforderlich. Es sind daher sieben Zellen abzuschalten. Diese Zellen werden auch weniger lang entladen, da sie nur am Ende der Entladung zur Wirksamkeit gelangen. Daher wird man sie auch nicht solange aufladen dürfen wie die anderen Zellen. Wir müssen also auch zum Laden einen Zellenschalter benutzen.

Soll aber während der Ladung aus der Batterie Strom entnommen werden können, so ist es möglich, daß die Ladespannung der Batterie $65 \times 2,75 = 180$ Volt betragen kann. Es müssen dann in diesem Falle $\frac{180 - 110}{2,75} = 25$ Zellen abschaltbar sein. Das Zu- und Abschalten der Zellen bei der Ladung und Entladung besorgt der Doppelzellenschalter, der bei kleinen Anlagen mit Handbetrieb sonst selbsttätig wirkt.

Eine Akkumulatorenbatterie besitzt einen Wirkungsgrad in Amperestunden und einen Wirkungsgrad in Wattstunden. Unter ersteren versteht man das Verhältnis der in Amperestunden gemessenen Elektrizitätsmenge, die einem Akkumulator bei voller Entladung entnommen wird, zu der Elektrizitätsmenge, die erforderlich ist, ihn wieder in den anfänglichen Ladungszustand zurückzuführen. Dieser Wirkungsgrad beträgt ungefähr 0,9.

Unter dem Wirkungsgrad in Wattstunden bezeichnet man das Verhältnis der einem Akkumulator bei voller Entladung entnommenen Energiemenge, in Kilowattstunden gemessen, zu der für seine vollständige Wiederaufladung erforderlichen Energiemenge. Dieser Wert ist von der Stärke der Entladung abhängig und hat bei dreistündiger Entladezeit einen ungefähren Wert von 0,75.

Soll einer Batterie die Kapazität erhalten bleiben, so muß man dieselbe genau nach Vorschrift warten.

Der Ladestrom darf die vorgeschriebene Stärke nicht überschreiten, das Aufladen hingegen mit kleinerer Stromstärke und längerer Zeit ist immer günstig. Ist bei ordentlicher Ladestromstärke lebhafte Gasentwicklung eingetreten, so ist die Hauptladung beendet. Man kann dann mit halber Stromstärke so weit laden, bis die Spannung jeder Zelle auf 2,75 Volt gestiegen ist. Es ist gut, wöchentlich einmal beim Laden der Batterie folgenden Vorgang einzuhalten: Sobald bei ordentlicher Ladestromstärke Gasentwicklung eingetreten ist, unterbricht man den Strom und läßt die Batterie eine Stunde ruhen, um dann weiter zu laden, bis wieder die Gasentwicklung eingetreten ist. Hierauf unterbricht man wieder den Strom und läßt die Batterie abermals ruhen. Das wiederholt man solange, bis beim Einschalten des Ladestromes sofort eine normale Gasentwicklung eintritt.

Bleibt eine Batterie längere Zeit im geladenen oder ungeladenen Zustande stehen, so folgt, wie bereits erwähnt, Selbstentladung, und die aktiven Massen erhalten ein kristallinisches Gefüge. Sie sulfatieren. Die Kapazität ist sehr gering. Ist einmal Sulfatierung eingetreten, so ladet man die Batterie mit ordentlicher Stromstärke bis zur Gasentwicklung, dann mit sehr geringem Strome, 4 bis 5 Stunden lang. Hierauf wird die Batterie mit geringer Stromstärke entladen und der ganze Vorgang einige Male wiederholt. Sind aber die Platten sehr geschrumpft, die Kapazität beinahe ganz vernichtet, so stellt man die Platten durch Umladung wieder her. Dabei werden die positiven Platten negativ formiert und umgekehrt. Das Verfahren ist aber nur bei wenig verbrauchten Platten gangbar. Man entlädt zunächst die Batterie auf Null Volt und lädt sie dann mit umgekehrter Stromrichtung mit 75 vH Normalstrom 20 Stunden lang. Darauf folgt eine Entladung wieder bis auf Null Volt Spannung und dann eine ordentliche Ladung bis zur vollen Gasentwicklung. Durch das Umladen quillt die harte Masse der negativen Platte und preßt sich an das Gitter.

Die verwandte Säure und das destillierte Wasser müssen unbedingt chemisch rein sein. — Die Platten müssen stets von der Füllsäure bedeckt sein. Der Wärter hat sich bei jeder Zelle über das spezifische Gewicht der Füllsäure zu überzeugen. Sie muß bei allen Zellen gleich sein. Sonst ist es dadurch zu erreichen, daß man entweder zu dichte Säure abzieht und durch Wasser ersetzt und umgekehrt.

Die Batterien sind trotz hoher Anschaffungskosten und hoher Abschreibung für Gleichstromzentralen, besonders für Bahnzentralen nicht zu entbehren. Sie dienen dann zum Aufspeichern größerer Elektrizitätsmengen oder zum Ausgleich rasch aufeinander folgender Schwankungen in der Belastung, wie z. B. bei Pufferbatterien. Während des Betriebes sorgt die Batterie für unveränderliche Spannung und für gleichmäßige Belastung der Kraftmaschine, wenn die Batterie mit dem Generator in Parallelschaltung arbeitet. — Nach der Hauptbetriebszeit übernimmt die Batterie allein die Versorgung des Netzes. Fig. 18 zeigt eine einfache Schaltung eines Generators mit einer Batterie. Es sind verschiedene Betriebsarten möglich. Entweder wird die Batterie geladen, sie arbeitet mit dem Generator gemeinschaftlich auf das Netz oder sie versorgt das Netz allein.

Der Edison-Akkumulator ist ein alkalischer. Das Eigentümliche im Aufbau der Edisonzelle besteht in der ausschließlichen Verwendung von stark vernickeltem Eisenblech für die Träger der aktiven Massen. Als Anode dient eine Nickelverbindung, als Kathode Eisen. Elektrolyt ist 20proz. Kalilauge. Die Ruhespannung beträgt nur 1,42 Volt, die mittlere Betriebsspannung 1 Volt. Der Wirkungsgrad ist sehr schlecht, der innere Widerstand sehr groß. Als transportabler Akkumulator hat die Edisonzelle unbestreitbare Vorteile, die besonders im mechanischen Aufbau liegen. Gegen lange Ruhezeiten ist sie unempfindlich. Sonst ist der gewöhnliche Bleiakkumulator vorzuziehen.

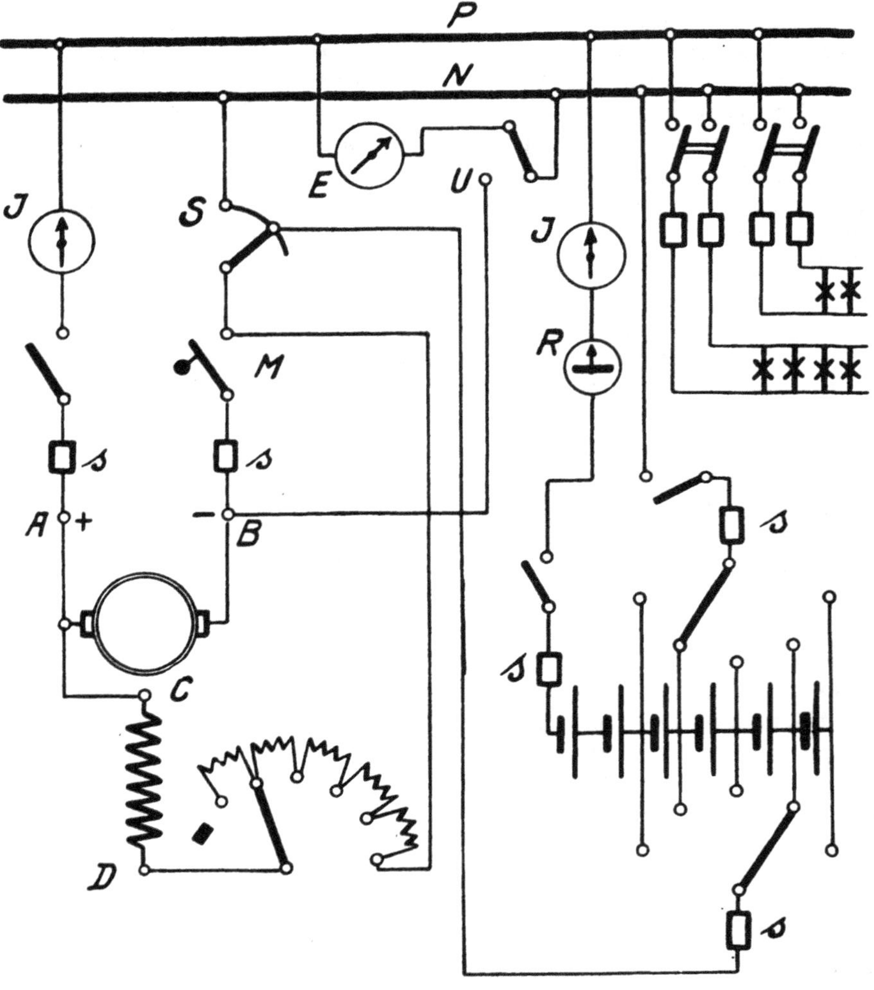

Fig. 18.

B e i s p i e l. Die überschüssige Dampfkraft einer Maschinenfabrik soll zur Beleuchtung ausgenutzt werden. Während der Betriebszeit sollen Generator und Batterie gemeinsam auf das Netz arbeiten. Die Notbeleuchtung der Fabrik, die Beleuchtung der zur Fabrik gehörigen Privatwohnungen hat die Batterie allein zu besorgen. Es ergab sich, den Monat Dezember zugrunde gelegt, folgender Bedarf:

1. Dreherei	6 Lampen	à 100 Watt	= 600 Watt	oder	$\frac{600}{220}$ = 2,72 Amp.
»	40 »	à 40 »	= 1600 »	»	7 »
2. Schlosserei	3 »	à 100 »	= 300 »	»	1,85 »
»	25 »	à 40 »	= 1000 »	»	4,6 »
3. Tischlerei	2 »	à 100 »	= 200 »	} »	4,6 »
»	20 »	à 40 »	= 800 »		
4. Schmiede	5 »	à 100 »	= 500 »	»	2,3 »
		zusammen	5000 Watt	oder	23,1 Amp.

Leuchtzeit von 7^h früh bis 10^h früh und von 3^h nachm. bis 5^h nachm. Gesamte Leuchtzeit 5 Stunden, das sind 68 Kilowattstunden.

5. Hofbeleuchtung 6 Lampen à 40 Watt; im ganzen 240 Watt oder 1,2 Amp. Leuchtzeit von 5^h abends bis 8^h früh = 15 Stunden.
6. Kanzleien 8 Lampen à 40 Watt; im ganzen 320 Watt oder 1,5 Amp. Leuchtzeit von 8^h bis 11^h und von 2^h bis 6^h; im ganzen 7 Stunden.
7. Direktorwohnung und Hauswart 16 Lampen à 40 Watt; im ganzen 640 Watt oder 3 Amp. Leuchtzeit 12 Stunden.

Es arbeiten Generator und Batterie gemeinsam von 7 Uhr früh bis 10 Uhr früh und von 3 Uhr nachm. bis 5 Uhr nachm.

Die Belastung ist in dieser Zeit:

$$5000 \times 5 + 240 \times 1 + 320 \times 7 + 640 \times 5 \text{ Wattstunden}$$

das sind 30,68 Kilowattstunden.

Die Batterie liefert allein

$$\begin{aligned} 5.\ & 240 \times 14 = 3{,}36 \text{ kWh,} \\ 6.\ & 320 \times 2 = 0{,}62 \text{ kWh,} \\ 7.\ & 640 \times 7 = 4{,}48 \text{ kWh,} \\ \hline & \text{Im ganzen } 8{,}46 \text{ kWh.} \end{aligned}$$

Die Batterie hat also während der Leuchtzeit $\frac{30{,}68}{2} + 8{,}46 = 23{,}8$ Kilowattstunden zu liefern. — Ist die Lichtspannung 220 Volt, so hat die Batterie $\frac{23{,}1}{2} = 11{,}55$ Ampere durch 5 Stunden und 6 Ampere durchschnittlich durch 12 Stunden zu liefern. Das macht im ganzen 130 Amperestunden. Man sucht nun in der Liste der liefernden Fabrik die entsprechende Zelle heraus. Rechnet man den Wirkungsgrad auf Amperestunden mit 0,9, so ist die Batterie mit $\frac{130}{0{,}9} = 145$ Amperestunden aufzuladen. Da zur Ladung nur die Zeit von 10 bis 12 mittags und von 1 bis 3 nachm.

zur Verfügung steht, muß die Batterie mit $\frac{145}{4} = 36$ Ampere geladen werden. Die Type muß also einer vierstündigen Ladezeit entsprechend sein.

Ist der Leistungswirkungsgrad 0,75, so nimmt die Batterie $\frac{23{,}8}{0{,}75} = 32$ Kilowattstunden auf. Daher ist die Leistung des Generators während der Ladung

$$\frac{32}{4} = 8 \text{ kW}.$$

Diese Leistung genügt aber auch während der Leuchtperiode vollkommen.

Magnetismus.

Kraftlinienfeld. Die Feldstärke. Magnetisierung. Das Feld stromdurchflossener Leiter. Ableitung des Ampere. Der magnetische Stromkreis. Die Induktion. Die magnetomotorische Kraft. Der magnetische Widerstand. Die Amperewindungen. Der magnetische Fluß als Ausgleichgröße. Grundsätzliche Wirkung der Motoren. Magnetgestelle.

Wenn wir nachdenken, was wir eigentlich vom Magnetismus von der Volksschule her wissen, so ist es folgendes: Es ist uns bekannt, daß Eisen die Eigenschaft erlangen kann, andere Eisenstücke anzuziehen und von denselben angezogen zu werden. Man nennt das Eisen, das solche Eigenschaften erwerben kann, magnetisch. Das Stück Eisen, das diese Eigenschaft besitzt, heißt Magnet. Legt man einen Magnetstab in Eisenfeilicht und zieht ihn heraus, so haftet das meiste Feilicht an den Enden, in der Mitte fast keines. Die magnetische Kraftwirkung geht also hauptsächlich von den Enden aus. Man nennt diese Enden die Pole des Magneten.

Wenn man den Stab auf eine Spitze setzt, auf der er sich wagrecht drehen kann, so stellt er sich in die Nordsüdrichtung ein. Die beiden Pole verhalten sich also verschieden. Um die beiden Pole voneinander zu unterscheiden, nennen wir den ersteren den Nordpol, den zweiten den Südpol des Magneten. Ferner ist uns bekannt, daß sich gleichnamige Pole abstoßen, ungleichnamige anziehen. Merkwürdig finden wir auch folgende Tatsache: Wenn wir beispielsweise einem Nordpol ein Stück Eisen nähern, so wird letzteres ebenfalls ein Magnet. Das dem Nordpol näher zugewandte Ende wird ein Südpol, das entferntere Ende ein Nordpol. Man sagt, das Stück Eisen ist durch Induktion magnetisch geworden.

Coulomb war der erste, der die Kräfte der Magnete mit seiner Wage untersuchte und fand, daß es ebenfalls Newtonsche Kräfte sind,

Kräfte also, die mit dem Quadrate der Entfernung abnehmen. In Anlehnung an das Newtonsche Gravitationsgesetz schrieb also Coulomb

$$P = \frac{m_1 \cdot m_2}{r^2}.$$

Die Kraft, mit der sich zwei Magnete anziehen, ist den magnetischen Massen (Mengen) gerade und dem Quadrate ihrer Entfernung umgekehrt proportional. — Wenn man Coulomb gefragt hätte, was er sich eigentlich unter magnetischer Masse vorstelle, so hätte man ihn in Verlegenheit gebracht. Er war eben durch das Newtonsche Gravitationsgesetz dazu berechtigt, um so mehr, als er diese Mengen durch die Kräfte messen kann. Nehmen wir an, daß die Enden zweier gleich starker Magnete sich in der Entfernung von 1 cm mit einer Kraft von 1 Dyn einwirken, so wird dadurch die Einheit der magnetischen Menge vollkommen bestimmt sein:

$$1 \text{ Dyn} = \frac{1 \cdot 1}{1^2}.$$

Legt man auf einen Magnetstab eine Glasscheibe und streut auf diese Eisenfeilicht, so erhalten wir ein Bild, der Kraftlinien. Wie eine Lampe Lichtstrahlen aussendet, so sendet der Pol eines Magneten magnetische Kraftlinien aus, erzeugt rings in seiner Umgebung ein magnetisches Kraftfeld. Das Bild ist nur ein wagrechter Schnitt durch dieses Kraftfeld. Jede Kraftlinie hat einen Anfang und ein Ende. Bringt man einen Nordpol in das Feld, so erhält er einen Antrieb im Sinne des Pfeils. Man sagt, daß die Kraftlinien vom Nordpol durch die Luft zum Südpol verlaufen. Wenn der gedachte Nordpol frei beweglich wäre, so würde er tatsächlich in der Richtung der Kraftlinie „fallen" und dabei Arbeit leisten. Da könnte man denken, daß im magnetischen Feld, also im Magnetstab selbst, eine unerschöpfliche Menge von Arbeit vorhanden sein müßte! Man vergißt dabei Eins. Um vorerst den freibeweglichen Nordpol nach dem Nordpole des Stabmagneten zu bringen, muß man ihn, die abstoßenden Kräfte überwindend, zuerst auf den Nordpol des Magneten „hinaufheben", also vorerst die gedachte Arbeit selbst leisten! — Nun wird ein schwacher wie ein starker Pol unendlich viele Kraftlinien aussenden. Wenn wir aber Kraftfelder messen wollen, so müssen wir erst unter uns eine Vereinbarung treffen. Wir machen es so ähnlich, wie wir es beim Lichtfluß getan haben.

Wie denken uns vorerst beispielsweise um einen Einheitsnordpol eine Kugel vom Radius $r = 1$ cm gelegt. Der ganze Kraftlinienfluß wird die Oberfläche dieser Kugel, $F = 4\,r^2\pi = 4\,\pi$ senkrecht durchdringen. Fassen wir nun den Fluß durch einen Quadratzentimeter als eine Kraftlinie auf, so können wir sagen, daß vom Einheitspol $4\,\pi$ Kraftlinien ausgehen. Wäre in der Mitte der Kugel ein Pol mit m

magnetischen Masseneinheiten gewesen, so wäre der Fluß Φ auch m mal größer gewesen und wir können daher schreiben:

$$\Phi = 4\pi m \text{ Maxwell.}$$

Die Einheit des Flusses heißt Maxwell.

Es gehen also von einem Pol mit der magnetischen Masse m $4\pi m$ Kraftlinien aus.

Wir denken uns nun um einen Nordpol von der magnetischen Masse m eine Kugel vom Radius r cm gelegt. Deren Oberfläche ist $4r^2\pi$ cm². Vom Pol geht der Fluß $\Phi = 4\pi m$ aus. Dieser Fluß durchdringt die Kugel, so daß auf 1 cm² ein bestimmter Fluß kommt. Dieser Fluß ist nun die **Feldstärke** im Orte A. Wir bezeichnen sie mit dem Buch staben H.

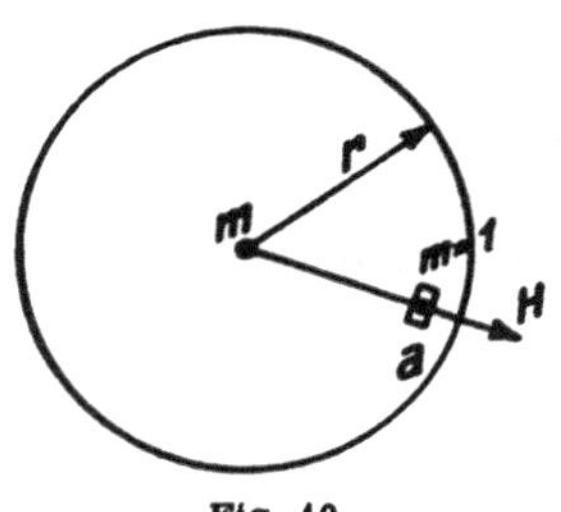

Fig. 19.

$$H = \frac{\Phi}{4r^2\pi} = \frac{4\pi m}{4r^2\pi} = \frac{m}{r^2} \text{ Gauß.}$$

Wenn in irgendeinem Felde eine Kraftlinie 1 cm² senkrecht durchdringt, so ist die Feldstärke Eins. Die Einheit heißt Gauß. — Bringen wir nun an denselben Ort A den magnetischen Einheitspol. Er wir nach dem Coulombschen Gesetz an diesem Orte einen Druck erfahren.

$$P = \frac{m \cdot 1}{r^2} = \frac{m}{r^2} \text{ Dyn.}$$

Wir sehen, daß dieser Druck der Zahlengröße nach mit der Zahlengröße der Feldstärke übereinstimmt. Wir haben nun ein Mittel, die Feldstärke irgendeines Feldes an einem Orte zu bestimmen. Wir bringen nach jenem Orte den Einheitspol und beobachten Richtung und den Druck in Dyn, den er erfährt. Die Richtung des Druckes ist auch die Richtung des Feldes an jenem Orte. Die Größe des Druckes in Dyn gibt mir auch die Größe der Feldstärke an diesem Orte an.

Erfährt also der Einheitspol im Felde von der Stärke H einen Druck von H Dyn, so wird ein Pol von der magnetischen Masse m ein Druck von

$$P = H \cdot m \text{ Dyn}$$

erfahren.

Wenn man einen Magnetstab in zwei Hälften teilt, so erhält man zwei Magnete von gleichen magnetischen Massen oder Mengen. Diese Teilung kann man beliebig lang fortsetzen. Die magnetischen Mengen sind also im ganzen Magneten, durch das ganze Volumen desselben verteilt. Liegen nun nord- und südmagnetische Mengen aufeinander, so heben sie sich gegenseitig auf, haben nach außen keine Wirkung. Das Eisen ist noch nicht magnetisiert. Wer besorgt nun die Magnetisierung? Das ist ein äußeres magnetisches Feld. Durch den Antrieb der Feldstärke werden die aufeinander liegenden magnetischen Mengen auf eine unendlich kleine Strecke auseinandergeschoben. So sind dann die kleinsten Magnete, die Elementarmagnete, entstanden, das Eisen ist magnetisiert und zeigt an den Enden freie magnetische Mengen.

Je stärker die Feldstärke, um so kräftiger wird die Magnetisierung sein. Diese erreicht schließlich einen Endwert, der nicht überschritten werden kann, soviel man auch die Feldstärke vergrößern mag. Das Eisen ist gesättigt. — Bei der Magnetisierung wird nun von der Feldstärke H tatsächlich eine Arbeit geleistet. Diese Arbeit ist die Magnetisierungsarbeit. — Wenn man einen Magnetstab zu einem Ring biegt, so daß die Enden zusammenstoßen, so hat dieser Ring keinen freien Magnetismus mehr, aber die Magnetisierung ist geblieben.

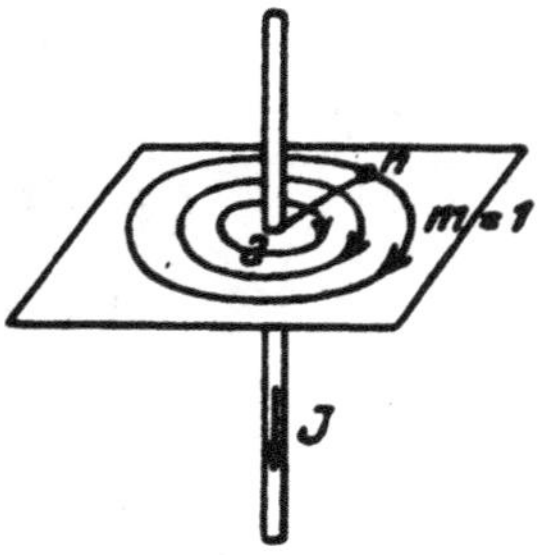

Wir haben bereits im Anfange gesagt, daß der elektrische Strom auch magnetische Wirkungen besitze. Wenn man nach Fig. 20 auf die wagrechte Platte Eisenfeilicht streut, so ordnet sich dasselbe in Ringen um den Leiter an, und ein freier nordmagnetischer Pol würde sich ohne Unterlaß im Sinne des Uhrzeigers drehen und Arbeit leisten. Diese Arbeit müßte aber vom Stromkreis gedeckt werden, so daß dieser Versuch eine einfachste Anordnung darstellt, mit der man elektrische Energie in mechanische umwandeln könnte. Dieser Versuch gibt auch die einfache Regel:

Fig. 20.

Blickt man in der Stromrichtung, so denkt man sich die Kraftlinien im Sinne des Uhrzeigers verlaufend.

Frägt man um die Feldstärke im Orte, so kann man selbe nach folgender Gleichung (die wir nicht ableiten) bestimmen:

$$H = \frac{2J}{a},$$

wenn J die Stromstärke und a die Entfernung ist. Das ist die Formel, nach der sich der Elektrotechniker die Einheit der Stromstärke gebildet hat. Nach dieser Formel ist

$$J = \frac{H \cdot a}{2}.$$

Wenn nun der Abstand $a = 1$ cm und J auch „Eins" werden soll, so muß $H = 2$ werden.

$$1 = \frac{2 \cdot 1}{2}.$$

Ist also ein Strom in einem langen geraden Leiter imstande, in der senkrechten Entfernung von 1 cm die Feldstärke 2 zu erzeugen, so hatte er die Stärke 1.

Wenn auch diese Stärke nicht zu groß ist, so nahm man doch den Bedürfnissen des Alltags entsprechend davon den zehnten Teil und nannte diesen 1 Ampere. Es ist also

$$1 \text{ Ampere} = \frac{1}{10} = 10^{-1} \text{ wissenschaftliche Einheiten.}$$

Ein solcher Strom ist nun imstande, sekundlich aus einer neutralen Silberlösung 1,118 mg Silber auszuscheiden. In dieser Form ist das Ampere auch reichsgesetzlich erklärt.

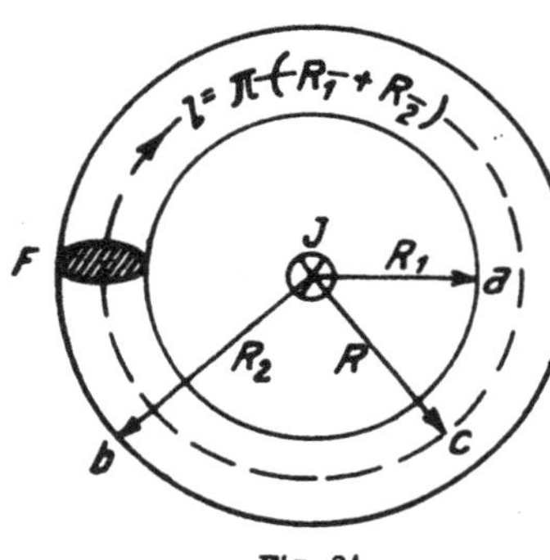

Fig. 21.

Wir denken uns um einen stromdurchflossenen Leiter einen Holzring vom Querschnitte $\mathfrak{F}$ und der mittleren Länge l gelegt. Einen Holzring deshalb, weil Holz sich nicht anders verhält wie Luft und ein Luftring schwerer zu fassen ist. Durch den Querschnitt $\mathfrak{F}$ des Luftringes wird nun ein bestimmter Kraftfluß hindurchgehen, den wir nun berechnen wollen. Die Feldstärke an der inneren Seite des Ringes ist $\frac{0{,}2\,J}{R_1}$[1], an der äußeren Seite des Ringes $\frac{0{,}2\,J}{R_2}$ und in der Mitte des Ringes bei $c\ \frac{0{,}2\,J}{R}$; nun ist R das Mittel von R_1 und R_2, so daß die mittlere Feldstärke $\frac{0{,}4\,J}{R_1 + R_2}$ ist. Wenn wir diesen Bruch mit π erweitern, erhalten wir $\frac{0{,}4\,\pi J}{\pi\,(R_1 + R_2)}$. Der Nenner ist aber nichts anderes als die Länge l der mittleren Kraftlinie, so daß wir schreiben können

$$\mathfrak{H} = \frac{0{,}4\,\pi J}{l} \text{ Gauß.}$$

Wenn wir nun statt eines Drahtes N Drähte im Ringe haben, die alle vom Strome J Ampere durchflossen werden, so wird die Feldstärke N mal größer.

$$\mathfrak{H} = \frac{0{,}4\,\pi J N}{l}.$$

Für jeden Draht müßte man eine Stromquelle besitzen. Das kann man vermeiden, wenn man den Draht zurückführt und noch-

[1]) 0,2 deshalb, weil wir den Strom in Ampere einsetzen.

mals durch den Leiter windet. Man erhält dann N Windungen, wie Fig. 22 zeigt.

Ersetzt man den Holzring durch einen Eisenring, so kann man beobachten, daß jetzt die magnetischen Wirkungen bedeutend größer werden. Die Feldstärke $\mathfrak{H}$ hat eben Elementarmagnete gebildet und die Magnetisierungslinien bilden mit $\mathfrak{H}$ eine Resultierende $\mathfrak{B}$. $\mathfrak{B}$ nennen wir die Felddichte und messen ebenfalls in Gauß. Nun ist $\mathfrak{B}$ ein Vielfaches von $\mathfrak{H}$. Es hat den Anschein, als ob das Eisen für den magnetischen Fluß Φ eine viel größere Durchlässigkeit besäße als die Luft. Es ist also $\mathfrak{B} = \mathfrak{H} \cdot \mu$, wo μ eine Zahl, größer als Eins ist. μ nennt man die magnetische Durchlässigkeit. Sie ist etwa für einen bestimmten Stoff keine unveränderliche Zahl, sondern sie wechselt ihren Wert und nimmt mit wachsender Feldstärke ab. Man muß jede Sorte von Eisenblech oder Flußeisen darauf erst untersuchen. — Der gesamte Fluß Φ im Eisen ist nun

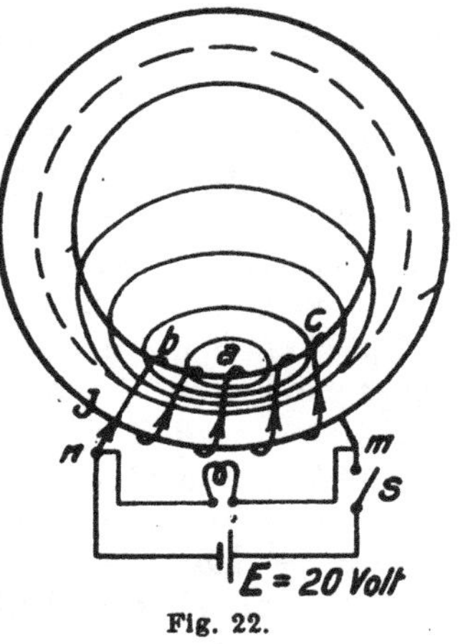

Fig. 22.

$$\Phi = \mathfrak{B} \cdot \mathfrak{F} \text{ oder}$$

$$\Phi = \mathfrak{H} \cdot \mu \cdot \mathfrak{F} \text{ oder}$$

$$\Phi = \frac{0{,}4\,\pi J N}{l} \cdot \mu \mathfrak{F}.$$

Wir können dies auch so schreiben:

$$\Phi = \frac{0{,}4\,\pi J N}{\frac{l}{\mu \mathfrak{F}}} \text{ Maxwell.}$$

Über diese Gleichung läßt sich nun Folgendes erzählen: Φ ist der Ausgleich zwischen Zähler und Nenner. Das Produkt $J\,N$ schafft den gesamten Fluß trotz des Nenners $\frac{l}{\mu \mathfrak{F}}$, der den Fluß zu verringern strebt. Daher hat man den ganzen Zähler die magnetomotorische Kraft genannt, das Produkt $J\,N$ die Amperewindungszahl. Es ist einerlei, ob man 1 Windung mit 100 Amperen oder 100 Windungen mit 1 Ampere verwendet. — Der Nenner $\frac{l}{\mu F}$ stellt sich der Entwicklung von Φ entgegen. Man hat ihn daher den magnetischen Widerstand genannt. Der Widerstand wächst mit der mittleren Kraftlinienlänge und nimmt mit dem Querschnitte und der Durchlässigkeit ab. Seine Form ist also die gleiche wie die Form des elektrischen Widerstandes $R = \frac{l}{k \cdot q}$.

Noch fruchtbarer ist folgende Betrachtungsweise. Φ ist eine Ausgleichsgröße. Wie ein Bach den Weg des geringsten Widerstandes sucht und findet, so der Fluß Φ. Hat er sich eingestellt, so kann er von sich sagen, daß er unter den obwaltenden Umständen den Höchstwert tatsächlich erreicht hat. Wenn also Φ den Höchstwert erreichen will, so ist der Fluß bestrebt, den Nenner so klein zu gestalten wie möglich. Auf den Zähler hat er keinen Einfluß. Die Größe des Zählers besorgen wir durch die Wahl $J\,N$ selbst. Der Fluß wird also „l" klein und „$\mathfrak{F}$" groß machen wollen. Dieser Wille tut sich in einem Zug der Länge nach und einem Drucke der Quere nach kund. Die einzelnen Kraftlinien wollen sich wie gespannte Gummifäden zusammenziehen und stoßen einander ab, um ja einen großen Querschnitt einnehmen zu können. Das sind die tatsächlichen Eigenschaften jedes magnetischen Flusses. — Ein Elektromagnet hat den Anker angezogen. Will man den Anker abheben, so heißt das, vielleicht Millionen gespannter Gummifäden noch weiter spannen. Lieber verlaufen die Kraftlinien 10 m im Eisen als 1 cm durch die Luft. Will man also durch Abheben des Ankers einen Luftspalt schaffen, so will man den Fluß Φ stark verkleinern, gegen das er sich kraft seines Willens stark auflehnt!

Eine stromdurchflossene Spule zieht einen Eisenkern in sich hinein. Man versuche, ihn herauszuziehen, man beobachte, wie er beim Nachlassen wieder in die Spule hineinschnellt, und man wird unwillkürlich an die unsichtbaren Gummifäden denken müssen und wirklich an den Willen glauben. Wenn wir aber das Amperemeter, das im Stromkreis der Spule eingeschaltet ist, beobachten, so werden wir die Entdeckung machen, daß es bei unserer Arbeitsleistung beim Herausziehen des des Kernes zurückgeht, beim Hineinschnellen aber einen augenblicklichen Ausschlag zeigt. Das Feld, das die Spule umfaßt, ist mit ihr gekuppelt. Doch davon später!

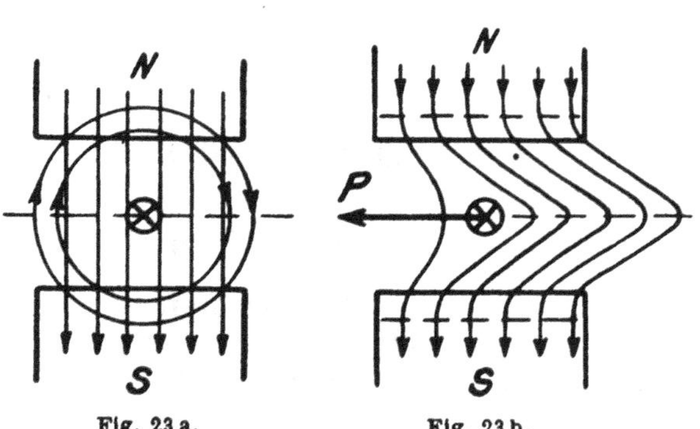

Fig. 23 a. Fig. 23 b.

In Fig. 23 ist ein Feld gezeichnet, das einen Luftspalt übersetzt. Es sei das Feld im Luftspalt zwischen Pol und Anker eines Gleichstrommotors. Durch den gezeichneten Ankerdraht schicken wir einen Strom, der von uns wegfließt. Da der Ankerdraht rings vom Eisen umgeben ist, wird auch er ein Feld erzeugen, das der Regel nach im Sinne des Uhrzeigers verlaufen wird. Das Hauptfeld sei durch 6 Kraftlinien, das Ankerfeld durch 2 kreisförmige Kraftlinien versinnbildlicht. Das Ankerfeld verstärkt das Hauptfeld auf der rechten und schwächt es auf der linken Seite, so daß die Anzahl der Kraftlinien des Hauptfeldes durch das Ankerfeld nicht beeinflußt wird. Aber auf der rechten Seite verlaufen jetzt $3 \times 2 = 6$ Kraftlinien, auf der linken Seite nur $3 - 2 = 1$ Kraftlinie. Die Verteilung ist also gestört und das Feld verläuft, wie Fig. 23 zeigt. Die Kraftlinien, die vorher schon gespannt, müssen nun einen viel weiteren Weg zurücklegen. Sie wollen das frühere Gleichgewicht wieder erreichen. Daher drücken sie den Leiter von rechts nach links heraus. So kommt die Kraft *P* zustande und da sie am Hebelarm des Ankerhalbmessers wirkt, das Drehmoment. Das ist die grundsätzliche Wirkungsweise eines Gleichstrommotors.

Wenn wir im Ring (Fig. 22) noch einen Luftschlitz anordnen, der die Weite ϑ besitzt, so sind jetzt zwei magnetische Widerstände hintereinander geschaltet und es ist

$$\Phi = \frac{0{,}4\,\pi J \cdot N}{\frac{l}{\mu F} + \frac{\vartheta}{F}}.$$

Es ist nicht nötig, daß die mittlere Kraftlinie ein Kreis ist, sie kann jede andere Form besitzen, wie beispielsweise Fig. 24 zeigt.

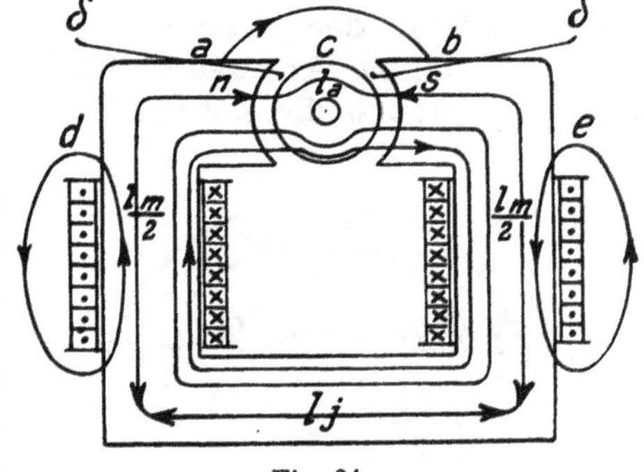

Fig. 24.

Hier sind die Erregerspulen auf zwei Schenkeln untergebracht. Der Fluß durchdringt beide Spulen. Zur Bestimmung der Richtung des Flusses sind die inneren stromdurchflossenen Drähte maßgebend, die vom Fluß Φ umhüllt werden. Da innen der Strom von uns wegfließt, verläuft der Fluß Φ im Sinne des Uhrzeigers. Wo er aus dem Pol austritt, entsteht ein Nordpol. Wo er, in das Magnetgestell, eindringt, ein Südpol. Aus der Figur ersieht man genau, wie die Spulen zu verbinden sind, nämlich so, daß die Drähte innen im selben Sinne stromdurchflossen sind. Ist dies nicht der Fall, so heben sich die Wirkungen auf. Ein Schraubenschlüssel, wagrecht auf die Pole in der Richtung *a b* gelegt, würde dort nicht anhaften, wie es sein müßte, sondern sich bei *c* lotrecht aufstellen. — Aus der Figur ersieht man auch, daß nicht alle Kraftlinien durch die Luftspalte hindurchgehen, wie wir es wünschen müssen, sondern daß ein Teil über und unter dem Anker sich schließen, andere wie bei *d* und *e* sich außen schließen. Denn dort fließt der Strom in den Drähten auf uns zu. Die Kraftlinien verlaufen also im entgegengesetzten Sinne des Uhrzeigers, die sie erzeugenden Drähte einhüllend. — Alle diese Kraftlinien nennt man Streulinien. Sie belasten wohl die Magnetschenkel, sind aber für unseren Zweck verloren. Bei dem gezeichneten Gestell wird die Streuung etwa 30 vH betragen. Wäre keine Streuung vorhanden, so müßte der Fluß Φ in jedem Querschnitte derselbe sein. Wird der Querschnitt klein, so ist eben die Induktion größer. — Der magnetische Widerstand des gezeichneten Gestells besteht aus dem magnetischen Widerstand des Joches, der Magnetschenkel, des Ankers und der beiden Luftschlitze. Alle diese Widerstände sind hintereinander geschaltet.

$$\Phi = \frac{0{,}4\,\pi J N}{\frac{l_j}{\mu_j F_j} + \frac{l_m}{\mu_m F_m} + \frac{l_a}{\mu_a \cdot F_a} + \frac{2\,\vartheta}{F_l}}.$$

Joch, Magnete und Anker können verschiedenen Querschnitt und verschiedene Durchlässigkeiten besitzen.

Bei Motoren findet man im Luftspalt eine Induktion von etwa 6000 Gauß, in den flußeisernen Polen 14- bis 16 000 Gauß, im Joch 14 000 Gauß, im Ankereisen 10- bis 12 000 Gauß. — Die größten Induktionen haben die Zähne des Ankers. An der Zahnwurzel sind sie

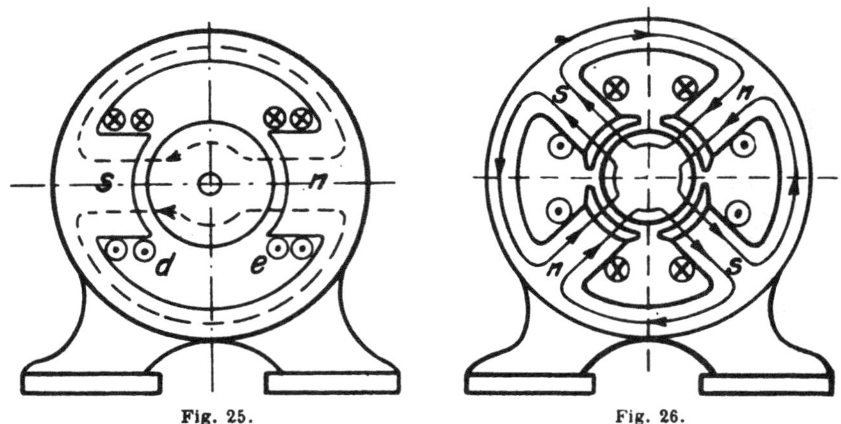

Fig. 25. Fig. 26.

nicht selten über 20 000 Gauß, besonders bei ganz kleinen Motoren, wo man bis 26 000 Gauß gehen muß.

Um die Streuung zu vermindern, baut man nur geschlossene Magnetgestelle, wie Fig. 25 zeigt.

Hier sind die Streulinien bei *d* und *e* der Fig. 24 vermieden. Diese Streulinien können sich nach Fig. 25 kräftig durch das Eisen entwickeln und sind jetzt nutzbar.

Fig. 26 zeigt ein vierpoliges Magnetgestell.

Spannungserzeugung.

Erzeugung elektromotorischer Kräfte durch Induktion. Erklärung des Volt. Die Handregel. Die elektromotorische Kraft in einer Schleife oder Spule. Die elektromotorische Kraft in einer Ankerwicklung. Über die Zugkraft. Die elektromotorische Kraft der Selbstinduktion. Elektromagnetische Trägheit. Magnetisierungsarbeit.

Wir haben im vorigen Kapitel gehört, daß der Kraftlinienfluß Φ und die Spule miteinander gekuppelt sind. Verändert sich der Strom, so verändert sich das Feld. Es wird nützlich sein, uns zu vergegenwärtigen, wie die Veränderung des Feldes vor sich geht. Denken wir uns also, daß in Fig. 22 der Strom J wachse, vielleicht dadurch, daß wir in seinem Stromkreis einen Regulierwiderstand eingeschaltet haben, den wir nun nach und nach verringern. Der magnetische Fluß scheint nun beim Einschalten seinen Ausgang von der Mitte a der Spule zu nehmen. Wie sich um einen ins Wasser geworfenen Stein die Wasserwellen mit einer bestimmten Geschwindigkeit ausbreiten, so die magnetischen Kraftlinien. Denkt man sich in der Mitte des Kreises senkrecht zur Bildebene einen Stab durch den Ring gesteckt, so wird dieser Stab von der worwärtseilenden Welle geschnitten, ebenso ein Stab, bei b oder c. Hört die Veränderung des Stromes auf, so steht auch die Welle still und der Fluß geht durch den Querschnitt $\mathfrak{F}$ des Ringes. Schaltet man den Strom aus, so macht die Welle eine rückgängige Bewegung und schneidet die gedachten Stäbe abermals. Wenn nun ein Feld einen Leiter schneidet, so kann man in dem geschlossenen Stromkreis desselben einen Strom feststellen. Da aber nach unserer Vorstellung eine elektromotorische Kraft (E. M. K.) wirken muß, so muß durch die Kraftlinienschnitte in dem Leiter eine E. M. K. entstanden sein. Dieser Tatsache wollen wir uns zuwenden.

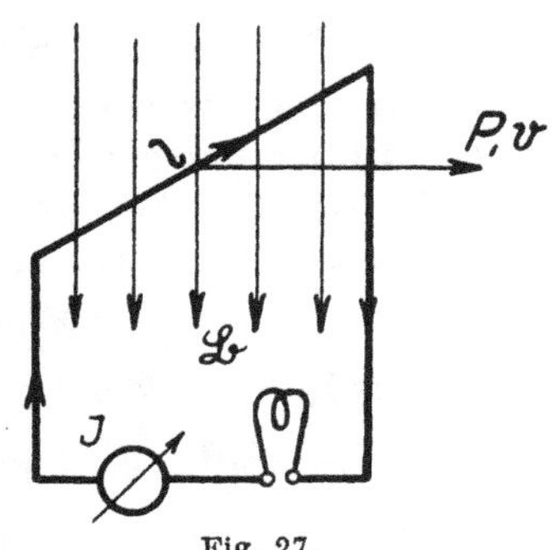

Fig. 27.

In Fig. 27 ist ein Feld abgebildet; es mag in Ruhe sein. Die Stärke des Feldes sei $\mathfrak{B}$ Gauß. Durch das Feld ziehen wir einen Leiter von der Länge l so, daß er Kraftlinien schneidet. Der Leiter sei durch Verbindungsdrähte mit einer Glühlampe verbunden. Beim Durchziehen des Leiters mit der Geschwindigkeit v verspüren wir einen Widerstand, den wir mit einer Kraft P überwinden müssen. Wir haben also sekundliche Arbeit, also Leistung aufzuwenden, deren Größe $P \cdot v$ ist. Nun sind wir mechanisch soweit geschult, daß wir die aufgewandte Leistung irgendwo suchen, denn verloren kann sie nicht gehen. Wir beobachten nun das Erglühen der Lampe und wissen, daß dies nur die elektrische Energie $J^2 \cdot R$ oder $E \cdot J$ bewirken konnte, wenn J die Stromstärke in Ampere, R der Lampenwiderstand in Ohm und E die treibende E. M. K. in Volt ist. Wir haben also mechanische Energie in elektrische verwandelt, und das Versuchsgerät stellt uns einen Generator vor. Ist der aufgewandte Zug P kg, die Geschwindigkeit v m/sec, so ist die Leistung $P \cdot v$ mkg/sec oder $P \cdot v \cdot 9{,}81$ Watt. Wir können somit die Gleichung aufstellen

$$P \cdot v \cdot 9{,}81 = E \cdot J.$$

Nun sind wir neugierig geworden und wollen uns gerne folgende Fragen beantworten:

1. Wer und was bestimmt die Größe der in dem Leiter geweckten elektromotorischen Kraft?
2. Wie bestimmt man die Richtung dieser elektromotorischen Kraft?
3. Wie kommt der unsichtbare Widerstand zustande?
4. Wie groß ist die aufgewandte Zugkraft?

Zu 1. Versuche zeigen, daß die E. M. K. von der Geschwindigkeit v, von der Feldstärke $\mathfrak{B}$ und von der Länge des Leiters l abhängt, soweit er Kraftlinien schneidet. Wird also beispielsweise v dreimal so groß, so wird auch die E. M. K. verdreifacht. Dasselbe gilt auch für $\mathfrak{B}$ und l.

$$E \cong v \cdot \mathfrak{B} l.$$

Das Zeichen $\cong$ heißt proportional. Das Gleichheitszeichen dürfen wir noch nicht schreiben. Dazu gehört erst unter uns eine Vereinbarung, die wir so treffen. Ist $v = 1$ cm/sec, $\mathfrak{B} = 1$ Gauß und $l = 1$ cm, so soll die Größe der E. M. K. Eins sein. Jetzt erst dürfen wir schreiben:

$$E = v \cdot \mathfrak{B} l \text{ wissenschaftliche Einheiten.}$$

Nun sind wir endlich soweit, das „Volt" erklären zu können. Wir haben früher gesagt: Die Größe des Ampere und des Volt müssen so gewählt werden, daß ein Strom von 1 Ampere, der unter dem Drucke von 1 Volt eine Leistung von 1 Watt ergibt.

$$1 \text{ Watt} = 1 \text{ Volt} \times 1 \text{ Ampere.}$$

Nun hat ein Watt 10^7 wissenschaftliche Einheiten. Das Ampere haben wir willkürlich mit $\frac{1}{10} = 10^{-1}$ wissenschaftlichen Einheiten gewählt, so ist also das Volt schon festgelegt:

$$10^7 \text{ Erg./sec} = 1 \text{ Volt} \cdot 10^{-1}.$$

Um das Volt in wissenschaftlichen Einheiten zu erhalten, müssen 10 Mill. (10^7) durch $\frac{1}{10}$ (10^{-1}) dividieren. Somit bekommen wir 100 Mill. (10^8) wissenschaftliche Einheiten:

$$1 \text{ Volt} = 10^8 \text{ wiss. E.}$$

Wollen wir also die Spannung in Volt ausdrücken, so müssen wir durch 100 Mill. dividieren oder mit 10^{-8} multiplizieren,

$$E = v \cdot \mathfrak{B} \cdot l \cdot 10^{-8}\,\text{Volt}.$$

Wenn wir uns nochmals die Figur betrachten, so erkennt man, daß $v\,l$ die Fläche ist, die der Leiter sekundlich bestreicht. Da $\mathfrak{B}$ die Anzahl der Kraftlinien für 1 cm^2 bedeutet, so stellt eigentlich das Produkt $v \cdot B \cdot l$ nichts anderes vor als die vom Leiter sekundlich geschnittenen Kraftlinien.

Wir sagen daher einfacher: Die in einem Leiter geweckte E. M. K. ist den sekundlich geschnittenen Kraftlinien proportional. Dividiert man die sekundlich geschnittenen Kraftlinien durch 100 Mill., so erhält man die E. M. K. in Volt.

Zu 2. Das ist eine Erfahrungstatsache, die durch die „Handregel" gegeben ist: Man lege die rechte Hand so an den Leiter, daß die Kraftlinien in die innere Handfläche eintreten und daß der Daumen in die Bewegungsrichtung des Leiters zeigt. Die Finger zeigen dann die Richtung der E. M. K. an.

Zu 3. Bewegt sich der Leiter wie im Bilde 27, so wirkt die E. M. K. im Sinne des Pfeils. Bei geschlossenem Stromkreis fließt auch durch den Leiter ein Strom von der Stärke J Ampere. — Fließt aber der Strom, so erzeugt er, wie Fig. 23 a und b zeigt, ebenfalls ein Feld. Die verzerrten und in ihrem Gleichgewichte gestörten Leiter wollen ihn nach links drängen. Das ist eben der Widerstand, den unsere Kraft zu überwinden hat.

Die vierte Frage ist beinahe schon beantwortet. Es ist

$$P \cdot v \cdot 9{,}81 = E\,J,$$

$$E = v \cdot \mathfrak{B}\,l \cdot 10^{-8}\,\text{Volt}.$$

Für E den Wert in obige Gleichung eingesetzt, ergibt

$$P \cdot v \cdot 9{,}81 = v \cdot \mathfrak{B} \cdot l \cdot 10^{-8}\,J.$$

Nun muß man auf der linken Seite v in m/sec, auf der rechten Seite v in cm/sec einsetzen. Wäre z. B. $v \cdot 13$ m/sec, so kommt auf die linke Seite 13, auf die rechte Seite 1300. Dividieren wir also beiderseits durch v, so bleibt rechts noch der Faktor 100.

$$P \cdot 9{,}81 = \mathfrak{B} \cdot l \cdot 10^{-8} \cdot 100\,J,$$

$$P = \frac{100}{9{,}81}\,\mathfrak{B} \cdot l\,J \cdot 10^{-8}\,\text{kg},$$

$$P = 10{,}2 \cdot \mathfrak{B} \cdot l \cdot J \cdot 10^{-8}\,\text{kg}.$$

Wenn wir nach Fig. 28 eine Schleife in einem gleichmäßigen Felde mit der Geschwindigkeit v bewegen, so entsteht im linken Leiter wie im rechten eine E. M. K. derselben Richtung und derselben Größe.

Diese E. M. K. wirken gegeneinander und heben sich auf. Die E. M. K. in der Schleife ist Null. Betrachten wir den Fluß, der die Schleife senkrecht durchdringt, so finden wir, daß er sich nicht ändert. An der linken Seite treten sekundlich soviele Kraftlinien aus, als auf der rechten Seite eintreten. Das stimmt nun mit unserer Erfahrung überein. Denn wir

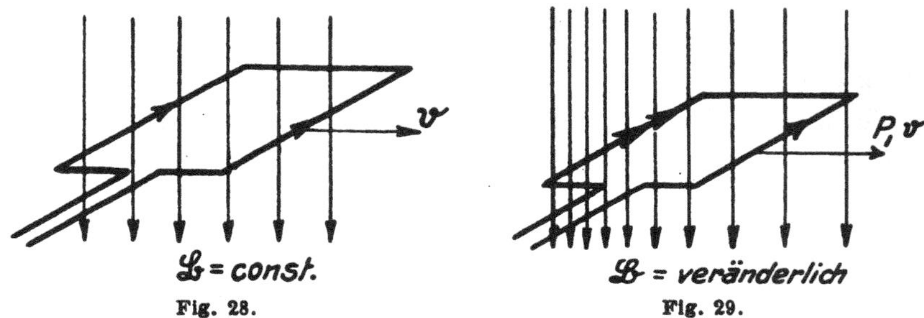

Fig. 28. Fig. 29.

haben gesagt, daß nur bei einer Veränderung des Flusses in der Schleife oder Spule eine E. M. K. geweckt werden kann.

Das ist nun in Fig. 29 der Fall.

Hier ist das Feld nicht gleichmäßig. Es nimmt von links nach rechts ab. Der linke Leiter schneidet im gezeichneten Augenblicke ein starkes Feld von der Stärke $\mathfrak{B}_1$ Gauß, der rechte Leiter schneidet ein schwaches Feld von der Stärke $\mathfrak{B}_2$ Gauß. Beide E. M. K. haben dieselbe Richtung, es bleibt aber ein Überschuß übrig, der den Strom im Sinne des Uhrzeigers in der Schleife treibt.

$$E = E_1 - E_2$$
$$E_1 = v \cdot \mathfrak{B}_1 \, l \cdot 10^{-8} \text{ Volt}$$
$$E_2 = v \, \mathfrak{B}_2 \, l \cdot 10^{-8} \quad ,,$$
$$E = E_1 - E_2 = v \, l \, (\mathfrak{B}_1 - \mathfrak{B}_2) \, 10^{-8} \text{ V.}$$

$v \cdot l \cdot (\mathfrak{B}_1 - \mathfrak{B}_2)$ ist nach dem Bilde nichts anderes als die in der Schleife sekundlich auftretende Kraftlinienveränderung. Wir sagen daher ganz allgemein: Die in einer Spule geweckte E. M. K. ist der sekundlichen Änderung des Flusses Φ proportional. Betrachten wir die Veränderung in irgendeinem Augenblick. Dann kann die Zeit der Betrachtung nur klein sein, so auch die Veränderung des Flusses. Wir treffen nun das Übereinkommen, daß wir irgendeine sehr kleine Zeit immer mit $d\,t$ und die dazugehörige Flußveränderung $d\,\Phi$ nennen wollen. Dann ist die sekundliche Veränderung $\frac{d\,\Phi}{d\,t}$, und die dadurch in der Spule geweckte E. M. K.

$$E = -\frac{d\,\Phi}{d\,t} \, 10^{-8} \text{ Volt.}$$

Hat aber die Spule N Windungen, so ist

$$E = -\frac{d\Phi}{dt} N \cdot 10^{-8} \text{ Volt}^{1)}.$$

Das ist der allgemeinste Ausdruck für die E. M. K.

Beispiel. Fig. 30 zeigt einen Anker in einem vierpoligen Magnetgestell sich drehend. Der Ankerdurchmesser ist 20 cm. Die Drehzahl $n = 1450$. Die Umfangsgeschwindigkeit ist demnach

$$v = \frac{d\pi n}{60} = \frac{20 \cdot 3{,}14 \cdot 1450}{60} = 1520 \text{ cm/sec.}$$

Im Luftspalt herrscht eine Induktion $\mathfrak{B} = 6500$ Gauß. Betrachten wir in einem bestimmten Augenblick während der Drehung die beiden Drähte a und b der Wicklung. Die Pfeile zeigen die augenblickliche Bewegungsrichtung. Nach der Handregel wirkt im Drahte a eine E. M. K., von uns weg, im Drahte b, eine E. M. K., die auf uns zukommt. Sollen sich diese beiden E. M. K. addieren, so müssen sie rückwärts miteinander verbunden sein. Das besorgt nun die Wicklung. Nun ist es unmöglich, eine Wicklung zu machen, in der alle Ankerdrähte hintereinander geschaltet wären. Mindestens müssen die Drähte zwei nebeneinander liegende Stromkreise bilden. Dann genügen am Kollektor zwei Bürsten: eine positive, aus der der Strom aus dem Anker austritt, und eine negative, aus der der Strom durch den Kollektor in den Anker

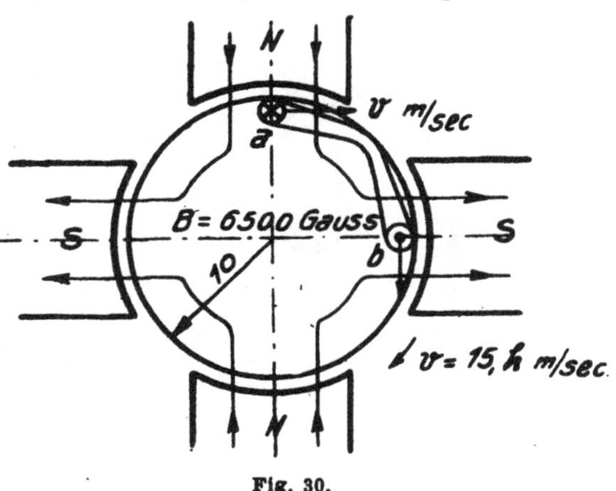

Fig. 30.

[1]) In obiger Formel ist ohne weitere Begründung geschrieben worden:

$$E = -\frac{d\Phi}{dt} \cdot N \cdot 10^{-8} \text{ Volt};$$

das negative Vorzeichen sagt über die Richtung der elektromotorischen Kraft aus. Ein wachsender Fluß Φ wird eine E. M. K. erzeugen, die das entgegengesetzte Vorzeichen des Flusses Φ hat. Nimmt hingegen der Fluß ab (dann wird $\frac{d\Phi}{dt}$ negativ und mit Berücksichtigung des Vorzeichens eine positive Größe) so hat die E. M. K. dasselbe Vorzeichen wie der Fluß selbst. — Es ist wie bei einem Schwungrad: Will man die Geschwindigkeit desselben vergrößern, so wirkt dessen Trägheit der Kraft entgegen. Will man aber die Geschwindigkeit des Schwungrades verringern, so wirkt die Trägheit im Sinne der vorhandenen Bewegung. —

fließt. Unsere Maschine hat nun zwei positive und zwei negative Bürsten. Am Anker liegen in 40 Nuten 960 Ankerdrähte. Jeder Ankerdraht hat eine nutzbare Länge (jene Länge, die unter dem Pol liegt) von 15 cm. Diese 960 Drähte bilden vier nebeneinander liegende Stromkreise, so daß ein Stromkreis nur $\frac{960}{4} = 240$ Drähte in Hintereinanderschaltung besitzt. Fig. 31 zeigt ein Gerippe der Schaltung. Der Kollektor ist zweimal gezeichnet.

Der Maschinenstrom ist J. Durch jede Bürste fließt der Strom $\frac{J}{2}$. In jedem Stromkreis fließt der Strom $\frac{J}{4}$. Man sieht schon, daß die Maschinenspannung zwischen a und b nur von 240 hintereinandergeschalteten Drähten erzeugt werden kann. — Der Maschinenstrom

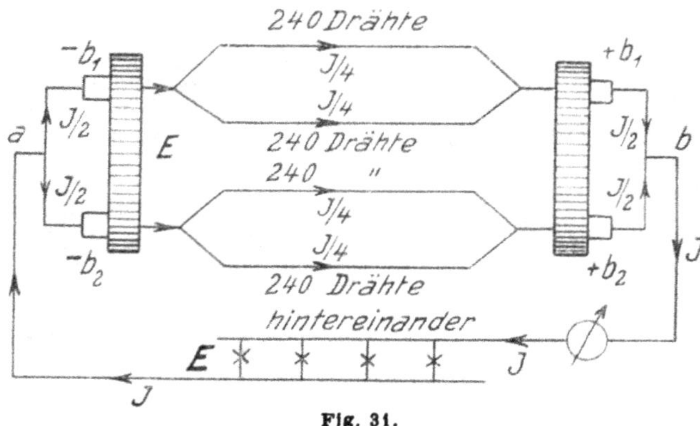

Fig. 31.

teilt sich von a aus in 4 Teile; jeder Teil „steigt" nun im Anker 240 Stufen aufwärts. Auf die bestimmte Höhe „gehoben", treffen sie sich in b, um dann gemeinsam durch die Lampen „fallend" der negativen Klemme der Maschine zuzufließen. Aus Fig. 30 ersieht man auch, daß nur die Drähte unter den Polen Kraftlinien schneiden, also E. M. K. erzeugen. Die Drähte, die augenblicklich zwischen den Polkanten sich befinden, erzeugen keine E. M. K.

Nun liegen bei den gewöhnlichen Maschinen 72 vH der Drähte unter den Polen. Das sind in unserem Falle $960 \times 0{,}72 = 692$. Für einen Stromkreis kommen demnach $\frac{692}{4} = 173$ hintereinander geschaltete Drähte zur Erzeugung der E. M. K. in Frage.

Die in einem Draht erzeugte E. M. K. ist

$$E = v \cdot \mathfrak{B} \cdot l \cdot 10^{-8} \text{ Volt}$$
$$E = 1520 \cdot 6500 \cdot 15 \cdot 10^{-8}$$
$$E = 1{,}48 \text{ Volt}$$

Die Maschinenspannung bei Leerlauf ist

$$E = 1{,}48 \cdot 173 = 256 \text{ Volt.}$$

Wenn der Anker 40 Nuten hat, so hat er auch 40 Zähne. Die Nutteilung ist

$$\frac{d\,\pi}{40} = \frac{62{,}8}{40} = 1{,}57 \text{ cm.}$$

Das ist der Raum für einen Zahn und eine Nut, am Ankerumfang gemessen. Die Nut hat eine Breite von 8 mm und eine Tiefe von 25 mm, also einen Querschnitt von $8 \times 25 = 200$ mm². Wenn man eine bewickelte Nut sich quer durchschnitten denkt, so wird man mehr Isolation als Kupfer sehen. In unserem Falle gewiß 25 vH Kupfer und 75 vH Isolation. Der Kupferquerschnitt der Nut wird dann

$$200 \cdot 0{,}25 = 50 \text{ mm}^2,$$

da wir 960 Drähte in 40 Nuten unterbringen müssen, entfallen auf eine Nute $\frac{960}{40} = 24$ Drähte. Der Kupferquerschnitt eines Drahtes wird somit

$$\frac{50}{24} = 2{,}08 \text{ mm}^2.$$

Gewählt wurde ein Draht von 1,6 mm Durchmesser. Dieser hat einen Querschnitt von 2,011 mm². Bei diesem Drahtquerschnitt geht man mit der Stromdichte bis 6 Ampere/mm². Wählen wir nur 5 Ampere/mm², so wird der Strom in einem Stromkreis

$$2{,}011 \cdot 5 = 10 \text{ Ampere}$$

und der Maschinenstrom

$$10 \cdot 4 = 40 \text{ Ampere.}$$

Die Länge eines Drahtes einschließlich der vorderen und hinteren halben Verbindung ist 0,4 m. Daher ist die Länge eines Stromkreises

$$240 \cdot 0{,}4 = 96 \text{ m}$$

und der Widerstand eines Stromkreises

$$R = \frac{l}{k\,q} = \frac{96}{50 \cdot 2{,}011} = 0{,}95\ \Omega.$$

Bei Vollast fließt durch einen Stromkreis der Anker 10 Ampere. Es ist daher der Spannungsabfall im Anker

$$10 \cdot 0{,}95 = 9{,}5 \text{ Volt.}$$

Zwischen Bürsten und Kollektor rechnen wir erfahrungsgemäß 1,8 Volt. Es ist somit der ganze Abfall $9{,}5 + 1{,}8 = 11{,}3$ Volt. Die Klemmenspannung wird daher

$$256 - 11{,}3 = 244{,}7 \text{ Volt.}$$

Neben diesem Spannungsabfall haben wir noch mit einem anderen zu rechnen (s. Ankerrückwirkung), der ebenso groß sein wird als der berechnete, so daß die Klemmenspannung der Maschine 230 Volt sein wird. — Die Maschine leistet $230 \times 40 = 9{,}2$ kW.

Um diese elektrische Leistung abzugeben, muß eine mechanische Leistung aufgewandt werden. Schätzen wir den Wirkungsgrad dieser Maschine mit 0,85, so wird die aufgewandte Leistung

$$\frac{9{,}2}{0{,}85} = 10{,}8 \text{ kW} \quad \text{oder} \quad 10{,}8 \cdot 1{,}36 = 14{,}75 \text{ PS.}$$

Die durch diese Leistung am Ankerumfang aufzuwendende Umfangskraft ist für einen Draht

$$P = 10{,}2 \cdot B \cdot l \cdot J \cdot 10^{-8} \text{ kg}$$
$$P = 10{,}2 \cdot 6500 \cdot 15 \cdot 10 \cdot 10^{-8} \text{ kg}$$
$$P = 0{,}915 \text{ kg.}$$

Da aber im Felde 692 Drähte liegen, ist eine Zugkraft von

$$0{,}915 \cdot 692 = 70 \text{ kg}$$

auszuüben.

B e i s p i e l. Wenn wir den Spulenstrom (Fig. 22) einschalten, so entsteht eine magnetische Welle, die sämtliche inneren Drähte der Windungen schneiden wird. Über einen Draht bei c beispielsweise streicht die Welle von links nach rechts. Denken wir uns die Welle stehend und den Draht von rechts nach links bewegt, so ist das zur Bestimmung der Richtung der E. M. K. dasselbe. Verwenden wir nun die Handregel, so finden wir, daß in jedem Draht eine E. M. K. erzeugt wird, die dem Strome entgegengesetzt gerichtet ist, also das Wachsen des Stromes J zu verhindern sucht. Ist nun die treibende Spannung des Spulenstromes E, so hat diese Spannung E den augenblicklichen Spannungsabfall in der Spule $i \cdot R$ und die elektromotorische Gegenkraft derselben zu überwinden. Diese elektromotorische Gegenkraft der Spule, die während des Anwachsens des Feldes entsteht, nennen wir die elektromotorische Kraft der Selbstinduktion. (E_s).

$$E = i \cdot R + E_s.$$

Zeichnet man sich in ein Axenkreuz auf der Wagrechten die Zeiten auf, als Lote die dazugehörigen Stromstärken, so ergibt sich, daß beim Einschalten der Strom zuerst schnell, dann aber langsamer bis zu seinem Endwerte ansteigt. Irgendwo in der Kurve nimmt der Strom i in einer kleinen Zeit dt und di zu; das Verhältnis $\frac{di}{dt}$ zeigt mir an, ob der Strom schnell oder langsam wächst. — Es ist also wichtig, zu wissen, daß ein Spulenstrom beim Einschalten eine bestimmte Zeit braucht, um auf seinen Endwert zu gelangen. Die Zeit kann unter Umständen auch mehrere Sekunden dauern (3—10'').

Der Vorgang beim Einschalten des Spulenstromes spielt sich eigentlich geradeso ab, wenn wir ein gebremstes Schwungrad auf eine bestimmte Umfangsgeschwindigkeit bringen wollen. Wir wenden dazu eine unveränderliche Umfangsfraft, beispielsweise von 30 kg an. In irgendeinem Augenblick zerlegt sich diese Kraft selbsttätig in zwei Teile. Der eine Teil wird dazu verbraucht, um den Bremswiderstand (R) zu überwinden, der andere Teil aber (E_s) wird verwendet, die Masse des Schwungrades zu beschleunigen, also die Trägheit des Schwungrades zu überwinden. Hat erst das Schwungrad seine Endgeschwindigkeit erhalten, so fällt die Beschleunigungskraft (E_s) weg und die ganze Umfangskraft dient jetzt nur zur Überwindung des Bremswiderstandes (R). — Wie also das Schwungrad eine Trägheit besitzt, so die Spule mit Eisenkern. Diese Trägdeit ist eine elektromagnetische Trägheit; sie wächst mit dem Quadrate der Windungszahl. Wie nun die Beschleunigungskraft dazu verwendet wird, dem Schwungrade eine Energie $\frac{m v^2}{2}$ zu erteilen, so wird die elektromotorische Kraft E_s dazu verwendet, um das Kraftlinienfeld zu entwickeln. Es wird also zur Entwicklung des Feldes eine Arbeit verbraucht. Diese Arbeit ist im Felde angehäuft.

Schalten wir nun den Strom plötzlich aus. Ebenso plötzlich verschwindet das Feld, die magnetische Welle fließt mit großer Geschwindigkeit zurück und schneidet abermals die inneren Drähte der Windungen. Die Handregel ergibt, daß die geweckte E. M. K. jetzt dieselbe Richtung besitzt wie der Strom. Nehmen wir nun an, daß der entwickelte Fluß 1 Mill. (10^6) Maxwell war, daß er in $^1/_{100}$ 10^{-2} Sekunden verschwand und daß die Spule 1000 (10^3) Windungen besaß. Dann ist die geweckte E. M. K. der Selbstinduktion beim Ausschalten mit dem Schalter s

$$E = -\frac{d\Phi}{dt} N \cdot 10^{-8}\,\text{Volt}$$

$$E = +\frac{10^6}{10^{-2}} \cdot 10^3 \cdot 10^{-8} = 1000\,\text{Volt.}$$

An den Enden der Spule entsteht also eine Spannung von 1000 Volt. Diese Spannung erzeugt dann gewöhnlich bei m einen heftigen Funken. Wenn wir aber zwischen m und n eine Glühlampe legen, so leuchtet sie beim Ausschalten einen Augenblick hell auf. Die dazu nötige Energie hat die Spule geliefert. Was ist das für eine Energie? Die Antwort ist leicht. Beim Verschwinden des Feldes wird die vorher zur Entwicklung des Feldes aufgewandte Energie wieder frei und diese ist es, die wir im Funken oder an der Glühlampe beobachten.

Gleichstrommaschinen.

Wicklungen. Schleifenwicklung und Wellenwicklung. Die Stromwendung. Bürstenbeanspruchung. Die Ankerrückwicklung. Wendepole. Leerlaufcharakteristik. Äußere Charakteristik. Der Spannungsabfall. Die Verluste der Gleichstrommaschinen. Temperaturerhöhung. Wirkungsgrad.

Eine Gleichstrommaschine besteht aus dem Magnetgestell mit der Erregerwicklung, dem Anker, dem Kollektor, den Bürsten mit Bürsten-

Fig. 32.

halter, die von den Bürstenstiften getragen werden, und den Klemmen (Fig. 32). Der Anker ist der sich drehende Teil. Einesteils schließt er den Weg des Kraftlinienflusses, andernteils ist er der Träger der induzierten Drähte. Diese werden in die Nuten des Ankers verlegt. Bei Maschinen mit großen Stromstärken sind die induzierten Leiter kupferne Stäbe von rechteckigen Querschnitten, bei kleinen Maschinen sind die induzierten Leiter runde Kupferdrähte. Aus diesen Drähten sind Formspulen hergestellt (Fig. 33). Jede Spule besitzt dann zwei Spulenseiten, jede Spulenseite hat mehrere Drähte. In der allgemeinen gebräuchlichen Zweischichtenwicklung liegt jede Spule mit einer Seite unten und mit der anderen Seite oben in einer Nute.

In den hintereinandergeschalteten Leitern oder Spulenseiten eines Stromkreises sollen sich die einzelnen elektromotorischen Kräfte addieren. Liegt nun eine Seite unter einem Nordpol, so wird die nächste

Seite unter einem Südpol liegen müssen, der nächste wieder unter einem Nordpol usw. Das kann bei einer mehrpoligen Maschine auf zweierlei Art geschehen. Entweder kehrt man vom Südpol zum früheren Nordpol zurück oder man sucht die Verbindung mit einem Leiter, der unter dem folgenden Nordpol liegt. Im ersten Falle entsteht die Schleifenwicklung, im zweiten Falle eine Wellenwicklung. Denken wir uns den Anker längs aufgeschnitten und aufgerollt, so erhält man die Figuren 34 und 35.

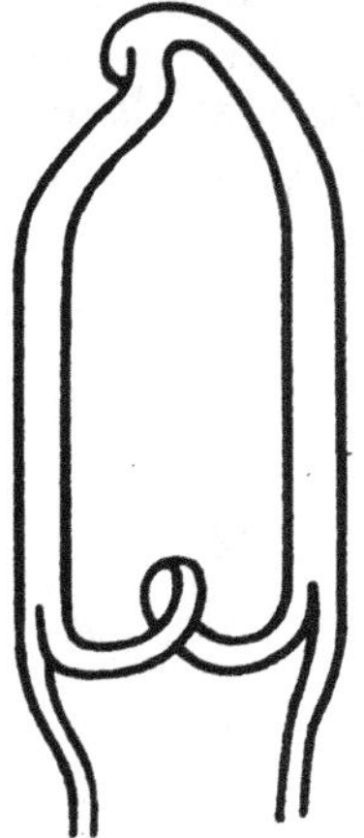

Fig. 33.

Die Schleifenwicklung findet man für Motore mittlerer Leistung und Spannung fast ausnahmslos. Die Wellenwicklung verwendet man für Motore kleiner und mittlerer Leistung und höheren Spannungen. Der Abstand zweier aufeinanderfolgender Leiter in Leitern gezählt heißt der „Schritt". So ist y_1 der hintere Schritt (in Fig. 34 $y_1 = 9$), y_2 der vordere Schritt ($y_2 = 7$). Den vorderen Schritt nennt man den Schaltschritt. Die vorderen Verbindungen führen zu den Kollektorlamellen. Die Schritte müssen immer ungerade Zahlen sein.

Fig. 36 stellt eine Schleifenwicklung vor. Die Anzahl der Pole ist 4, die Anzahl der parallelen Stromkreise ebenfalls 4. Die Anzahl der Seiten ist 24. Dann liegen von Polmitte zu Polmitte $\frac{24}{4} = 6$ Seiten, daher können wir den Schritt mit 5 oder 7 wählen. Im Bild ist er mit 7

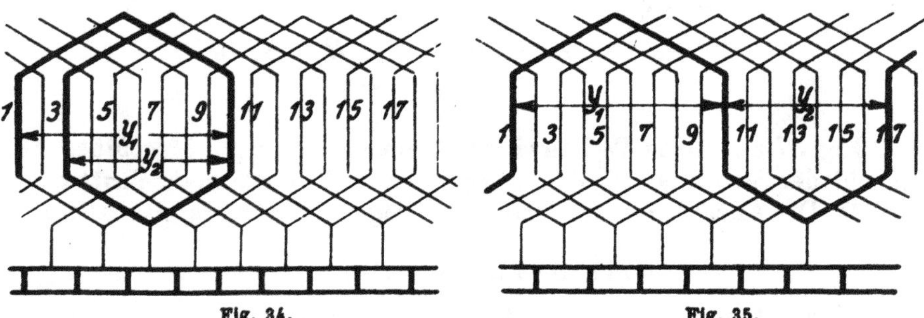

Fig. 34. Fig. 35.

angenommen worden. Dann ist der Schaltschritt 5. Das Bild zeigt auch die hintereinander geschalteten Seiten der 4 nebeneinander liegenden Stromkreise.

Die Bürsten liegen in der neutralen Zone zwischen zwei Polen. An diesen Stellen ist die Feldstärke Null. Bei der Drehung des Ankers bedeckt eine Bürste zeitweilig zwei Kollektorlamellen und schließt dabei zwei Seiten kurz. Wenn die Bürste *a* die Lamellen 3 und 4 bedeckt, werden die Seiten 6 und 13 kurz geschlossen. Würden in diesen Seiten 6 und 13 durch Kraftlinienschnitte E. M. K. erzeugt werden, so entstünde in der kurzgeschlossenen Spule ein Kurzschlußstrom, der zur übermäßigen Erwärmung der Spulen, des Kollektors und der Bürsten führen würde. Schon aus diesem Grunde muß die Stromwendung in der neutralen Zone erfolgen. Die Zeit, welche eine Kollektorlamelle braucht, um den Weg des Bürstenbogens zurückzulegen, heißt die Wendezeit.

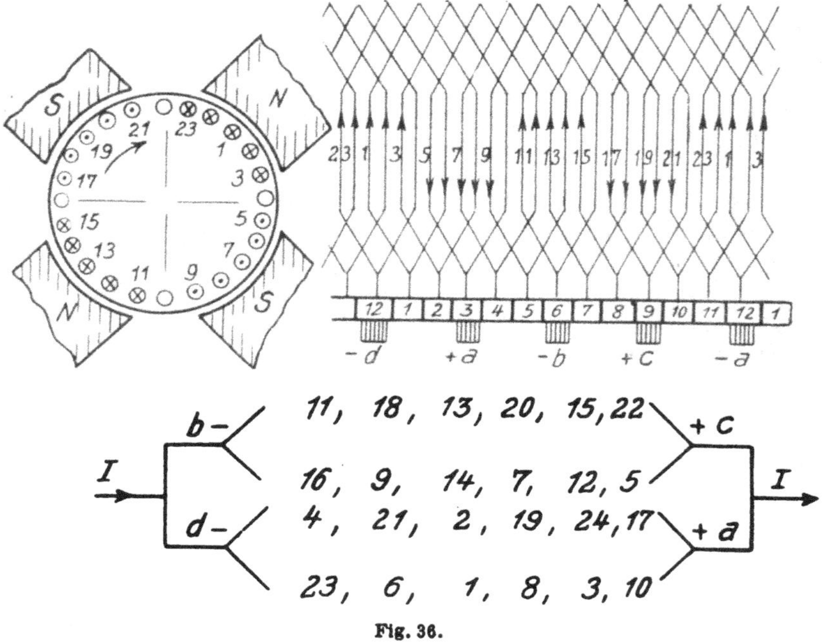

Fig. 36.

Fig. 37 zeigt eine Wellenwicklung einer vierpoligen Maschine. Die Anzahl der Seiten ist 34, der hintere Schritt 9, der Schaltschritt ebenfalls 9. Die Anzahl der nebeneinander liegenden Stromkreise ist nur 2.

Die Stromwendung.

Betrachten wir die Stromstärke in der Spule, die gerade von der Bürste kurzgeschlossen wird (Fig. 38), so erkennen wir, daß sie veränderlich ist.

In Fig. 38 a ist die augenblickliche Stromstärke gleich dem Maschinenstrom J, dividiert durch die Anzahl der nebeneinander liegenden Stromkreise $2a$, also $\frac{J}{2a}$. Nun bewegt sich die Wicklung von links nach rechts, so daß die Bürste Kollektorlamelle I ebenfalls zu decken beginnt. Dann hat der Strom $\frac{J}{2a}$ bei c die Möglichkeit, zum Teil unmittelbar der Bürste durch Lamelle I zuzufließen. Dieselbe Stromverzweigung bietet sich dem von rechts kommenden Strome $\frac{J}{2a}$ bei der Stelle *d*. Bedeckt nun die Bürste beide Lamellen gleich stark, so

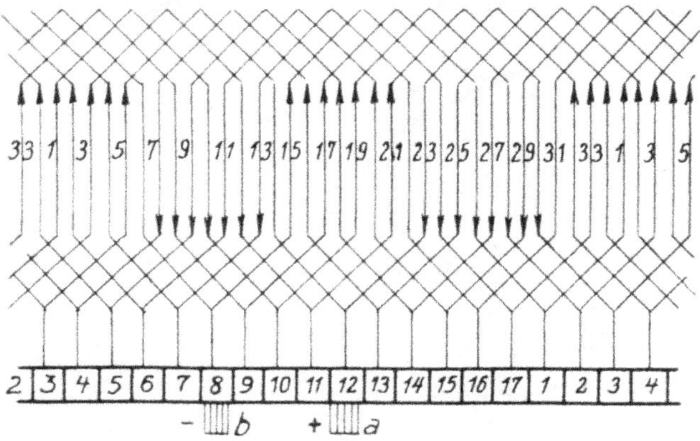

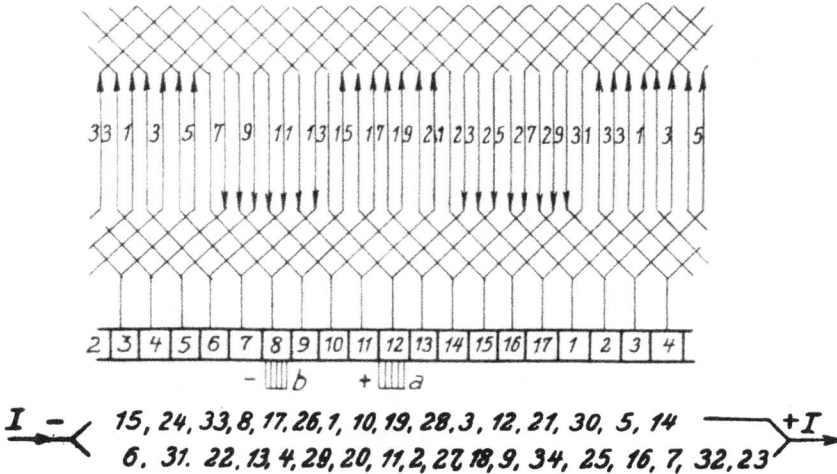

I − 15, 24, 33, 8, 17, 26, 1, 10, 19, 28, 3, 12, 21, 30, 5, 14 +I
6, 31, 22, 13, 4, 29, 20, 11, 2, 27, 18, 9, 34, 25, 16, 7, 32, 23

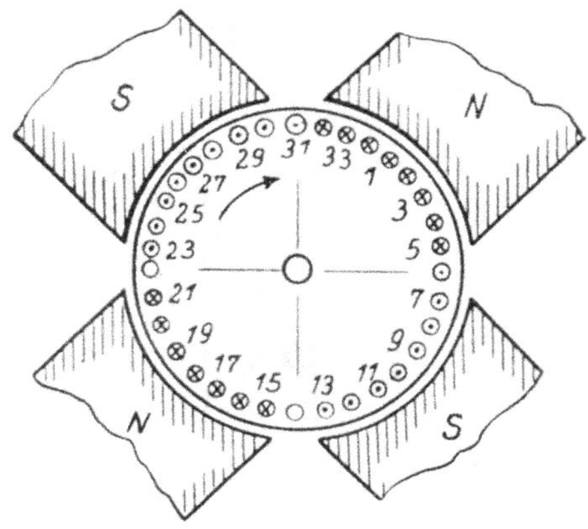

Fig. 37.

wird der von links kommende Strom bei *c*, der von rechts kommende Strom bei *d* unmittelbar der Bürste zufließen, so daß der Strom in der kurzgeschlossenen Spule Null ist. Wird die Bedeckung von Lamelle II immer kleiner, so fließt jetzt durch die kurzgeschlossene Spule wieder ein Strom in umgekehrter Richtung, der immer größer wird und am Ende der W e n d e z e i t die Größe $\frac{J}{2a}$ angenommen hat. Denn liegt jetzt die Bürste auf Lamelle I, so fließt der linke Strom unmittelbar der Bürste zu, der rechte Strom $\frac{J}{2a}$ muß aber, da der Weg über Lamelle II versperrt ist (die Lamellen sind doch gegenseitig isoliert!) durch die kurz vorher geschlossene Spule fließen.

Wir betrachten diesen Vorgang deswegen so genau, weil er für uns wichtig ist. In Fig. 39 ist das aufgezeichnet worden.

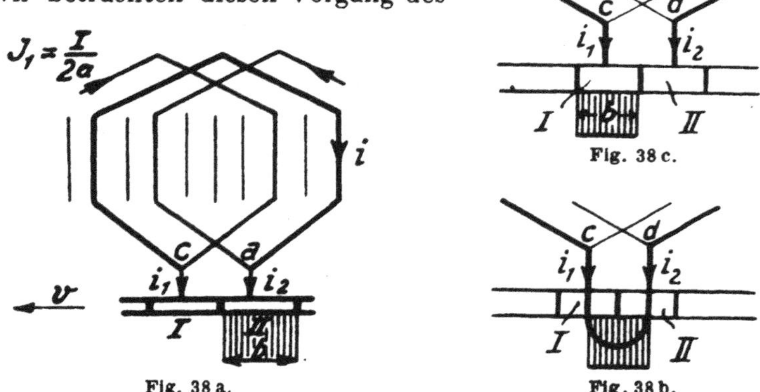

Fig. 38 a.

Fig. 38 b.

Fig. 38 c.

oT ist die Zeit der Stromwendung. Sie beträgt bei den Maschinen nur Hundertstel von Sekunden. J_1 ist der von links kommende Strom,

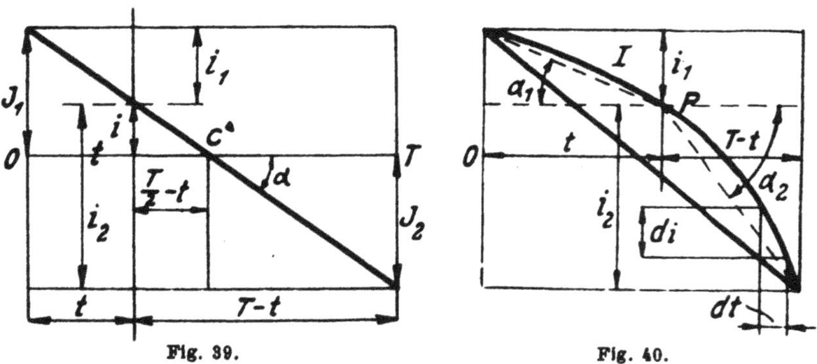

Fig. 39.

Fig. 40.

also auch der Strom in der Spule am Anfang der Wendezeit. Er wird immer kleiner, ist zurzeit t i und nach der halben Wendezeit bei C gleich Null. Dann fließt durch die Spule ein Strom in entgegengesetzter Richtung. Daher haben wir die augenblicklichen Stromstärken nach abwärts aufgetragen. Am Ende der Wendezeit ist er J_2. — Die schräge Gerade gibt also den Verlauf des Stromes in der kurzgeschlossenen Spule. — Sie schließt mit der Wagerechten einen Winkel α ein. — Es ist für uns wichtig, daß $tg\,\alpha$, das ist das Verhältnis $\frac{J_1}{OC}$, ein Maß für die Bürstenbeanspruchung ist. Man pflegt für 1 cm² Bürstenauflagefläche 4 bis 8 Ampere (je nach der Härte der Kohlebürsten) vom Kollektor abzunehmen. Diese Beanspruchung soll nicht überstiegen werden, da sonst die Bürsten zu heiß werden und der Kollektor feuert. Wenn auch die Bürste zu einer bestimmten Zeit Lamelle II nur wenig deckt, so ist ja in demselben Verhältnis die übertretende Stromstärke kleiner geworden, so daß die Stromdichte in der Bürste immer dieselbe ist.

Nun vergesse man eines nicht. Die stromwendende Spule, die bei Motoren oft mehrere Windungen besitzt, ist im Eisen eingebettet und erzeugt ein Feld, das sich mit dem Strome ändert, die Seiten der eigenen Spule schneidet, daher, wie wir im vorigen Kapitel behandelt haben, eine elektromotorische Kraft der Selbstinduktion erzeugt. Die Spule hat somit eine elektromagnetische Trägheit. Sie setzt sich also der Stromabnahme energisch entgegen, verzögert also die Stromabnahme, so daß diese nicht nach der schrägen Geraden, sondern in einer krummen Linie verlaufen muß, wie das Fig. 40 zeigt.

Der Strom in der Spule ist also nicht zur halben Wendezeit Null geworden, sondern erst später; da er aber am Ende der Wendezeit den Wert $J_2 = \frac{J}{2a}$ erreichen muß, so steigt er dann sehr rasch an. Also ist jetzt $tg\,\alpha$ kein unveränderlicher Wert mehr, dieser Wert wird zum Schlusse außerordentlich groß. Also wird die Beanspruchung der ablaufenden Bürstenkante sehr hoch und kann so groß werden, daß sie zu glühen beginnt. Was ist daher Pflicht des Maschinenbauers? Die elektromagnetische Trägheit der Spule so gering wie möglich zu machen, also nur wenige Windungen, bei manchen Maschinen am besten nur eine Windung zu machen.

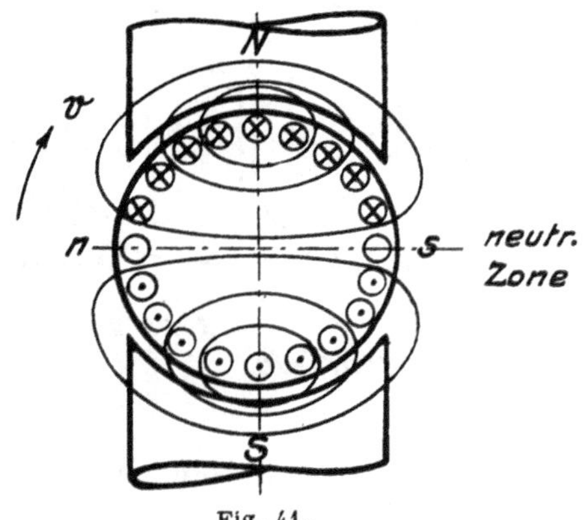

Fig. 41.

Bei der Stromwendung kommt noch ein Umstand in Betracht, den wir jetzt besprechen wollen. Es ist die Ankerrückwirkung. Fig. 41 stellt eine zweipolige Maschine vor. Drehen wir den Anker im Sinne des Uhrzeigers, so entsteht in den Ankerdrähten unter dem Nordpol eine E. M. K., die von uns weg wirkt. — Ist der Ankerstromkreis geschlossen, so fließen auch die Ströme so wie es in der Figur gezeichnet ist. Die stromdurchflossenen Ankerdrähte erzeugen nun ebenfalls ein Feld, das Ankerfeld. In diesem Sinne sprechen wir eben von einer Ankerrückwirkung. Das Ankerfeld verfolgt einen anderen magnetischen Pfad wie das vom Magnetgestell erzeugte Feld. Es hüllt die Ankerdrähte ein und überbrückt zweimal den Luftspalt. Unter Polmitte ist das Ankerfeld Null. Nach rechts und links wird es im Luftspalt immer stärker, um unter den Polkanten am größten zu sein. Rechts verstärkt es das Hauptfeld, links wird das Hauptfeld geschwächt. Das Ergebnis ist, daß die magnetische Durchlässigkeit der Eisenmenge geringer, der Fluß Φ geringer, daher die E. M. K. auch kleiner werden muß. — Außerdem sehen wir aus der Fig. 41, daß auch in der neutralen Zone das ruhende Ankerfeld wirksam ist. Durch dieses dort bestehende Feld bewegt sich aber die stromwendende Spule und erzeugt in den Seiten eine E. M. K., die wir ja vermeiden wollten. Verschiebt man aber die Bürsten ein wenig in der Richtung der Drehung (bei Motoren in entgegengesetzter Richtung), so findet man eine Stelle, wo das aus Haupt- und Ankerfeld zusammengesetzte resultierende Feld Null ist. An dieser Stelle könnte man die Stromwendung vornehmen. Dieser Ort aber wechselt mit der Belastung ständig. Bei Motoren, die öfter während des Betriebes den Drehsinn ändern, ist dieser Weg gar nicht gangbar. Daher bleibt man am besten in der neutralen Zone und sucht den auftretenden Kurzschlußstrom durch Wahl des Bürstenmaterials, durch kleinere Anpressung der Bürsten an den Kollektor (100 g/cm²) zu meistern. Sind diese Hilfsmittel zu gering, so muß man das Ankerfeld in der neutralen Zone vernichten. Das geschieht durch die Wendepole, wie dies Fig. 42 zeigt. (S. auch Fig. 32.)

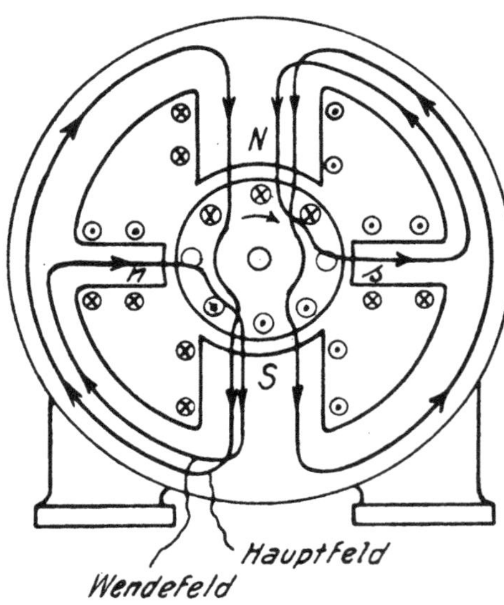

Fig. 42.

Aus dem Wendepol *n* treten soviele Kraftlinien in den Anker ein, als an derselben Stelle Kraftlinien aus dem Anker austreten, so daß sie sich gegenseitig vernichten. Die Wendepole werden vom Ankerstrom erregt, d. h. bevor der Ankerstrom zur Klemme der Maschine fließt, muß er vorerst die Wicklung der Wendepole durchströmen. Läuft also die Maschine leer, so ist auch der Ankerstrom ganz unbedeutend oder Null. Dann ist auch das Ankerfeld Null, aber auch das Wendefeld, da dessen Erregerstrom Null ist. Bei wachsender Belastung wächst die Ankerrückwirkung, aber auch das Feld der Wendepole. Ist daher die Wendepolwicklung richtig bemessen, so wirken die Wendepole selbsttätig.

Wir haben im vorigen Kapitel die E. M. K. eines Ankers berechnen können. Hält man den Magnetisierungsstrom unverändert, so bleibt auch das Feld, das von einem Pol ausgeht, unveränderlich. Die E. M. K. des Ankers hängt dann nur von der Umfangsgeschwindigkeit, also von der Drehzahl ab. Die E. M. K. ist der Drehzahl proportional. Steigt die Drehzahl um 10 vH, so wird auch die E.M.K. des Ankers um 10 vH steigen.

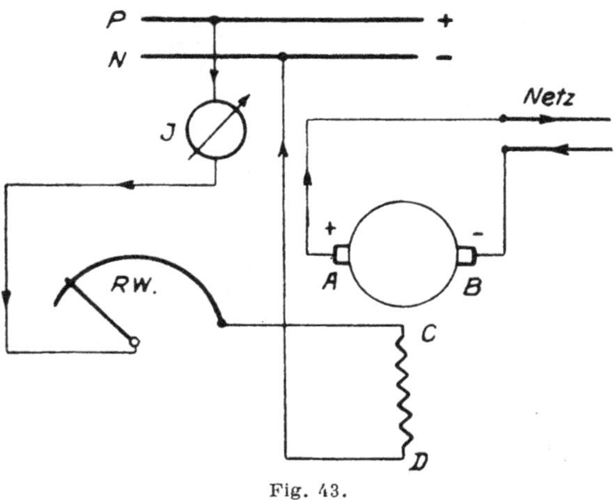

Fig. 43.

Denken wir uns nun eine Maschine erregt, d. h. durch die Erregerspulen des Magnetgestelle seinen Strom geschickt, den wir vielleicht von den Verteilungsschienen eines Schaltbrettes abnehmen, wie Fig. 43 zeigt. Der Magnetisierungsstrom J_m ist durch den Regulierwiderstand R. W. regelbar. An die Ankerklemmen legen wir ein Voltmeter. Die Maschine ist unbelastet. Verändern wir jetzt den Magnetisierungsstrom von Null aufwärts, die Drehzahl des Ankers unveränderlich gehalten, merken uns für jeden abgelesenen Strom J_m die dazugehörige E.M.K. des Ankers, die wir am Voltmeter ablesen, vor, so erhalten wir eine Linie, wie Fig. 44 zeigt.

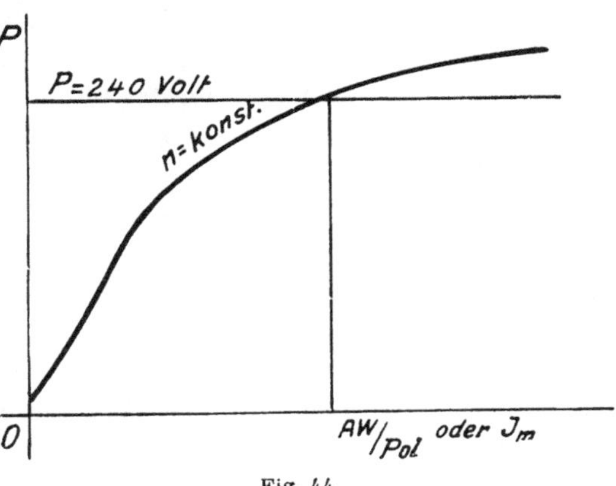

Fig. 44.

Auf die Wagrechte des Achsenkreuzes haben wir die vorgemerkten J_m aufgetragen und als Lote die dazugehörigen E. M. K. — Wenn J_m Null ist, so erzeugt der Anker doch schon eine geringe E. M. K. Das rührt davon her, daß im Magnetgestell von vorhergehenden Magnetisierungen ein wenig Magnetismus zurückgeblieben ist. Weil die magnetische Durchlässigkeit des Eisens bei großen Induktionen geringer wird, das Feld im Luftspalt schließlich nur langsam anwächst, wird auch die E. M. K. nur langsam anwachsen. Man nennt die aufgenommene Kurve die Leerlaufcharakteristik der Maschine.

Jetzt wollen wir den Erregerstrom unverändert beibehalten, ebenso die Drehzahl, aber die Maschine nach und nach vielleicht durch Glühlampen belasten. Bei zunehmender Belastung, d. h. mit zunehmendem Ankerstrom, bemerken wir, daß das Voltmeter zurückgeht. Was wir jetzt am Voltmeter ablesen, ist nicht mehr die E. M. K. des Ankers, sondern die Klemmenspannung der Maschine. Tragen wir wieder beide Werte in ein Achsenkreuz ein, so erhalten wir die äußere Charakteristik der Maschine, wie Fig. 45 zeigt.

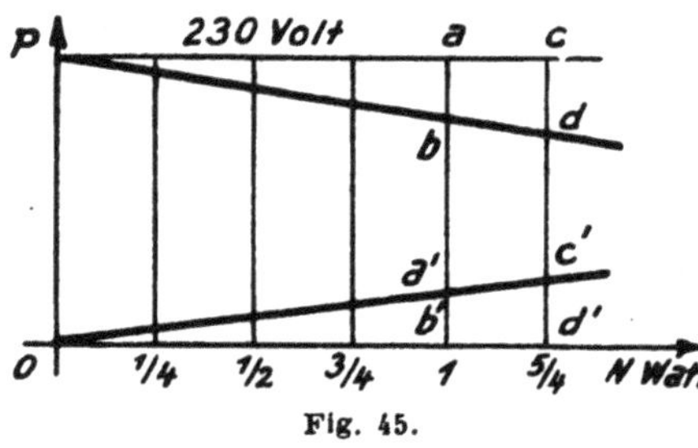

Fig. 45.

Bei Leerlauf zeigte das Voltmeter 230 Volt. Auf die Wagrechte haben wir die Belastung aufgetragen. Bei Vollast stellte sich der Spannungsabfall $a\,b$ ein, so daß die Klemmenspannung nur mehr $\overline{b'b}$ ist. Macht man $\overline{b'a'} = a\,b$, so geben die Lote der unteren Linie auch den Spannungsabfall an. — Der Spannungsabfall hat nun verschiedene Ursachen. Erstens muß der Ankerwiderstand, zweitens der Übergangswiderstand zwischen Bürste und Kollektor überwunden werden. Drittens wird durch die Ankerrückwirkung das Feld unmittelbar schwächer, trotzdem der Erregerstrom gleich blieb. Der gesamte Spannungsabfall beträgt bei kleinen Maschinen etwa 15 vH, sinkt aber bei großen Maschinen bis auf 2 bis 3 vH herab. Will man nun bei verschiedenen Belastungen an der Schalttafel unveränderliche Spannung halten, so muß man den Magnetisierungsstrom bei steigender Belastung stärker machen können. Dies besorgt der Regulierwiderstand im Magnetstromkreise.

Leistungsverluste.

Es kann nicht gelingen, in einem Generator die zugeführte mechanische Energie restlos in elektrische überzuführen. Ein Teil geht selbsttätig in Wärme über. Diese Wärme erhöht die Temperatur der einzelnen Bauteile der Maschine. Da aber bestimmte Temperaturen nicht überschritten werden dürfen, ist dadurch die Leistungsfähigkeit der Maschine begrenzt.

Wir wollen nun die einzelnen Verluste näher betrachten. Da sind zuerst die nächstliegenden, die Verluste durch Lagerreibung, die Verluste durch Bürstenreibung und die Verluste durch die Ventilation der Maschine. Weil im Anker und zwischen Bürste und Kollektor ein Spannungsabfall vorhanden ist, muß mit ihm auch ein Energieverlust verknüpft sein. Man braucht den Spannungsabfall mit der Maschinenstromstärke zu multiplizieren, um den Leistungsverlust in Watt zu erhalten.

Aber im Ankereisen selbst gibt es Verluste. Denken wir uns ein Eisenteilchen im Anker. Bei der Drehung kommt es unter einen Nordpol. Es wird selbst zu einem Magneten, wie wir im Kapitel Magnetismus gelernt haben. In der neutralen Zone ist es wieder fast unmagnetisch, um unter den Südpol umgekehrt magnetisiert zu werden. Dabei kann man sich denken, daß die Elementarmagnete in ständiger Bewegung begriffen sind, eine Reibung hervorrufen, die Arbeit verzehrend, diese in Wärme umsetzt.

Ferner denke man sich den Anker längs an einer Stelle durchbohrt und das Bohrloch wieder mit einem Eisenstab ausgefüllt. Auch dieser Eisenstab wird Kraftlinien schneiden und in ihm wird ebenso eine E. M. K. erzeugt werden wie in einem Ankerleiter. Da aber die Stäbe an den Stirnseiten alle kurzgeschlossen sind, müßten sehr große Ströme im Ankereisen entstehen, die hauptsächlich in der Längsrichtung des Ankers verlaufen müßten. So wäre ein Anker aus vollem Eisen ganz undenkbar. Man muß also dem Eisenstrom in der Längsrichtung Widerstände entgegensetzen. Dies tut man so, daß der Ankerkörper aus kreisringförmigen Blechen zusammengebaut wird, die einseitig mit Seidenpapier überklebt sind. Dadurch kann man die Eisenströme, die man auch Wirbelströme nennt, auf ein ertragbares Maß herabdrücken. Die Eisenverluste betragen je nach der Induktion im Eisen und der Drehzahl 2,5 bis 11 Watt für 1 kg Ankereisen. Der Wirkungsgrad der Kleinmotoren ist höchstens 0,7, er wächst sehr schnell und erreicht bei großen Maschinen Werte von 0,9 bis 0,94.

Gleichstrommaschinen verschiedener Erregung. Die Nebenschlußmaschine. Die Reihenschlußmaschine. Die Verbundmaschine. — Motoren: Allgemeine Gesetze. Drehmoment, Drehzahl und Drehrichtung. Der Anlasser. Der Nebenschlußmotor. Der Reihenschlußmotor. Der Verbundmotor. Inbetriebsetzung der Motoren. Störungen. Instandsetzung. Lieferungsbedingungen.

Die Gleichstrommaschinen können als Stromerzeuger (Generatoren) oder auch als Treibmaschinen (Motoren) verwendet werden. — Der Erregung nach können die Stromerzeuger fremd erregt sein wie in Fig. 43, oder sie erregen sich selbt. Solche Maschinen sind dann Nebenschlußmaschinen, Reihenschlußmaschinen oder Verbundmaschinen.

Die Nebenschlußmaschine.

In Fig. 46 ist eine Nebenschlußmaschine schematisch gezeichnet. Sie hat an das Netz Energie zu liefern. Die Ankerklemmen sind *A* und *B*. Die Erregung, die in der Maschine nur angedeutet ist, endet in den Klemmen *C* und *D*. Will man die Maschine in Betrieb setzen, fährt man mit der Kraftmaschine an und bringt sie auf die vorgeschriebene Drehzahl. Der Hauptschalter in Fig. 46 ist offen. Jetzt dreht sich der Anker in einem sehr schwachen Felde, der vom remanenten Magnetismus der Pole herrührt. — Es entsteht also eine geringe E. M. K. Es fließt also ein geringer Strom von *A* durch den Regulierwiderstand (die beim Anlassen kurzgeschlossen ist), ein Strom, der von *C* in die Erregerspulen fließt und von dort zur negativen Bürste des Kollektors. Dieser Strom verstärkt das Feld. Die E. M. K. wird größer. Das hat eine abermalige Verstärkung des Magnetisierungsstromes zur Folgeusw.

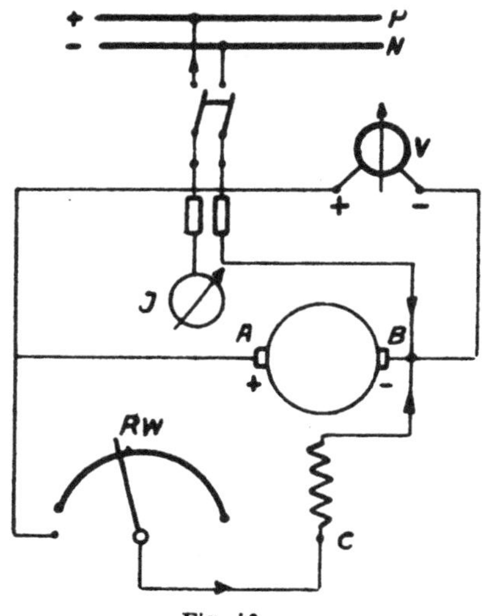

Fig. 46.

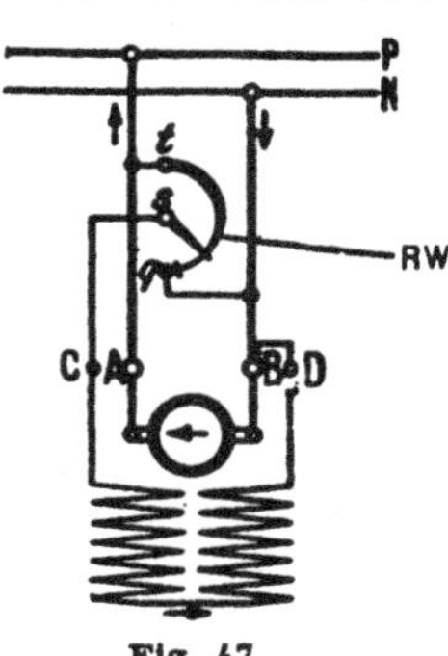

Fig. 47.

Die Spannung der Maschine wächst dann, wie Fig. 45 gezeigt hat. Mit dem Regulierwiderstand R. W. stellt man nun die Spannung so ein, daß sie etwa 2 bis 3 Volt geringer ist als die Netzspannung. Dann schließt man den Hauptschalter, vergrößert die Erregung mit dem Regulierwiderstand, bis die Maschine die gewünschte Leistung übernommen hat. Fig. 47[1]) zeigt die übliche Gerippdarstellung dieser Schaltung. Die Bezeichnungen entsprechen genau den Verbandsvorschriften. Die Nebenschlußmaschine zeigt dieselben Eigenschaften wie die fremd erregte Maschine. Der Spannungsabfall ist nur etwas größer. Bei Belastung fällt doch die Spannung an den Klemmen *A B*. Daher wird auch der Magnetisierungsstrom geringer, der bei fremder Erregung unverändert bleibt.

Die Reihenschlußmaschine.

Fig. 48 zeigt die Reihenschlußmaschine. Diese Maschine kann sich nur dann erregen, wenn der äußere Stromkreis geschlossen ist.

Der Strom fließt von Klemme *A* nach der positiven Schiene des Schaltbrettes, von dort vielleicht zu einer starken Bogenlampe (deren

[1]) Diese Darstellungen sind der Broschüre »Die Behandlung von Gleichstrommaschinen« von den Siemens-Schuckertwerken entnommen. —

Kohlen sich berühren müssen), von dort zur negativen Schiene *N* nach Klemme *E* in die Erregung und von *F* über *B* zur negativen Klemme der Maschine. Bei der Nebenschlußmaschine liegt die Erregung unter voller Maschinenspannung. Der Erregerstromkreis und der Ankerstromkreis liegen nebeneinander. Der Erregerstromkreis ist also zum Ankerstromkreis nur ein Nebenschluß. Die ganze Erregerwicklung wird einen großen Widerstand besitzen müssen, damit der geringe Erregerstrom (der 5 bis 2 vH des Gesamtstromes ausmacht) sich einstellt. Die nötige Amperewindungszahl wird bei geringem Strom von vielen Windungen erzeugt. Der Querschnitt des Drahtes der Erregerspulen ist klein. Bei der Reihenschlußmaschine ist es anders. Hier sind Anker und Erregerspulen hintereinander geschaltet. Der Erregerstrom ist der ganze Maschinenstrom. Der Querschnitt des Drahtes der Erregerspulen ist sehr groß. Die nötige Amperewindungszahl wird von wenigen starken Windungen besorgt. Daher kann man die Maschine an der Magnetwicklung leicht erkennen. Ist die Maschine schwach belastet, so ist auch der Erregerstrom gering, daher auch die Spannung. Bei zunehmender Belastung wächst die Spannung der Maschine, um bei weiterer Belastung wieder abzufallen. Denn der Spannungsabfall nimmt rascher zu als die E. M. K. des Ankers. Die Reihenschlußmaschine hat als Stromerzeuger heute keine Bedeutung mehr.

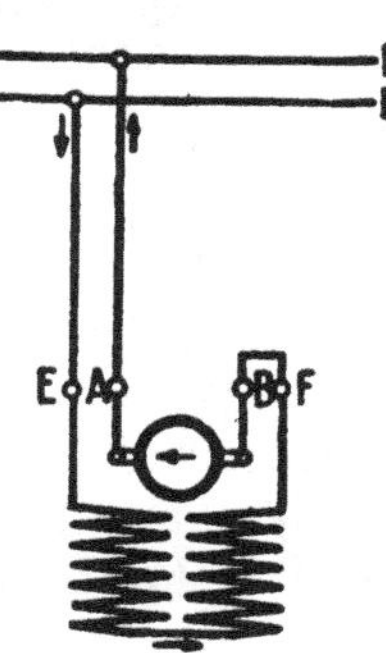

Fig. 48.

Die Verbundmaschine.

Sie ist ihrem Wesen nach eine Nebenschlußmaschine. Die Erregerwicklung wird nur so stark vorgesehen, daß die Maschine bei Leerlauf die gewünschte Spannung, beispielsweise 750 Volt, gibt. Würde nun diese Maschine bel astet, so fällt natürlich die Spannung. Dieser Spannungsabfall wird nun durch eine dazu abgemessene Hauptstromwicklung, die vom Maschinenstrom durchflossen wird und die Nebenschluß erregung unterstützt, wettgemacht. Je stärker die Belastung, desto größer der Spannungsabfall, desto größer aber wird auch die zusätzliche Erregung der Hauptstromwicklung, so daß die Klemmenspannung unverändert bleibt. Fig. 49 zeigt die Schaltung. *E* und *F* sind die Klemmen der Hauptstromwicklung.

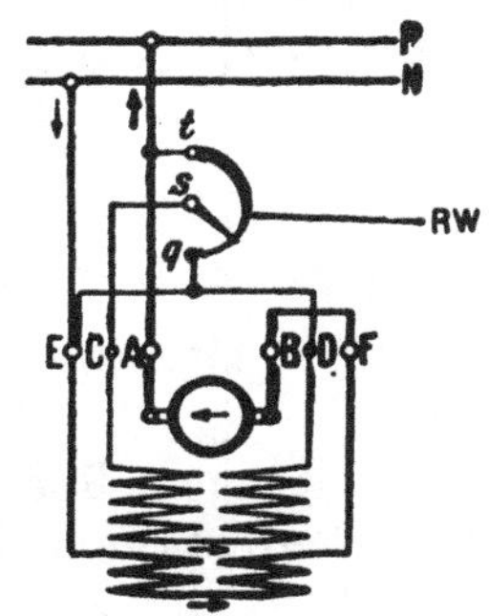

Fig. 49.

Die Verbundmaschine wird sich überall dort eignen, wo bei fortwährend starken Belastungsschwankungen selbsttätig eine unveränderliche Netzspannung aufrecht erhalten werden muß.

Motoren.

Die besprochenen Stromerzeuger können auch als Treibmaschinen verwendet werden.

Die grunsätzliche Wirkungsweise haben wir auf S. 62 besprochen. Fließt durch den Anker ein Strom, so erhält jeder stromdurchflossene Draht einen Antrieb

$$P = 10{,}2 \cdot J \cdot \mathfrak{B} \cdot l \cdot 10^{-8}\,\text{kg}.$$

Wir sehen schon aus der Formel, daß die Umfangskraft von den Betriebsgrößen J und $\mathfrak{B}$ abhängig sein wird. Je größer also die Stromstärke J im Ankerdraht und die Induktion im Luftschlitz, desto größer die Umfangskraft und das Drehmoment (D) des Ankers. Da Φ, das ist der Kraftlinienfluß, der aus einem Pol austritt, von $\mathfrak{B}$, die gesamte Stromstärke von der Stromstärke in einem Ankerdraht abhängig ist, so können wir auch sagen, daß das Drehmoment von diesen beiden Größen abhängig ist. Diese Tatsache schreiben wir so auf:

$$D = C \cdot \Phi \cdot J,$$

wo C ein unveränderlicher Faktor ist, der die Baugrößen (wie z. B. l und den Ankerdurchmesser) berücksichtigt.

Da die E. M. K. eines Ankerdrahtes

$$E = v \cdot l \cdot \mathfrak{B} \cdot 10^{-8}\ \text{Volt},$$

ist

$$v = \frac{E \cdot 10^8}{2 \cdot \mathfrak{B}}.$$

Je stärker also $\mathfrak{B}$, desto kleiner braucht die Geschwindigkeit zu sein, um eine bestimmte E. M. K. zu erzeugen. Je größer E ist, um so größer muß auch v sein. Da die Drehzahl n von v, Φ wieder von $\mathfrak{B}$ abhängig sind, so können wir auch schreiben

$$n = C\frac{E}{\Phi},$$

wo E die E. M. K. des Ankers bedeuten soll.

Der Drehsinn eines Motors ergibt sich bei Betrachtung der Fig. 50.

Nach dem Bilde 1 erzeugt der Strom, der von uns wegfließt, ein Ankerfeld im Sinne des Uhrzeigers. Das Hauptfeld wird rechts verstärkt. Also läuft der Ankerdraht von rechts nach links. In Bild 2 hat das Hauptfeld seine Richtung beibehalten. Den Ankerstrom haben wir umgekehrt. Er fließt jetzt auf uns zu. Daher verläuft das Ankerfeld im entgegengesetzten Sinne des Uhrzeigers. Jetzt wird das Hauptfeld auf der linken Seite verstärkt. Der Ankerdraht bewegt sich von links nach rechts.

Im Bilde 3 ist die Stromrichtung dieselbe wie im Bild 1. Hier ist das Hauptfeld umgekehrt worden. Der Ankerdraht bewegt sich wie im Bild 2. Im Bilde 4 endlich haben wir die Stromrichtung im Ankerdraht und das Feld umgekehrt. Die Drehrichtung ist dieselbe geblieben.

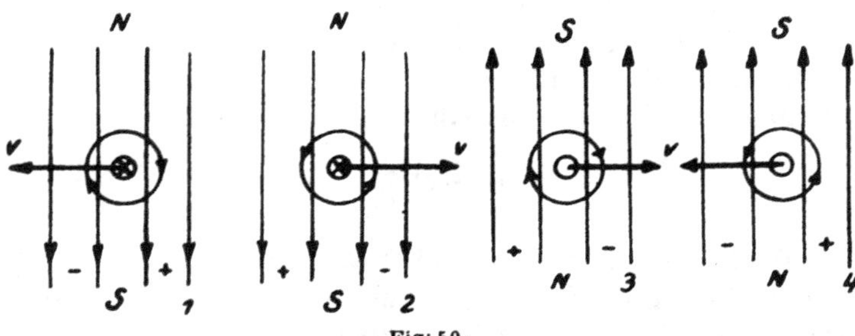

Fig: 50.

Wir können somit sagen: Ändert man die Stromrichtung im Anker allein oder in den Magnetspulen allein, so ändert auch der Anker seine Drehrichtung, verändert man aber die Stromrichtung im Anker und in den Magnetspulen gleichzeitig, so behält der Anker seine frühere Drehrichtung bei.

Denken wir uns nun den Motor in Tätigkeit. Wenn sich der Anker dreht, so schneidet er ja ebenfalls Kraftlinien und erzeugt eine E. M. K., die nach dem Bilde 1 der Fig. 54 auf uns zu wirkt, also die entgegengesetzte Richtung hat als der Ankerstrom. Die E. M. K. des Ankers ist also bei Motortätigkeit eine elektromotorische Gegenkraft. Und das muß ja so sein. Nehmen wir an, die dem Anker aufgedrückte Klemmenspannung E_k sei 440 Volt. Der Ankerwiderstand, einschließlich des Bürstenübergangswiderstandes sei 0,1 Ω und der Motor sei so belastet, daß er 20 Ampere aufnehme. Zu was braucht man also die aufgedrückte Spannung von 440 Volt. Um den Ohmschen Widerstand zu überwinden, genügen $20 \times 0,1 = 2$ Volt. Der Rest $440 - 2 = 438$ Volt dient lediglich zur Überwindung der vom Anker erzeugten elektromotorischen Gegenkraft. Diese ist also

$$E_k - J \cdot R.$$

Belasten wir den Motor mehr. Er muß also auch mehr elektrische Leistung aufnehmen. Da $E_k = 440$ Volt unveränderlich ist, muß die Stromstärke zunehmen. Das kann nur dann sein, wenn die E. M. K. des Ankers geringer wird. Also muß die Drehzahl des Motors abnehmen, vorausgesetzt, daß das Feld unverändert stark bleibt.

Jetzt lauft der gedachte Motor leer. Er nimmt bei Leerlauf beispielsweise 2 Ampere auf. Die elektromotorische Gegenkraft des Ankers muß so groß sein, daß eben nur 2 Ampere fließen können. Mehr aufnehmen kann der Motor nicht bei Leerlauf, weil er nicht mehr bedarf.

Die Drehzahl bei Leerlauf stellt sich also ohne unser Zutun selbst ein. Jetzt schwächen wir das Feld, indem wir im Erregerstromkreis Widerstand zuschalten.

Früher hatte der Anker 440 — 2 · 0,1 = 339,8 Volt gegenelektromotorische Kraft erzeugt. Und diese muß er erzeugen, da er nur 2 Ampere aufnehmen darf. Durch die Feldschwächung wird er nun gezwungen, viel schneller zu laufen, daß er trotz der Feldschwächung die nötigen 339,8 Volt erzeugen kann. Dasselbe sagt ja schließlich unsere Formel

$$n = C \cdot \frac{E}{\Phi}.$$

Wird Φ kleiner, so muß n größer werden.

Was geschieht nun, wenn das Feld verschwindet? Dann gibt es auch keine gegenelektromotorische Kraft. Dann wirkt die aufgedrückte Klemmenspannung auf den Ankerwiderstand allein.

$$J = \frac{440}{0,2} = 2200 \text{ Amp.}$$

Das ist ein Kurzschluß. Die Sicherungen brennen durch, der Motor aber hat unter heftigem Kollektorfeuer eine übergroß hohe Drehzahl erhalten, wenn er sonst keinen Schaden erlitten hat.

Wann würde nun jedesmal ein solches Schauspiel eintreten? Gewiß beim Anlassen, da in diesem Falle der Anker ruht und daher keine E. M. K. erzeugen kann. Um das zu verhindern, muß jeder Motor einen Anlasser erhalten, das ist ein vorgeschalteter Widerstand, der so berechnet ist, daß der Anker anfangs nur den erforderlichen Strom erhält.

B e i s p i e l. Es soll für einen 10 PS-Motor, $E_k = 440$ Volt, der Ankerwiderstand für Vollast berechnet werden. Schätzen wir den Wirkungsgrad $\eta = 0,8$, so nimmt der Motor

$$\frac{10 \cdot 736}{0,8} = 9200 \text{ Watt}$$

auf. Da die Spannung $P = 440$ Volt, wird die aufgenommene Stromstärke

$$J = \frac{9220}{440} = 21 \text{ Ampere.}$$

Daher muß der Anlaßwiderstand

$$R = \frac{440}{2} = 21\ \Omega.$$

Soll z. B. ein starker Motor mit Vollast angehen, so wäre die augenblickliche Entnahme von beispielsweise 100 Ampere für das Werk bemerkbar. Man wird dann dem Anlasser einige Vorstufen geben, damit der Vollaststrom langsam anwachsen kann. — Fig. 51 zeigt einen Anlasser.

Die linke Klemme ist nach Verbandsvorschrift mit *L*, die mittlere mit *M* und die rechte mit *R* zu bezeichnen. *L* wird mit Leitung *R* mit der Ankerklemme verbunden, von *M* nimmt man den Magnetisierungsstrom ab. Im gezeichneten Anlasser dienen die Widerstände rechts zum Regulieren der Drehzahl.

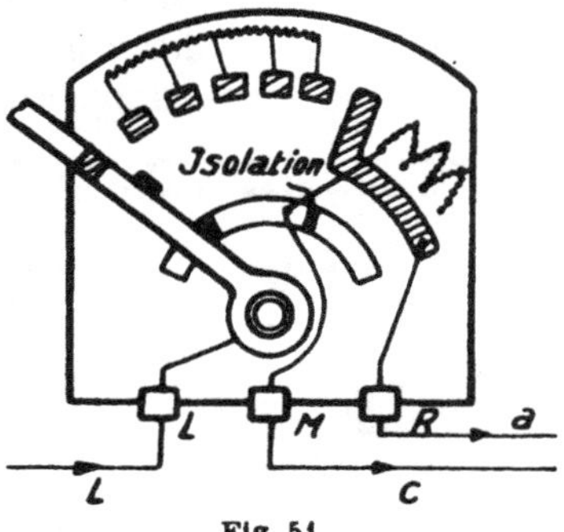

Fig. 51.

Die Anlasser sind im gewöhnlichen Falle luftgekühlte Anlasser. Bei solchen soll die Anlaufzeit eine halbe Minute nicht überschreiten. Ein neuerliches Anlassen darf wegen der zur Abkühlung erforderlichen Zeit erst nach einer Pause von 10 Minuten erfolgen. — Bei einem Ausbleiben der Spannung (sei es nach Abschmelzen einer Sicherung) bleibt der Motor stehen. Vergißt man den Hebel des Anlassers in seine Nullage zurückschnellen zu lassen, so würde beim Einsetzen der Sicherung ein Kurzschluß im Motor entstehen. Daher gibt man den Anlassern oft eine selbsttätige Spannungsrückgangsausschaltung, die den Hebel beim Ausbleiben der Spannung oder auch nur beim Sinken derselben in seine Nullage bringt. Ebenso kann der Schalter mit einer selbsttätigen Höchststromausschaltung versehen werden, die in dem Augenblicke den Hebel in die Nullage zurückzuschnellen veranlaßt, wenn der Strom einen bestimmten Höchstwert überschreitet. Auch können beide Sicherungsapparate zugleich vorhanden sein.

Für nicht häufiges Anlassen, aber für eine längere Anlaßzeit verwendet man Anlasser mit Ölkühlung. Muß der Motor häufig und langsam angelassen werden, so verwendet man Anlaßwalzen. Die Drahtwiderstände sind an geeignetem Orte untergebracht, die einzelnen Stufen mit den Fingern der Schallwalze verbunden.

Der Nebenschlußmotor.

Der Nebenschlußmotor wird nach Fig. 52 geschaltet.

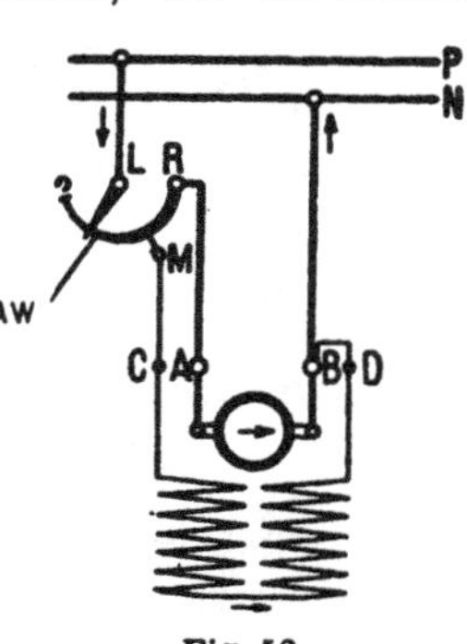

Fig. 52.

Der Strom fließt von der Zuleitung über *L* durch den Anlaßwiderstand nach *R*, von dort über *A* durch den Anker nach *B* und von dort zur anderen Leitung. Der Nebenschluß für die Erregung wird von *M* abgenommen. Der Erregerstrom fließt über *C* durch die Erregerwicklung nach *D*. Die Klemmen *D* und *B* sind kurzgeschlossen. In *B* trifft der Magnetisierungsstrom den Ankerstrom und fließt mit diesem zum negativen Pol zurück. Soll der Motor umgekehrt laufen, so bleibt der Stromverlauf in den Magneten derselbe. Der Strom im Anker wird verkehrt. Das zeigt Fig. 53.

Der Drehsinn eines Motors oder eines Stromerzeugers wird immer von der Riemenscheibenseite aus betrachtet. Läuft die Riemenscheibe im Sinne des Uhrzeigers, so heißt die Maschine rechtslaufend.

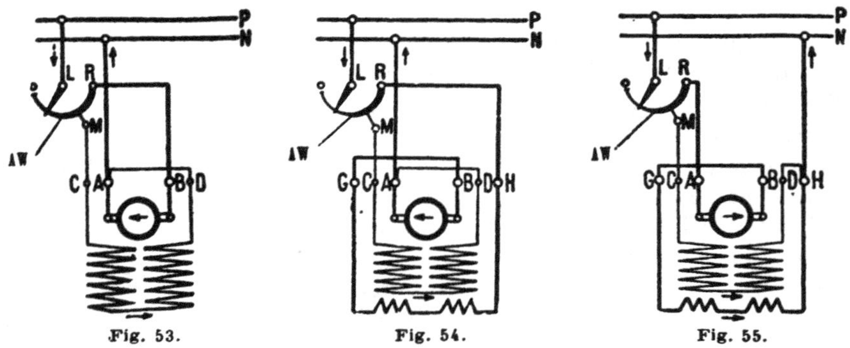

Fig. 53. Fig. 54. Fig. 55.

Fig. 54 zeigt einen Gleichstrommotor mit Wendepolwicklung rechts, Fig. 55 denselbem Motor linkslaufend.[1])

Das Drehmoment eines Nebenschlußmotors ist nach der abgeleiteten Formel

$$D = C \cdot \Phi \cdot J.$$

Da das Feld Φ beim Nebenschlußmotor ziemlich unveränderlich ist, so wird das Drehmoment lediglich von der Stromstärke abhängig sein. Je größer die Stromstärke, um so größer das Drehmoment. Wächst erstere um 20 vH, so wird auch das Drehmoment um 20 vH wachsen. Die Drehzahl

$$n = C \frac{E}{\Phi}$$

E ist die elektromotorische Gegenkraft des Ankers. Diese ist gleich der aufgedrückten Klemmenspannung E_k weniger den Spannungsabfall $J \cdot R$ an den Bürsten und im Anker. Es ist somit

$$n = C \cdot \frac{E_k - J \cdot R}{\Phi}.$$

Wird nun der Motor stärker belastet, so wird *J* größer, somit auch der Spannungsabfall $J \cdot R$. Da die aufgedrückte Klemmenspannung

[1]) Würde man (Fig. 52) die Anschlüsse bei *P* und *N* vertauschen, so bliebe der Drehsinn derselbe, denn dadurch hätte man die Richtung im Anker und in der Magnetwicklung verändert.

E_k ziemlich unveränderlich ist, wird der Zähler $E_k - J\,R$ kleiner werden, während das Feld Φ, wie schon erwähnt, annähernd unverändert bleibt oder etwas schwächer wird. Die Folge davon ist, daß gute Motoren bei Mehrbelastung in ihrer Drehzahl um wenige Prozent nachlassen. Wäre aber die Ankerrückwirkung sehr groß, das bei kleinem Luftspalt und wenig Kupfer auf den Polen eintritt, so würde bei Mehrbelastung Φ wesentlich kleiner, n würde nicht fallen, vielleicht sogar etwas zunehmen. Ein solcher Motor würde aber stark feuern, daher für den Betrieb ungeeignet sein. — Die Drehzahl des Nebenschlußmotors läßt sich, wie schon gezeigt wurde, durch Schwächung des Feldes erhöhen. Das kann aber nur in kleinen Grenzen sein. Wird das Feld zu viel geschwächt, so tritt Feuern der Bürsten ein. Den Regulierwiderstand baut man zwischen M und C ein, wenn er nicht, wie Fig. 51 zeigt, in den Anlasser eingebaut ist.

Der Reihenschlußmotor.

Fig. 56 zeigt die Schaltung des Reihenschlußmotors für Rechtslauf. Der Strom tritt bei L in den Anlasser, tritt bei R aus, um über die

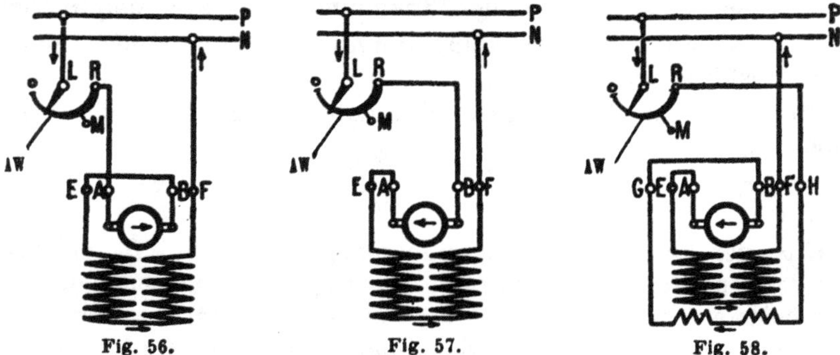

Fig. 56. Fig. 57. Fig. 58.

Ankerklemme A in den Anker nach B zu fließen. Die Klemmen B und E sind kurzgeschlossen. Der Strom fließt also von B nach E durch die Erregerwicklung nach $\mathfrak{F}$ und von dort zur negativen Anschlußklemme.

Soll der Motor für Linkslauf geschaltet werden, so verkehrt man die Stromrichtung im Anker, während die Stromrichtung in den Magneten bleibt, wie Fig. 57 zeigt.

Die Schaltung mit Wendepolen zeigt Fig. 58 für Rechtslauf, Fig. 59 für Linkslauf.

Das Drehmoment der Reihenschlußmotoren ist wieder durch die Formel bestimmt:

$$D = C\;\Phi \cdot J.$$

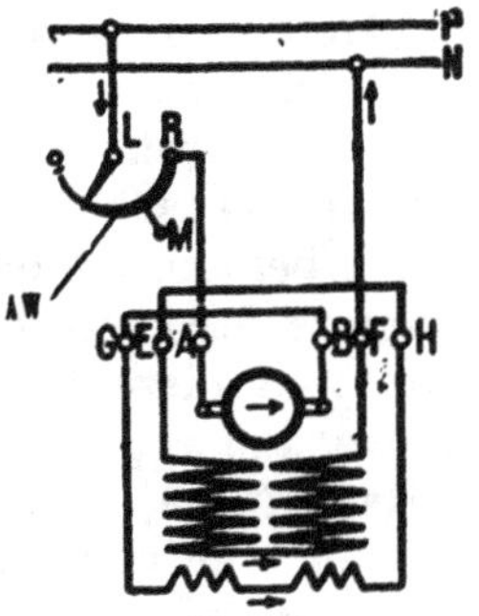

Fig. 59.

Der Kraftlinienfluß pro Pol Φ wird aber jetzt vom Hauptstrom J selbst erzeugt. Daher ist das Drehmoment von $J \times J = J^2$ abhängig. Wächst also der Strom um 5 vH so vergrößert sich das Drehmoment um 25 vH. Das Drehmoment beim Anlaufen heißt Anlaufmoment. Dieses ist also beim Reihenschlußmotor bedeutend größer wie beim Nebenschlußmotor. — Es tritt noch ein Umstand hinzu.

Beim Nebenschlußmotor ist das Drehmoment von J und Φ abhängig. Das Feld Φ wird vom Magnetisierungsstrom erzeugt und dieser hängt von der Klemmenspannung und dem Magnetwiderstand ab,

$$J_m = \frac{E_k}{R_m},$$

wenn R_m den Magnetwiderstand in Ω bezeichnet. Nun denke man sich vom Anschluß bis zum Motor eine Entfernung von 80 m. Wird der Nebenschlußmotor stark belastet, so wächst der Strom, daher auch der Spannungsabfall in der Leitung, die verfügbare Klemmenspannung am Motor wird geringer, daher auch der Magnetisierungsstrom und mit ihm das Feld, also auch das Drehmoment. Der Nebenschlußmotor ist also in dieser Beziehung für den Spannungsabfall sehr empfindlich.

Nicht aber der Reihenschlußmotor, da das Drehmoment nur von der Stromstärke abhängig ist,

Die Drehzahl des Reihenschlußmotors geht ebenfalls aus der Formel

$$n = \frac{E_k - J\,(R + R_m)}{\Phi}$$

hervor.

R ist der Anker- und Bürstenübergangswiderstand, R_m der Widerstand der Hauptstromwicklung auf den Magnetpolen. — Ist der Motor wenig belastet oder läuft er gar leer, so ist die aufgenommene Stromstärke nur gering, also auch der Spannungsabfall $J\,(R \times R_m)$ und das Feld Φ. Der Zähler ist also beinahe E_k, während das Feld Φ sehr klein ist. Daher wächst n außerordentlich hoch, der Motor geht durch. Der Reihenschlußmotor darf daher überall dort nicht verwendet werden, wo ein Leerlauf möglich ist. Wächst aber die Belastung, so nimmt der Spannungsabfall zu, das Feld wird stark und der Motor sinkt stark in seiner Drehzahl, während das Moment quadratisch wächst. Diese beiden Eigenschaften machen ihn zum vorzüglichsten Motor für Straßen- und Überlandbahnen. — Zu jedem Drehmoment gehört eine ganz bestimmte Stromstärke und eine bestimmte zugehörige Drehzahl. — Will man nun diese bei Beibehaltung des Drehmoments und der Stromstärke ändern, so muß man Widerstand vorschalten, was wohl nicht wirtschaftlich, aber sehr bequem und einfach ist. Die Regelung währt ja auch nur kurze Zeit, so daß man die Verluste durch Stromwärme in diesen Widerständen in den Kauf nehmen kann.

Es soll nicht unerwähnt bleiben, daß auch der Nebenschlußmotor als Bahnmotor unter Umständen sogar dem Reihenschlußmotor überlegen ist.

Denken wir uns in einem elektrischen Triebwagen einen Nebenschlußmotor eingebaut. Der Triebwagen sei in einer langen Talfahrt begriffen. Zuerst wird die aufgedrückte Klemmenspannung E die elektromotorische Gegenkraft des Ankers noch überwinden und Strom in den Anker senden. Beschleunigt sich aber in der Talfahrt der Zug, so tritt ein Augenblick ein, wo beide E. M. K. sich das Gleichgewicht halten. Die Maschine läuft weder als Motor noch als Generator. Dann aber überwiegt die Ankerspannung (s. Fig. 48), der Strom fließt jetzt von A in die Fahrdrahtleitung und fließt bei B in den Anker zurück. Der Strom in den Magneten aber behält seine Stromrichtung bei, daher bleiben die Pole so magnetisiert wie früher. Der Nordpol bleibt ein Nordpol, der Südpol ein Südpol. Deswegen bleibt auch A die positive Bürste wie früher. Die Maschine läuft von den Wagenachsen die Energie aufnehmend, als Generator und speist die Fahrdrahtleitung.

Dies ist beim Hauptstrommotor nicht möglich (s. Fig. 56). Wird die E. M. K. des Ankers größer, so fließt der Strom von A über R und L in den Fahrdraht, vom negativen Pol nach $\mathfrak{F}$, fließt entgegengesetzt wie früher durch die Magnete nach E und von dort nach B. Die Pole werden ummagnetisiert, A wird die negative, B die positive Bürste, so daß die Fahrdrahtspannung und die E. M. K. des Ankers, statt gegeneinander, hintereinander geschaltet sind und im Anker einen Kurzschluß hervorbringen. So kann der Hauptstrommotor in gewöhnlicher Schaltung keine Energie in den Fahrdraht bei Talfahrt liefern.

Auch für den Reihenschlußmotor gilt die Regel, daß ein Vertauschen der Anschlüsse bei P und N (s. Fig. 56) keine Drehsinnveränderung hervorrufen kann. Denn dadurch wird die Stromrichtung im Anker und in den Erregerspulen umgekehrt, so daß die Drehrichtung nach Fig. 50 dieselbe bleiben muß.

Der Verbundmotor.

Die Gesamterregung eines Verbundmotors kann verschiedenerleiweise auf Nebenschluß- und Hauptstromwicklung verteilt sein.

Hat der Erbauer im Sinn, einen Nebenschlußmotor herzustellen, der schweren Betriebsbedingungen gewachsen sein soll (oftmaliges Angehen bei Überlast, starke periodische Belastungsänderung, vielleicht auch öftere, regelmäßig wiederkehrende Drehsinnveränderung), so wird dieser Nebenschlußmotor neben seiner ordentlichen Nebenschlußerregung noch eine zusätzliche Hauptstromerregung erhalten, um die Ankerrückwirkung zu mildern und so eine funkenfreie Stromwendung zu erzielen.

Oder der Erbauer will einen Hauptstrommotor herstellen, der aber bei Leerlauf eine höchst zugelassene Drehzahl nicht überschreiten

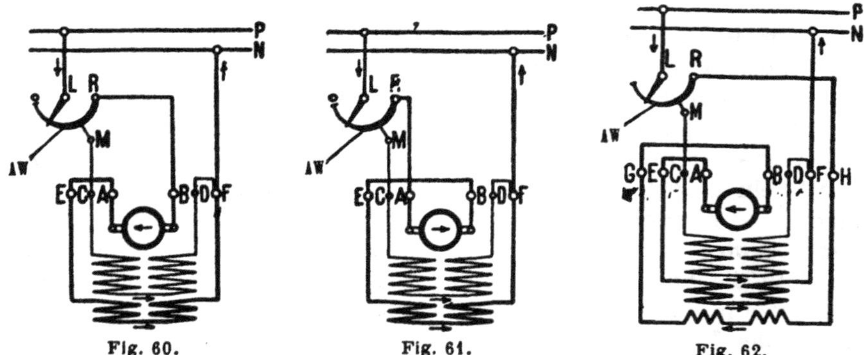

Fig. 60. Fig. 61. Fig. 62.

darf. Dann erhält dieser Motor neben seiner ordentlichen Hauptstromwicklung noch eine zusätzliche Nebenschlußwicklung, die die Leerlaufdrehzahl bestimmt. — Da die erste Art Motoren immer unter schwierigen Betriebsverhältnissen zu arbeiten haben, gibt man ihnen zur klaglosen Stromwendung noch Wendepole (s. S. 80).

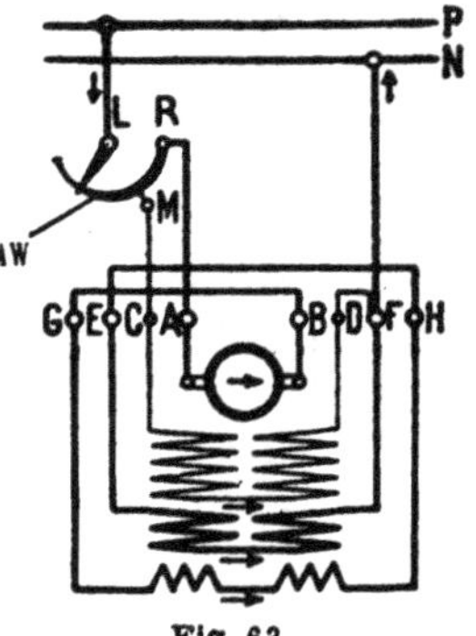

Fig. 63.

Fig. 60 zeigt die Schaltung eines Verbundmotors für Rechtslauf, Fig. 61 für Linkslauf.

Fig. 62 und 63 zeigen die Schaltung eines Verbundmotors mit Wendepolen für Rechts- und für Linkslauf.

Inbetriebsetzung der Motoren.[1])

Die Motoren sollen in einem trockenen, luftigen und kühlen Raume stehen. Für jeden Motor ist ein Fundament vorzusehen, dessen Abmessungen einer Maßskizze zu entnehmen sind. Für Riemenantrieb sind zum Nachstellen der Maschine Gleitschienen erforderlich.

Die Lager sind Ringschmierlager (Fig. 64), doch verwendet man auch Kugellager. Zur Schmierung darf nur reines, säurefreies Mineralöl verwendet werden. Warmes Öl schmiert besser wie kaltes. Eine ordentliche Lagertemperatur ist etwa 60° C. Nach den Verbandsvorschriften ist die zulässige Temperaturzunahme 45° C, die Höchsttemperatur 80° C. — Ringschmier- und Kugellager stellen an die Wartung geringe Anforderungen. Doch soll man alle vier bis sechs Wochen das Öl durch Öffnen der Schraube *b* ablassen, das ganze Lager mit

[1]) Wir verweisen noch auf »Die Behandlung von Gleichstrommaschinen«. Österr. Siemens-Schuckert-Werke.

etwas Benzin waschen, die Schraube *b* schließen und mit frischem Öle füllen, bis es im Ölstandsglas bis zur Marke gestiegen ist.

Der K o l l e k t o r einer Gleichstrommaschine wird bei längerem Betrieb und ordentlicher Wartung eine mehr stahlblaue, vollkommen glatte und runde Oberfläche aufweisen. Ohne Not wird man den Kollektor nie abschmirgeln. Um ihn sauber zu erhalten, wird man ihn öfters während des Betriebes mit einem reinen Lappen säubern.

Wenn der Kollektor durch Überlastung des Motors oder durch falsche Bürstenlage, durch schlechte Kohlebürsten angebrannte Stellen zeigt, dann bleibt nichts anderes übrig, ihn mit einem Schleifklotz (Fig. 65) abzuschmirgeln.

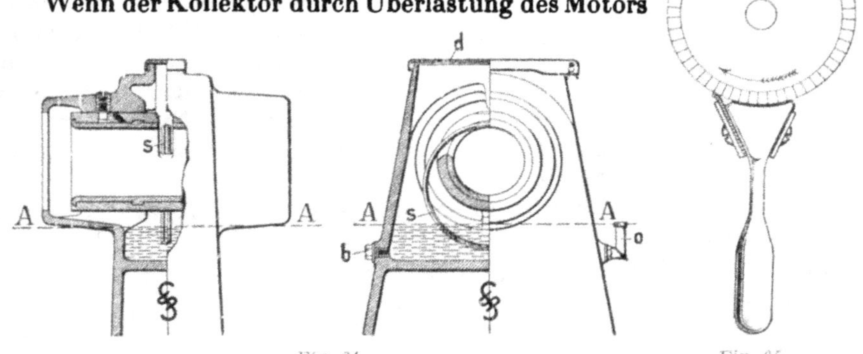

Fig. 64. Fig. 65.

Die Rundung des Schleifklotzes (an den die Karborundumleinwand o h n e Z w i s c h e n l a g e e i n e r P o l s t e r u n g von einer mit zwei Schrauben befestigten Leiste festgeklemmt ist) muß sich genau der Rundung des Kollektors anpassen. Daher soll man nur den Schleifklotz der Firma verwenden, die für jeden Kollektor den dazugehörigen Schleifklotz liefert.

Ist der Kollektor im Betrieb stärker mitgenommen worden, so wird er auf der Drehbank abgedreht. Die Glimmerisolation ist dann mittels eines dünnen Sägeblattes auf 0,5 mm nachzuschaben. Der zurückstehende Glimmer erlaubt die Verwendung weicher Kohlebürsten. Diese sind nicht imstande, den harten Glimmer gleichmäßig mit dem Kupfer abzunutzen. Steht dann die Glimmerisolation vor, so holpern die Bürsten über den Glimmer, verlieren den Kontakt, feuern und der Kollektor wird schwarz.

Die B ü r s t e n b r ü c k e , auch Bürstenbrille genannt, auf deren Bolzen die Bürstenhalter aufgestellt sind, läßt sich verstellen. Meist ist die ordentliche Stelle durch zwei Marken gekennzeichnet. Im Betriebe läßt sich die ordentliche Stellung leicht finden. Bei Motoren nehmen diese bei richtiger Bürstenstellung den kleinsten Strom auf, haben die kleinste Drehzahl und laufen funkenfrei. Bei Generatoren geben diese die höchste Spannung bei funkenlosem Betrieb.

Je größer die E. M. K. der Selbstinduktion in der stromwendenden Spule ist, je stärker das Ankerfeld in der neutralen Zone, um so ungünstiger die Stromwendung. Harte Kohlenbürsten mit hohem eigenen Widerstand, wenn nötig in der Längsrichtung mehrmals geschlitzt und teilweise von den Backen der Bürstenhalter isoliert, ist ein gutes Mittel, die Stromwendung wesentlich zu verbessern. Nur dürfen harte Bürsten weniger beansprucht werden. Man rechnet mit einer Stromdichte von 4 bis 11 Ampere/cm².

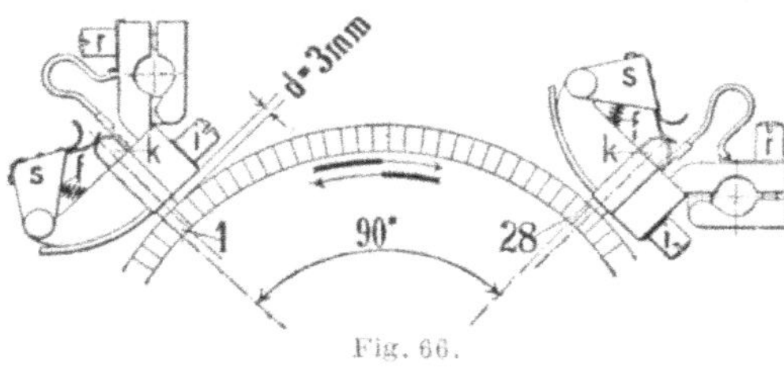

Fig. 66.

Unter jeder Bedingung sollen nur eine Sorte Kohle verwendet werden. Am besten ist es, die Nachbestellung von Bürsten bei der Firma selbst zu tätigen, dabei die Bürstendimensionen, die Nummer am Firmenschild und die Maschinentype anzugeben.

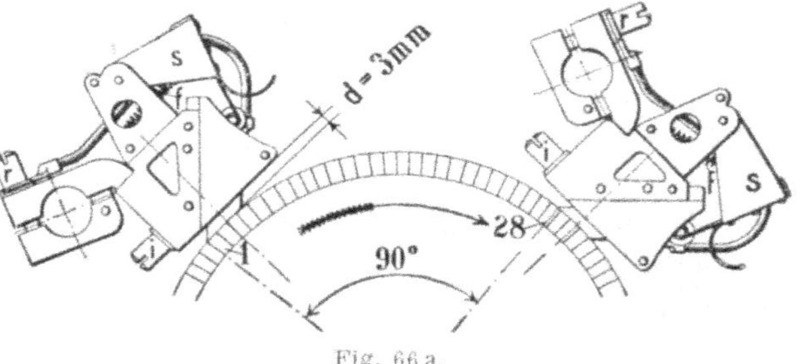

Fig. 66 a.

Der **Bürstenhalter** trägt nach seiner Bauart viel zur guten Stromwendung bei. Er soll die Bürsten gleichmäßig an den Kollektor drücken. Fig. 66 zeigt die für kleine Motoren von den Siemens-Schuckertwerken angewandten Bürstenhalter.

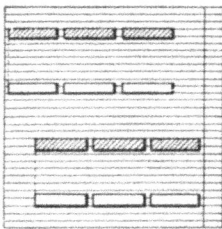

4-polig

Fig. 67 a.

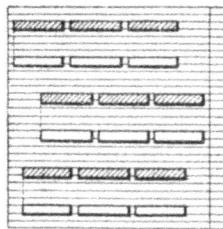

6-polig

Fig. 67 b.

Die Kohle *k* wird in Halter geführt und durch eine gespannte Feder $\mathfrak{F}$ mit Hilfe des Schnappers *s* gegen den Kollektor gepreßt. Die Kohle soll dabei ungefähr senkrecht auf dem Kollektor stehen und der Halter soll bis auf etwa 3 bis 4 mm Abstand an den Kollektor herangerückt werden.

Bei den „R e a k t i o n s k o h l e n h a l t e r n“, bei denen der Kollektor gegen die Kohlen läuft (Fig. 66 a), sollen die Kohlen unter einem Winkel von etwa 55⁰ stehen.

Die Bürstenhalter sind so auf die Bolzen zu stecken, daß sich die Bürsten verschiedener Bolzen überdecken, wie dies Fig. 67 angibt. Sonst entstehen auf dem Kollektor Bahnen, ringförmige Furchen. Die Bürsten, die auf demselben Bolzen sitzen, müssen in einer Geraden stehend dasselbe Segment berühren. Die Entfernung der Bürsten eines Bolzens von den Bürsten des benachbarten Bolzens müssen untereinander vollkommen gleich sein.

Betriebsstörungen. Beim Anfahren und während des Betriebes können Störungen sich einstellen, die man nach dem Gelernten leicht erkennt. Hat man erst die Ursache erforscht, so weiß man, ob sich diese rasch beheben läßt oder ob die Maschine repariert werden muß.

Bei Gleichstrommaschinen treten mancherlei Fehlererscheinungen auf. Da wäre zuerst das Bürstenfeuer zu erwähnen. Entweder hat sich die Bürstenbrücke verschoben oder die Bürsten selbst sind in schlechter Verfassung. Sie sind ausgebrochen oder schlecht eingeschliffen worden, sind an der Schleiffläche nicht blank, sondern haben mit Kupferstaub ausgefüllte Riefen. Die Bürstenfedern haben nachgelassen, so daß die Bürsten zu leicht aufliegen und bei manchen Bürstenhaltern dadurch eine falsche Lage erhalten. Bei großen Maschinen, die auf einem Bürstenstift viele Bürstenhalter tragen, ist folgendes zu bemerken. Liegen sämtliche Bürsten eines Stiftes nicht mit gleichmäßigem Druck auf dem Stromwender auf oder sind die Bürsten eines Stiftes gar von verschiedener Härte, so haben oft nur wenige Bürsten des Stiftes den gesamten Strom abzunehmen oder zuzuführen. Dadurch werden diese Bürsten so stark beansprucht, daß die gedachten Bürsten bis zur Rotglut belastet werden und ein starkes Bürstenfeuer eintritt. In vielen Fällen kann man sich nur so helfen, daß man die Bürstenhalter des Stiftes mittels eines Kupferbandes kurzschließt. — Oft wird das Bürstenfeuer durch das Hüpfen der Bürsten verursacht. Dabei zeigen sich am Stromwender Brandspuren, er wird schwarz und heiß. Dann ist der Kollektor unrund, die Isolation tritt zwischen den Stegen etwas hervor oder die Stege sind gar locker geworden. Dann muß der Kollektor abgeschmirgelt oder abgedreht, wenn nicht gar vollkommen repariert werden. — Beobachtet man, daß nur einzelne Stege, und zwar in bestimmten Abständen schwarz werden, das sich auch nach dem Abschmirgeln von neuem zeigt, so sind gewiß die Lötstellen der Ankerverbindungen mit den Stegen schlecht geworden. Der Anker muß ausgebaut und repariert werden. — Das oft beobachtete Rundfeuer rührt vom unsauberen Kollektor her. Feuern die Bürsten eines Steges mehr als die Bürsten des anderen, zeigt dabei der Anker auch bei Leerlauf eine höhere Erwärmung, so ist der Anker schlecht gelagert, die Lagerschalen sind ausgelaufen. Die Maschine muß repariert werden. — Bürstenfeuer tritt auch immer ein, wenn das Feld zu schwach und dadurch die

Ankerrückwirkung zu stark wird. Das tritt bei fehlerhaften Magnetspulen ein. Dabei erwärmt sich eine Spule zu stark, während die andere kalt bleibt.

Häufig kommt es vor, daß der Motor überhaupt nicht anläuft. Zuerst denke man an das Nächstliegende, überzeuge sich, ob überhaupt Spannung vorhanden ist und ob die Sicherungen in Ordnung sind. — Beobachtet man einen Ankerstrom, der beim weiteren Anlassen rasch zunimmt, so ist gewiß die Erregung des Motors unterbrochen, der Motor hat kein Feld, kann daher kein Drehmoment erzeugen. Dann ist die Klemme am Anlasser oder am Klemmbrett des Motors selbst gelockert oder die Verbindung der Magnetwicklung unterbrochen. — Sind jedoch Anker- und Magnetstrom vorhanden und läßt sich der Anker mit der Hand nur ruckweise drehen, so sind eine oder mehrere Ankerspulen verbrannt, durchgeschlagen oder kurzgeschlossen. — Manchmal zeigt sich kein Ankerstrom, Magnetstrom ist vorhanden und sonst kein Fehler zu finden. Dann sind die Bürsten zum Stromwender isoliert. Kohlenstaub, Schmutz und Öl haben mit der Zeit eine isolierende Pasta gebildet, die an der Schleiffläche der Bürste anhaftet. Ein Abschmirgeln der Bürsten behebt diese Störung, die oft nicht zu erkennen ist. — Ein übermäßiges Heißwerden der Lager weist auf schlechte Aufstellung des Motors hin. Begleitet ist diese Erscheinung mit Erschütterungen des Motors. Durch Nachrichten der Riemenspannvorrichtung, richtiges Auflegen des Riemens, neues Ausrichten der Riemenscheiben kann dieser Fehler leicht behoben werden.

Instandsetzen der Maschinen

Ist erst der Fehler der Maschine richtig erkannt worden, so ist die Wiederherstellung die Sache der Werkstatt. In der Werkstatt selbst kann der Motor noch näher untersucht werden. Dazu dient die Prüflampe oder ein Voltmeter mit sehr großem Widerstand oder ein Ohmmeter. Dann läßt sich der Schluß der Kollektorlamellen, Unterbrechungen in der Ankerwicklung oder ein Körperschluß, sei es zwischen Ankerwicklung und Gestell oder zwischen Feldmagnete, Bürstenbolzen und Klemmen mit dem Gestell feststellen. In den meisten Fällen muß die Maschine abgebaut werden. Das Abziehen der Riemenscheiben und Kupplungen geschieht am einfachstenmit einer Abziehvorrichtung (s. Bild 68). Diese besteht aus einem Querstück. In der Mitte ist ein Gewinde geschnitten, durch das ein Schraubenbolzen führt.

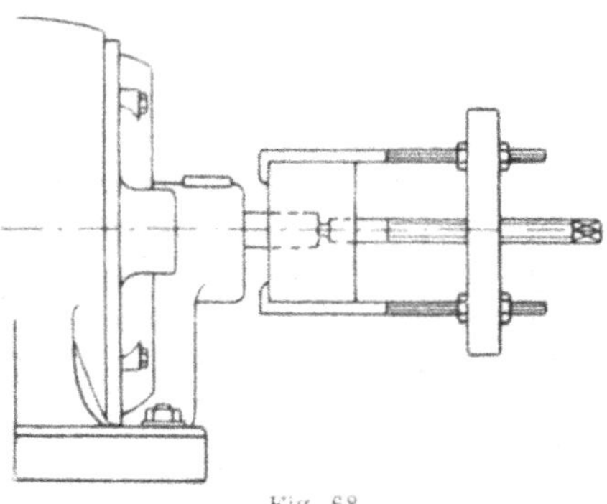

Fig. 68.

Dieser stützt sich beim Anziehen gegen den Lagerzapfen. Zu beiden Seiten des Querstückes zwei hakenförmige Bolzen, die mit den Haken die Riemenscheibe umfassen. Mit Hammer und Meißel zu arbeiten, ist zu verwerfen, da nur Brüche entstehen. Die Lagerschilder werden durch Lösen der Schrauben frei gemacht. Nachher löst man auch an der Stromwenderseite die Verbindungsleitungen zwischen Bürstenhalter und Klemmbrett. Ist der Zapfen ebenso stark als die Welle, so wird man, um eine Lagerbeschädigung zu vermeiden, mit einer Schlichtfeile einen etwa vorhandenen Grat an der Keilnut entfernen. — Nach Abnahme der beiden Lagerschilder wird der Anker ausgebaut und auf einen Bock gestellt. — Der Bequemlichkeit halber kann man bei größeren Motoren die Zapfen in etwa 1 m lange Gasrohre stecken, wodurch der Transport erleichtert wird. Sehr große Anker werden mit Hilfe des Kranes oder eines Flaschenzugs ausgebaut.

Muß der Stromwender von der Welle abgezogen werden, so kann man dazu die oben beschriebene Abziehvorrichtung verwenden. Oft ist der Raum zwischen Stromwender und Anker zu klein, um die Haken hinter dem Kollektor ansetzen zu können. Dann ist es vorteilhaft, auf dem Stromwender ein Schellband aus Flacheisen aufzusetzen. Ein rasches Anwärmen des Stromwenders mit einer Lötlampe erleichtert das Abziehen desselben.

Selbstverständlich hat man mit der Lötlampe oder mit dem Lötkolben vorher die Ankerdrähte ausgelötet und diese sorgfältig mit dem Spulenheber zurückgebogen. Ebenso müssen die Arretierungsschrauben, die den Stromwender in achsialer Richtung fest machen, gelöst werden. Die während des Abbaues gelösten Schrauben, Keile, Unterlagscheiben usw. werden in ein verschließbares Kästchen gelegt, Lagerschilder mit Nummern und Zeichen versehen und die Lage je eines Anfangs und Endes einer Spule mittels Körner am Kollektor so zu zeichnen, daß hiedurch der vordere Schritt sicher erkannt werden kann. — Ist an der Ankerwicklung selbst eine Reparatur vorzunehmen, so lötet man die Bandagen auf, wickelt sie ab und hebt die erforderlichen Spulen mit dem Spulenheber aus. Müssen auch unversehrte Spulen gehoben werden, so wird man äußerst sorgfältig umgehen müssen, zwischen Spulenheber und Spulenseite einen schützenden Preßspanstreifen legen. Beim Ausbau einer Feldspule ist die Windungsrichtung zu ermitteln und die Schaltung der Spulen schriftlich zu vermerken. — Die Neuherstellung von Ankerspulen wird man auf Holzschablonen ausführen (Fig. 69 a—d). Die Seitenteile der Schablone sind aus trockenem Eschenholz, die Zwischenlage aus Metall hergestellt. Die beiden Teile werden durch zwei Flügelschrauben zusammengehalten. — Die Seitenteile solcher Schablonen wird man für die vorkommenden Größen vorrätig halten. — Die Seitenteile können für mehrere Spulengrößen verwendet werden, nur die Zwischenlagen ändern sich mit der Spulenbreite.

Die Maße der Zwischenlage erhält man aus einer herausgehobenen Spule (Fig. 69 c). Man spannt eine Spulenseite im Schraubstock fest, worauf man die andere Spulenseite soweit zur Seite drückt, daß beide Seiten übereinanderstehen. Die Spule wird wieder herausgenommen, auf eine Platte gelegt und mit dem Holzhammer gerichtet. Die trapezförmig eingeschlossene Fläche dieser gerichteten Spule auf einen Preß-

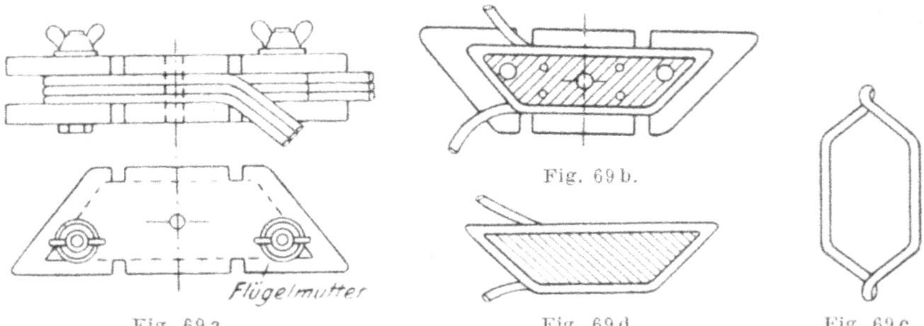

Fig. 69 a. Fig. 69 b. Fig. 69 d. Fig. 69 c.

spanstreifen übertragen, entspricht bereits der zu verfertigenden Zwischenlage der Schablone (Fig. 69 d). Die Stärke der Zwischenlage hängt von der Anzahl der nebeneinander liegenden Drähte ab. — Die Zwischenlage wird nun mit Drahtstiften auf ein Seitenteil genagelt. Durch Auflegen der vorhin gerichteten Spule werden diejenigen Stellen eingezeichnet, wo die Schaltenden aus der Bandumwicklung heraustreten. Die Schablone wird auf einen Gewindedorn geschoben, den man an die Werkband befestigen kann. Je nachdem das Wickelelement zwei oder mehrere Teilspulen besitzt, wickelt man von zwei oder mehreren Drahtspulen den Draht in die Schablone.

Die Schaltenden werden besonders mit Glanzgarnstrümpfen isoliert. Noch in der Schablone werden die Spulenseiten vorläufig mit Kupferdrähten zusammengehalten. Dort, wo die Schaltenden aus der Bandumwicklung heraustreten sollen, werden auf der Spule mit Farbstift nach den vermerkten Zeichen Striche gemacht.

Sodann kann das Wickelelement aus der Schablone entfernt und mit Leinenband umwickelt werden. Die Glanzgarnstrümpfe sollen dabei auf etwa ½ cm mit eingewickelt werden. Anfang und Ende des Leinenbandes werden mit Klebelack am Markenstrich leicht bestrichen und mit dem Umwickeln begonnen. Dieser Markenstrich ist so angesetzt, daß er außerhalb der Nut und an der unteren Seite liegt, wenn das Spulenelement verlegt ist.

Darnach kommt die Spule in die Spulenziehvorrichtung. Im Notfalle kann das Ziehen der Spulen mit zwei zu diesem Zwecke angefertigten Hölzern im Schraubstock vorgenommen werden. Sind die Wickelelemente gebrauchsfertig, so wird man die Schaltenden der Teilspulen etwa durch verschiedenfarbige Garnumwicklungen bezeichnen. Anfang und Ende einer Teilspule können mit der Prüflampe untersucht werden. — Das Einlegen der einzelnen Spulen geschieht in umgekehrter Weise wie deren Ausbau. — Man drückt die Spule mit der Hand in die mit Isolation ausgelegte Ankernute hinein und bringt sie mit Fiberkeil und Hammer in die richtige Lage. Die unteren Schaltdrähte können sogleich in die Schlitze der Stege gestemmt werden. Sind alle Spulen verlegt, so werden auch die oberen Schaltenden in die Schlitze eingestemmt und nachher bei schräg liegendem Kollektor eingelötet. Hierauf wird die Wicklung mit Stahldrahtbandagen gesichert. Die Bandage und Ankerkörper werden durch Preßspahnstreifen isoliert. — Auf mehreren Stellen liegt unter der Bandage noch ein dünner Kupferstreifen, der als Schloß für die Bandage dient und mit dieser verlötet wird. — Dann wird der Anker im Trockenofen erwärmt und nachher mit Isolierlack behandelt.

Stromwender dreht man auf der Drehbank ab. — Vor allem ist darauf zusehen, daß der ganze Anker gut zentriert ist, was bei etwas krummer Welle oder bei beschädigten Körnerlöchern oft sehr schwer zu erreichen ist. — Die Dreharbeit darf nur mit sehr sauber geschliffenen und scharfen Stählen durchgeführt werden. Die Schnittgeschwindigkeit soll dabei nicht zu klein sein. Zum Vordrehen soll der Stahl eine scharfe Spitze haben, um den harten Glimmer glatt abzudrehen.

Zum Nachschlichten nimmt man feines Schmirgelpapier und zum Polieren ebensolches mit etwas Öl. — Nach dem Abdrehen wird der Glimmer mit der Reißnadel auf etwa 1 mm ausgekratzt. Schließlich muß der Stromwender noch mit Prüflampe auf Körperschluß untersucht werden.

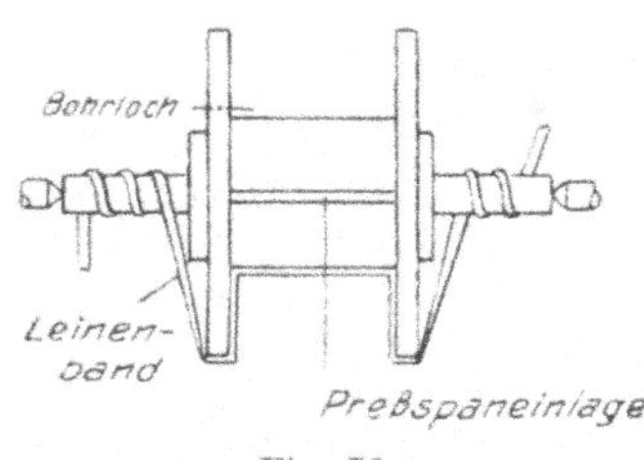

Fig. 70 a.

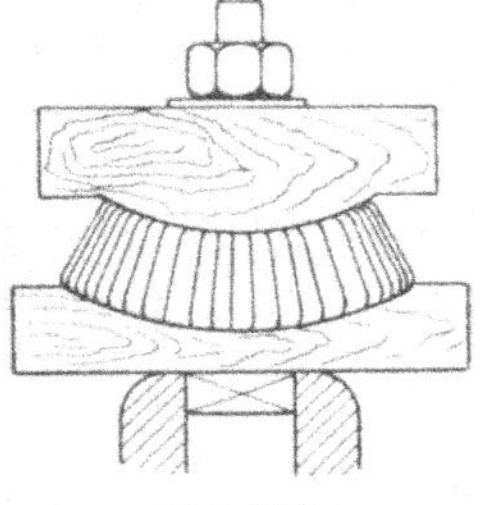
Fig. 70 b.

Ist eine Feldspule neu zu wickeln, so kann man Drahtquerschnitt und Windungszahl der beschädigten Spule entnehmen. Die Feldspulen kleinerer Motoren werden auf Holzschablonen hergestellt (Fig. 70 a). Die zwei Seitenteile der Schablone sind zwei kreisrunde Bretter von etwa 15 mm Stärke. Senkrecht auf beiden liegt die Zwischenlage, die der Form des Polkerns entspricht. Die Zwischenlage ist zweiteilig hergestellt, daß man sie nachher aus der gewickelten Spule leicht herausnehmen kann. Das eine Seitenteil erhält in der Nähe der Zwischenlage ein Bohrloch, in das der Anfang des Drahtes durchgezogen wird. Nun wird die Scha-

Fig. 71.

blone auf der Drehbank eingespannt. Ein Tourenzähler erleichtert das Aufbringen der richtigen Windungszahl.

Vor dem Wickeln klebt man Leinenbänder längs der Zwischenlage und an beiden Seitenteilen radial aufwärts; die freien Enden dieser Bänder wickelt man auf den Dorn. Nach einigen Drahtlagen werden diese Bänder umgeschlagen, so daß die ganze Wicklung nach Abziehen von der Schablone eine feste Spule bildet. — Außerdem wird die Spule nachher mehrmals mit Bindfaden gebunden. — Anfang und Ende des Drahtes müssen gut isoliert sein. Das Ende wird durch unterlegte Schlaufen aus Leinenband gezogen und so festgehalten. An das Ende lötet man eine mehradrige Kupferlitze, die gut isoliert wird. Meist müssen die Spulen noch geformt werden, da sie mit dem Rücken am runden Polgehäuse anliegen und der Polkern rund ausgedreht ist. — Die Spulen sind dann so zu verbinden, wie man es sich beim Ausbau vermerkt hat. Die Richtigkeit der Polfolge läßt sich außerdem leicht feststellen. Man schließt die Magnetwicklung an eine Stromquelle an. Sind die Spulen richtig geschaltet, so legt sich ein Eisennagel am Ankerumfang von Pol zu Pol, bei falscher Schaltung stellt er sich zwischen den Polen senkrecht auf den Anker auf.

Lieferungsbedingungen.

Jede Gleichstrommaschine muß einen Schild haben, auf dem folgendes anzugeben ist:

1. Firma,
2. Benutzungsart,
3. Nummer,
4. Belastbarkeit,
5. ordentliche Spannung,
6. ordentliche Stromstärke,
7. Betriebszeit,
8. Drehzahl bei Vollast.[1])

Motoren ohne Wendepole müssen von ein Viertel bis Vollast bei unveränderter Bürstenstellung funkenfrei laufen, bei Wendepolen aber von Leerlauf bis fünf Viertel Last.

---

[1]) Normale Spannungen für Motoren sind $E = 110$, 220 440 Volt. Die Bezeichnung Dauerbetrieb zeigt an, daß der Motor die angegebene Leistung beliebig lange Zeit innehalten kann, ohne daß die Temperaturzunahme die erlaubten Grenzen überschreitet. — Ist auf dem Schilde die Betriebszeit nicht angegeben, so gilt die angegebene Belastbarkeit für Dauerbetrieb. Es kann aber auch »kurzzeitiger Betrieb« angegeben sein. Dann braucht die Belastbarkeit nur die vereinbarte Zeit innegehalten werden, ohne daß die Temperaturen die erlaubten Grenzen überschreiten. Für einen kurzzeitigen Betrieb ist die vereinbarte Zeit am Schilde anzugeben. 10, 30, 60 oder 90 Minuten.

Die Temperaturzunahme ist bei ordentlicher Belastung nach Eintritt einer annähernd gleichbleibenden Übertemperatur zu messen. Bei kurzzeitigem Betrieb nach Ablauf der auf dem Schild angegebenen Betriebszeit.

Als erlaubte Temperaturzunahme gilt:

a) für Magnetwicklungen mit Baumwollisolation . . . . . 50° C,
mit Papierisolation . . . . 60° C,

b) für Ankerwicklungen mit Baumwollisolation . . . . . 40° C,
mit Glimmerisolation . . . . 80° C,

c) für Kollektoren . . . . 55° C,

d) für Lager . . . . 45° C.

Motoren müssen bis zu einer bestimmten Grenze überlastbar sein, ohne die erlaubten Temperaturen zu überschreiten.

Man rechnet für Motoren und Generatoren 25 vH Überlast durch eine halbe Stunde und für Motoren 40 vH Überlast während drei Minuten.

Die Isolation der Magnetspulen gegen Eisen, der Ankerspulen gegen Eisen kann untersucht werden (s. S. 39). Vorgeschrieben ist eine Prüfung auf Isolierfestigkeit. Die Maschinen müssen imstande sein, die Durchschlagsprobe eine Minute lang auszuhalten.

Die dabei verwendete Spannung soll 2½mal so groß sein als die Betriebsspannung, mindestens aber 1000 Volt. — Dabei ist die Spannung allmählich zu steigern, bis sie den vorerwähnten Betrag erreicht.

Wechselstromtheorie.

Gesetze des Einphasenstromes. Phasenunterschied. Elektromotorische Kraft der Selbstinduktion. Blindwiderstand. Leistung des Wechselstroms. Einfluß der Phasenverschiebung auf den Querschnitt der Leitungen. Der Dreiphasenstrom. Stern- und Dreieckschaltung. Die verkettete Spannung. Stromverteilung. Die Leistung des Dreiphasenstromes. Berechnung der Leitungsquerschnitte für Dreiphasenstrom. Faustformeln. Die Erzeugung des Drehfeldes. Die grundsätzliche Wirkungsweise des Drehstrommotors.

Gesetze des Einphasenstroms. Denken wir uns ringförmige, auf einer Seite mit Seidenpapier isolierte Bleche nach Fig. 70 zu einem Blechpaket zusammengebaut und von einem eisernen Mantel getragen. In dem Blechpaket seien vorerst nur zwei Nuten, bei *b* und *d*, vorhanden. In diesen Nuten liegt eine Spule mit den beiden Spulenseiten *b* und *d*. Die Enden der Spule führen zu zwei Klemmen. Innen kann sich ein Magnet drehen. Der Magnet wird von einem Gleichstrome erregt, den wir von einem Gleichstromnetz oder von einer kleinen Gleichstrommaschine entnehmen, die auf den Wellenstumpf der gezeichneten Maschine aufgebaut sein kann. Mittels zweier Bürsten und zweier Schleifringe wird der Gleichstrom dem „Polrad“ zugeführt. Die

Pole haben eine runde Form, so daß der Luftspalt und daher auch die Induktion $\mathfrak{B}$ im Luftspalte verschieden groß sind. In der gezeichneten Lage wird bei *a* die Induktion $\mathfrak{B}$ Null sein. Sie wächst, wenn wir am inneren Umfange vorwärts schreiten, wird bei *b* den Höchstwert erreichen, dann wieder abnehmen, um bei *c* abermals Null zu werden. Dasselbe wiederholt sich von *c* über *d* nach *a* zurück. Nur treten hier die Kraftlinien aus dem „Ständer" aus, um in den Südpol einzutreten.

Denken wir uns den inneren Rand des Ständers abgewickelt und aufgerollt, wie Fig. 73 zeigt, und die Induktionen als Lote aufgetragen, so erhalten wir eine Kurve, die den gezeigten Verlauf hat. Man nennt sie eine Sinoide.

Denken wir uns nun dieses Feld

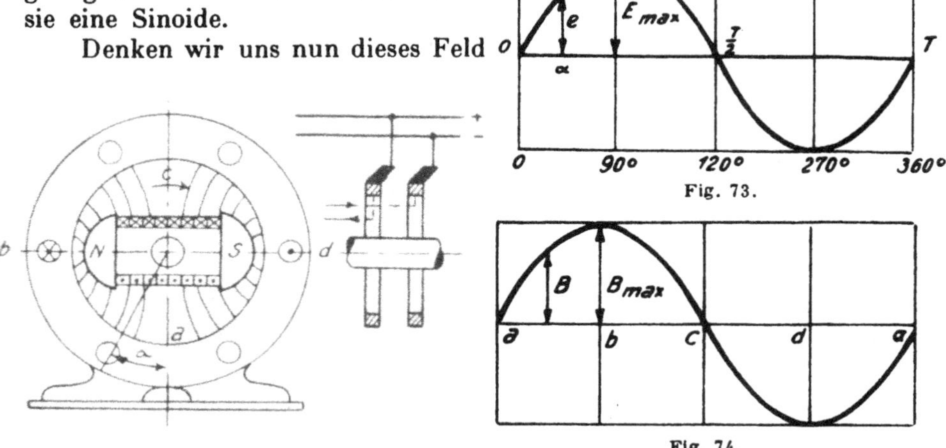

Fig. 73.

Fig. 74.

gedreht, so wird in jedem Augenblicke in den Spulenseiten eine E. M. K. geweckt, die der augenblicklichen Induktion angemessen sein muß:

$$C = \mathfrak{B} \cdot l \cdot v \cdot 10^{-8} \text{ Volt.}$$

Der Nordpol befinde sich bei *a*. Dann ist das Feld bei *b* Null, also auch die E. M. K. in der Spule Null. Nähert sich der Nordpol dem Orte *b*, so wird die E. M. K. größer, erreicht bei *b* den Höchstwert. Jetzt bewegt sich der Nordpol weiter; das Feld im Orte *b* wird schwächer, daher auch die E. M. K. in der Spule. Ist der Nordpol bei *c* angelangt, so ist die E. M. K. in der Spule wieder Null. Verwenden wir die Handregel, so ergibt sich, daß in der Spule eine E. M. K. wirkte, die einen Strom durch die Spule und den äußeren Stromkreis treiben kann, der in der linken Spulenseite bei *b* von uns wegfließt und bei *d* auf uns zukommt. Das ändert sich aber, wenn der Nordpol von *c* dem Orte *d* sich nähert. Der Strom hätte jetzt die entgegengesetzte Richtung. Ist der Nordpol wieder bei *a* angelangt, so ist ein Spiel, eine Periode zu Ende. Tragen wir die dazugehörige Zeit *T* auf einer Wagrechten auf, zu den augenblicklichen Zeiten als Lote die augenblicklichen E. M. K. in der Spule, so erhalten wir Fig. 74.

Es ist augenscheinlich, daß der Verlauf der E. M. K. in der Zeit T ebenfalls eine Sinoide sein muß. — Die Anzahl der Spiele in einer Sekunde nennen wir die F r e q u e n z des Wechselstromes. Die gewöhnlichen Frequenzen sind $f = 50$, $f = 25$ und $f = 16^2/_3$.

Ein Wechselstrom ist vollkommen gegeben, wenn man seine Form kennt, den Höchstwert E_{max} und seine Frequenz.

Spannung und Stromstärke sind veränderlich. Wenn man nun von einer Stromstärke eines Wechselstroms spricht, so kann man nur einen M i t t e l w e r t denken. — Man mißt den Strom mit einem effektiven Mittelwert, den auch die Meßinstrumente unmittelbar anzeigen. Es ist dies jener Mittelwert, der quadriert und mit dem Widerstande des Apparates, den er durchfließt, multipliziert die wahre Leistung in Watt angibt, und zwar nach der uns bekannten Formel:

$$N = J^2 \cdot R.$$

Sind nun in dem äußeren Stromkreis unserer einfachen, in Fig. 76 dargestellten Wechselstrommaschine Glühlampen vom Widerstande R eingeschaltet, so gilt wie bei Gleichstrom

$$J = \frac{E}{R} \text{ Ampere}$$

und

$$N = J^2 \cdot R = J \cdot E \text{ Watt.}$$

Ganz anders wird nun die Sache, wenn außer den Glühlampen noch sog. induktive Widerstände vorhanden sind, wie z. B. die Ständerwicklung eines Wechselstrommotors oder irgendeine Spule mit Eisenkern, die ein kräftiges Magnetfeld erzeugen kann.

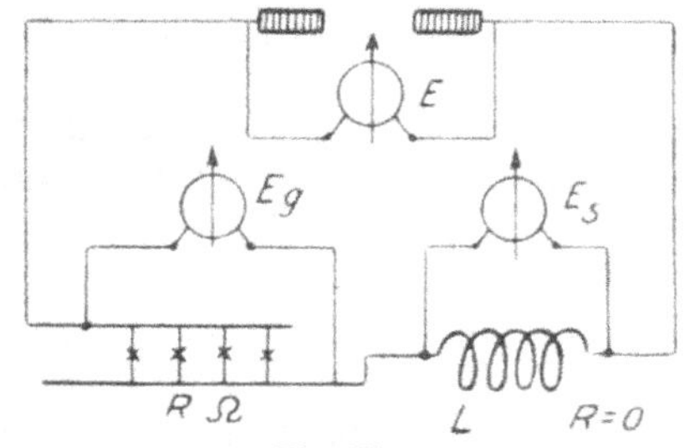

Fig. 75.

In Fig. 75 ist ein solcher Stromkreis gezeichnet.

E ist die verfügbare Wechselstromspannung. Der Strom fließt durch die Glühlampen mit dem Widerstande R. Die Glühlampenspannung ist $E_g = J \cdot R$; hierauf fließt der Strom in eine Eisenspule, deren Ohmscher Widerstand so klein sein soll, daß wir ihn vernachlässigen können. An der Spule zeigt sich, vom Voltmeter angezeigt, die Spannung E_s.

Durch die Lampen und durch die Spule fließt ein und derselbe Wechselstrom J.

Ist in irgendeinem Augenblicke die Stromstärke i, so ist die augenblickliche Glühlampenspannung $i \cdot R$. Ist $i = o$, so ist die Glühlampenspannung $o \cdot R = o$. Hat i den Höchstwert erreicht, so ist auch die Glühlampenspannung ein Höchstwert.

$$J_{max} \cdot R = E_{max}.$$

Strom und Glühlampenspannung haben gleiche Phase, sagt man. Höchstwerte treten also zu gleicher Zeit auf. Wird der Strom i in der Spule größer, so entwickelt sich das Feld (s. S. 61) und es scheint von a aus (Fig. 76) eine magnetische Welle auszugehen, die die einzelnen Drähte der Spule schneidet. Nach der Handregel ergibt sich, daß bei zunehmendem Strom diese E. M. K. die entgegengesetzte Richtung des Stromes besitzt. Diese E. M. K. ist also in dieser Zeit eine elektromotorische Gegenkraft, die das Anwachsen des Stromes verhindern will. Steht das Feld still, so gibt es auch keine Kraftlinienschnitte mehr, die E. M. K. ist Null; das tritt also in dem Augenblick ein, wo J den Höchstwert erreicht hat. $J \cdot N$, die Amperewindungen, erzeugen das Feld. Das Feld Φ, der Strom J und die Glühlampenspannung E_g sind untereinander gleichphasig, wie dies aus Fig. 77 zu ersehen ist.

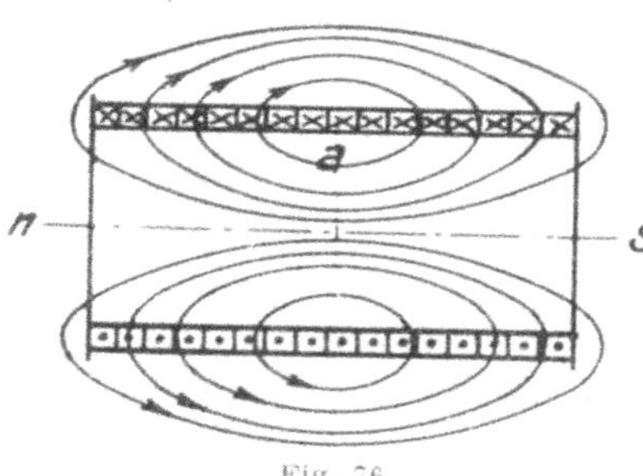

Fig. 76.

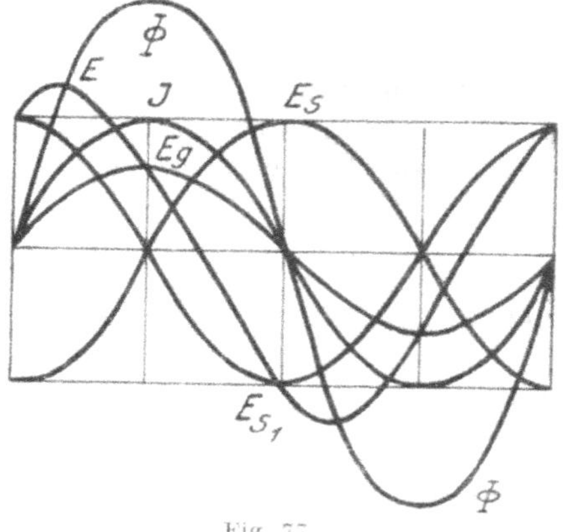

Fig. 77.

Die Spannung E_s an der Spule aber ist in dem Augenblicke Null, wo das Feld am größten ist. Denn in diesem Augenblick steht das Feld eine unendlich kleine Zeit still, um dann sofort wellenartig in den Ursprung zurückzukehren, abermals die Windungen zu schneiden und wieder eine E. M. K. zu erzeugen, die jetzt der Handregel nach dieselbe Richtung wie der Strom besitzt. Den Höchstwert zeigt die Spulenspannung, wenn der Strom durch den Wert Null hindurchgeht. Die Spannung E_s an der Spule hat nun den Verlauf, wie Fig. 81 zeigt. Sie erreicht ihren Höchstwert eine Viertelperiode später als der Strom oder das Feld. Man sagt, die Spulenspannung hinkt dem Strome um eine Viertelperiode nach, das ist auch die Zeit, die das Polrad braucht, um 90 Grade zurückzulegen. Man sagt kürzer, die Spulenspannung hinkt dem Strome oder dem Felde um 90° nach.

Die eingeschaltete Spule ist, näher betrachtet, selbst eine Wechselstrommaschine. Die Spulenwindungen sind die Magnetwicklung, die vom veränderlichen Strom i durchflossen, ein flackerndes Feld erzeugen.

Die Spule ist aber zu gleicher Zeit auch der Anker, weil das flackernde Feld die Windungen schneidet und daher die E. M. K. in der Spule erzeugt. Diese E. M. K. nennen wir daher eine elektromotorische Kraft der Selbstinduktion. Da die Spule keinen Ohmschen Widerstand besitzt, so kann sie auch keine Energie verzehren. Und doch wird man glauben müssen, daß sie einen Ohmschen Widerstand hat. Derjenige, der die eben beschriebenen Umstände nicht kennt und der am Voltmeter den effektiven Mittelwert E_s dieser Spannung, am Amperemeter den effektiven Mittelwert J abgelesen hat, wird gewohnheitsgemäß schreiben:

$$E_s = J \cdot \underline{R_s}.$$

R_s ist also nur ein scheinbarer Widerstand. Da er keine Energie verzehrt, hat man ihn Blindwiderstand genannt.

Diese elektromotorische Kraft der Selbstinduktion E_s muß also, damit der Strom J überhaupt entstehen kann, von der aufgedrückten Spannung E überwunden werden. Jener Teil von E, der dies besorgt, muß in jedem Augenblicke so groß wie e_s, aber entgegengesetzt gerichtet sein. Das ist im Bilde 81 die Linie Es_1. — Außerdem hat die Klemmenspannung die Glühlampenspannung E_g zu erzeugen. Addiert man die augenblicklichen Lote, dem Vorzeichen entsprechend, so erhält man die aufgedrückte Spannung E. Jetzt sieht man aus der Figur, daß die Maschinenspannung (das ist die aufgedrückte Spannung) E und der Maschinenstrom J nicht in Phase sind. Es hinkt der Maschinenstrom der Spannung um einen bestimmten Winkel nach.

In Fig. 76 kann man sich die bestehenden Verhältnisse versinnbildlichen.

$0_a = E$ = Maschinenspannung.
$0_p = E_g$ = Glühlampenspannung.

Glühlampenspannung, Strom und Feld haben gleiche Phase. Die Maschinenspannung eilt um den Winkel φ voraus. φ ist also die Phasenverschiebung zwischen J und E.

Leistung kann nur in den Lampen verbraucht werden. Sie ist

$$N = J^2 \cdot R.$$

Da

$$J \cdot R = E_g$$

ist, muß

$$N = E_g \cdot J.$$

Nun ist in Fig. 78 im rechtwinkligem Dreiecke E_g die dem Winkel φ anliegende Kathede, also $E_g = E \cdot \cos\varphi$. Setzen wir diesen Wert in vorige Gleichung ein, so erhalten wir

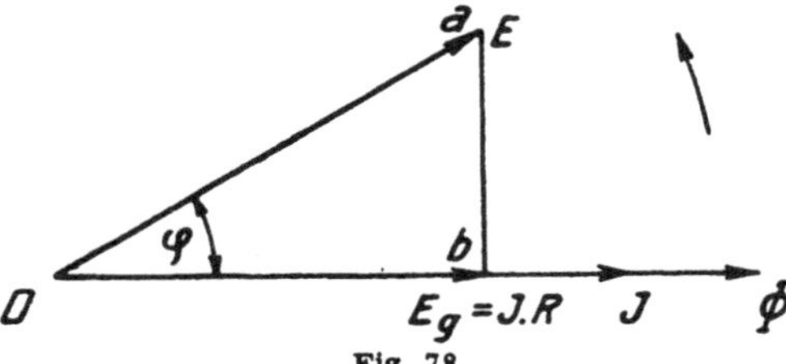

Fig. 78.

$$N = E \cdot J \cdot \cos\varphi.$$

$\cos\varphi$ nennt man den Leistungsfaktor. Er ist bei Wechselstromnetzen etwa 0,8 und rührt eben von der induktiven Belastung im Netze her.

Der Leistungsfaktor ist den Zentraten eine unangenehme Beigabe. Man trachtet mit allen Mitteln, ihn womöglich gleich Eins zu machen. Ein Beispiel soll das erklären.

Auf Seite 32 haben wir die Formel abgeleitet:

$$q = \frac{2 \cdot N \cdot 10^5 \cdot l}{E_1^2 \cdot k \cdot p} \text{ mm}^2.$$

Diese Formel gilt für Gleich- und Wechselstrom, solange bei letzterem keine induktive Belastung vorhanden ist.

Es seien nun abermals N Kilowatt zu übertragen, nur sei eine Phasenverschiebung φ vorhanden. Dann ist die zu übertragende Leistung

$$N = E_1 \cdot J \cos\varphi \text{ Watt},$$

$$J = \frac{N \cdot 1000}{E_1 \cdot \cos\varphi},$$

wenn N in Kilowatt gegeben ist.

Wir wollen wieder annehmen, daß wir in der Leitung einen Leistungsverlust von p vH zulassen wollen, was ja bei Gleichstrom einem Spannungsabfall von p vH entspricht.

Dann ist

$$\frac{1000\,N \cdot p}{100} = J^2 \cdot \frac{2\,l}{kq},$$

wenn N in Kilowatt gegeben ist.

$$10 \cdot N p k q = 2\,J^2 \cdot l$$

$$q = \frac{2\,J^2 \cdot l}{10 \cdot N \cdot p \cdot k}.$$

Nun ist

$$J^2 = \frac{N^2 \cdot 10^6}{E_1^2 \cdot \cos^2\varphi}$$

$$q = \frac{2\,N^2 \cdot 10^6\, l}{10 \cdot N \cdot p \cdot k \cdot E_1^2 \cdot \cos^2 \varphi}.$$

$$q = \frac{2\,N \cdot 10^5\, l}{E_1^2 \cdot k \cdot p \cdot \cos^2 \varphi}.$$

Vergleichen wir diese beiden Querschnitte! Der erstere soll q, der zweite q_φ heißen.

$$q : q_\varphi = 1 : \frac{1}{\cos^2 \varphi}$$

$$q : q_\varphi = \cos^2 \varphi : 1$$

$$q_\varphi = \frac{q}{\cos^2 \varphi}.$$

Ist beispielsweise $\cos \varphi = 0{,}8$, $\cos^2 \varphi = 0{,}8^2 = 0{,}64$

$$q_\varphi = \frac{q}{0{,}64} = 1{,}56 \cdot q.$$

das heißt nun: Soll bei $\cos \varphi = 0{,}8$ dieselbe Leistung übertragen werden, so muß unter sonst gleichen Umständen der Querschnitt 1,56mal so groß gewählt werden. Bleibt aber der Querschnitt derselbe, so wird in demselben Maße die übertragene Leistung kleiner. Denn J wird um 56 vH größer werden müssen. Daher wird der Verlust in der Leitung nicht mehr p vH, sondern größer.

Ein anderes Beispiel. Es soll ein 20pferdiger Wechselstrommotor angeschlossen werden.

$$E = 440 \text{ Volt.} \qquad \cos \varphi = 0{,}8.$$

Wieviel Ampere werden in der Zuleitung sein, wenn wir den Wirkungsgrad des Motors auf 0,9 schätzen?

Die zuzuführende Leistung

$$N = \frac{736 \cdot 20}{0{,}9} = 16\,400 \text{ Watt.}$$

Es ist aber auch

$$N = E \cdot J \cdot \cos \varphi.$$

$$J = \frac{N}{E \cdot \cos \varphi} = \frac{16\,400}{440 \cdot 0{,}8} = 46{,}4 \text{ Ampere.}$$

Gesetze des Dreiphasenstroms.

Bringen wir auf den Ständer der Wechselstrommaschine statt einer Spule drei Spulen, deren Anfänge gegenseitig um 120° verschoben sind, so haben wir die Einphasenmaschine verdreifacht.

Die Maschine wird sechs Klemmen besitzen. Je zwei Klemmen gehören zu einer Phase. Sind die Spulen untereinander gleich, so ist augenscheinlich, daß in allen drei Spulen dieselbe E. M. K. erzeugt werden wird. Die Form, der Höchstwert und die Frequenz werden dieselben sein. Der einzige Unterschied wird darin bestehen, daß in Phase 2 der Höchstwert später eintreten wird, und zwar um so viel später, als das Polrad braucht, 120° zurückzulegen. Dieselbe Phasenverschiebung wird die E. M. K. der Phase 3 gegen Phase 2 besitzen. Jede der Phasen kann nun durch einen äußeren Stromkreis belastet werden. Alle drei Stromkreise sind vollkommen unabhängig voneinander. Fig. 80 zeigt den Verlauf der drei E. M. K.

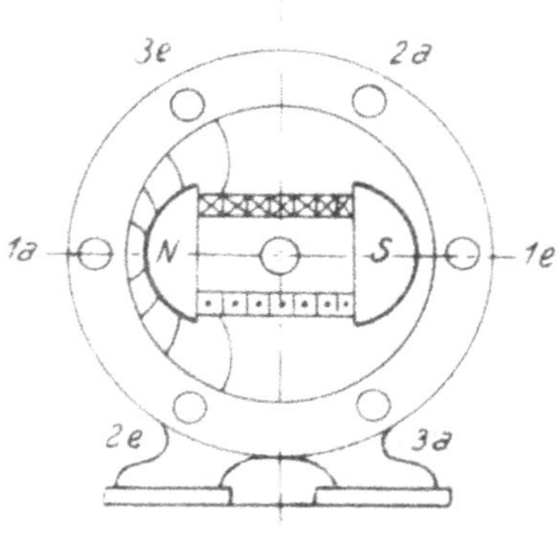

Fig. 79.

Nun kann man aber die drei Phasen voneinander abhängig machen.

a) Wir schließen die drei **Anfänge** oder die drei Enden untereinander kurz. Das Eigentümliche ist, **daß** im Kurzschlußpunkt überhaupt keine Spannung mehr ist. Man sagt, daß

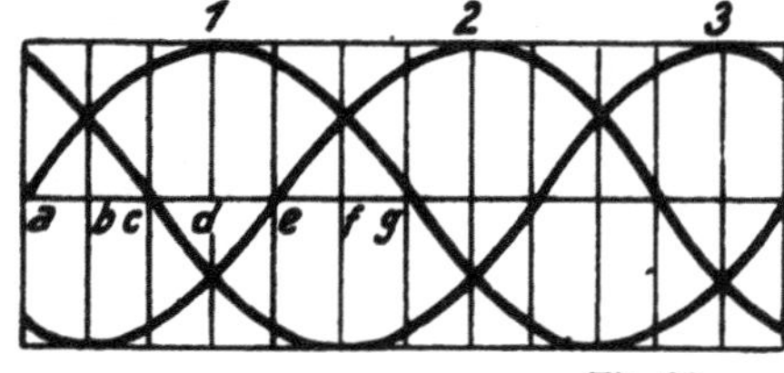

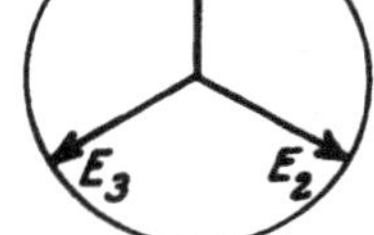

Fig. 80.

die drei Phasen im „S t e r n" geschaltet seien. Daß die Spannung im Kurzschlußpunkt Null sein muß, kann man aus Fig. 80 ersehen. Im Augenblicke *e* z. B. ist die E. M. K. in Phase 3 Null, die E. M. K. in Phase 1 ist etwa + 86,5 vH des Höchstwertes und in Phase 2 ist die E. M. K. — 86,5 vH des Höchstwertes. Die beiden letzteren sind so gerichtet, daß sie sich gegenseitig aufheben. Das ist nun in jedem Augenblick so. Die E. M. K., die durch das Drehfeld in den einzelnen Phasen erzeugt wird, nennen wir die E. M. K. einer Phase. Legt man ein Voltmeter an den Nullpunkt und an das Ende einer Phase, so wird es die E. M. K. dieser Phase anzeigen. Sie wäre z. B. 220 Volt. (Fig. 81.)

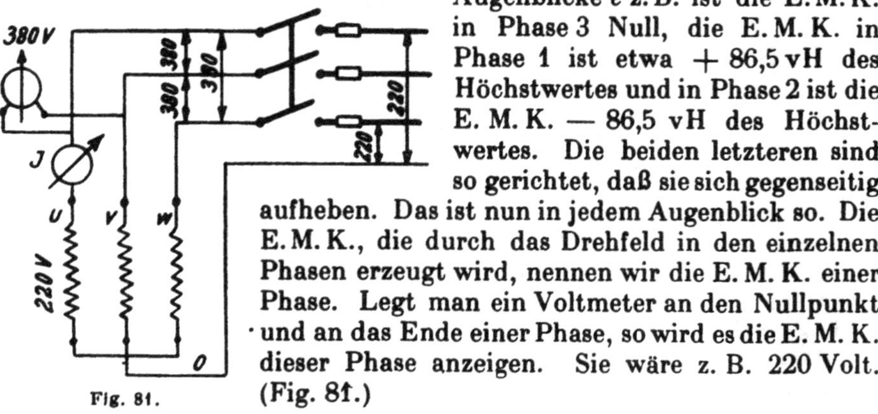

Fig. 81.

Welche Spannung zeigt nun ein Voltmeter, das wir zwischen $u - v$ oder $v - w$ oder $w - u$ anlegen?

Der Versuch würde die Spannung 380 Volt geben. Diese Spannung nennen wir die verkettete Spannung. Allgemein ist

$$E_v = E \cdot \sqrt{3} = 1{,}73 \cdot E.$$

Die Sternschaltung hat das Angenehme, daß man der Maschine zweierlei Spannungen entnehmen kann, wenn man den Nullpunkt zu

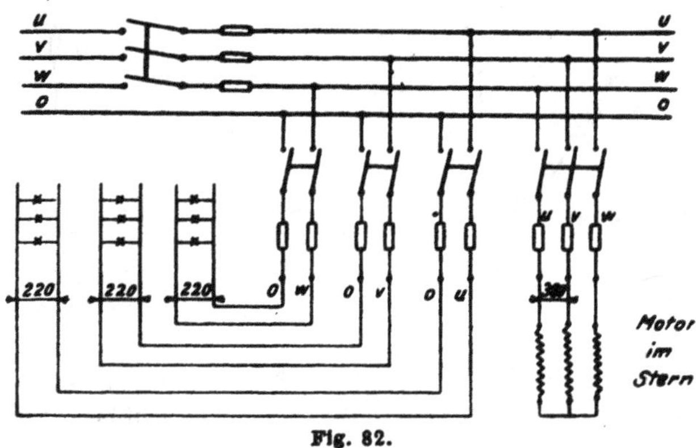

Fig. 82.

einer Klemme führt. Fig. 82 zeigt, wie dann die zweierlei Spannungen verwendet werden.

Die Zuleitung hat vier Stränge, die drei „Phasen" und den Nullleiter. Zwischen je einer Phase und dem Nulleiter sind Lampen angeschlossen. Lichtspannung ist 220 Volt. Ein Motor liegt an den Phasen 1, 2, 3. Die Motorspannung ist

$$220 \cdot \sqrt{3} = 220 \cdot 1{,}73 = 380 \text{ Volt.}$$

b) Man kann aber auch im Generator (Fig. 79) das Ende der ersten Phase mit dem Anfange der zweiten, das Ende der zweiten mit dem Anfange der dritten und das Ende der dritten mit dem Anfang der ersten Phase zu einem Ring zusammenschließen. Nun sollte man glauben, daß das ja einen Kurzschluß ergeben müßte. Das ist nicht so. In jedem Augenblicke haben die elektromotorischen Kräfte der drei Phasen eine solche Größe und Richtung, daß die im Ringe wirkende E. M. K. Null, daher auch der Strom im Ring Null ist. Dort, wo zwei Phasen zusammentreffen, nimmt man eine Ableitung zur Klemme. Der Generator hat wieder drei Klemmen. Die von einem Voltmeter (das an zwei Klemmen gelegt wurde) angezeigte Spannung zeigt die E. M. K. einer Phase an. Diese Schaltung nennen wir die „Dreieckschaltung", wie sie auch Fig. 83 andeutet.

Fig. 84 zeigt die Stromverteilung, wenn nur drei Phasen zur Verfügung stehen. Es ist dabei ganz gleichgültig, ob die Leitungen 1, 2, 3 von einem Generator in Stern- oder Dreieckschaltung kommen.

Sind alle drei Phasen gleichbelastet, so kann man die Belastung einfach rechnen. Nehmen wir an,

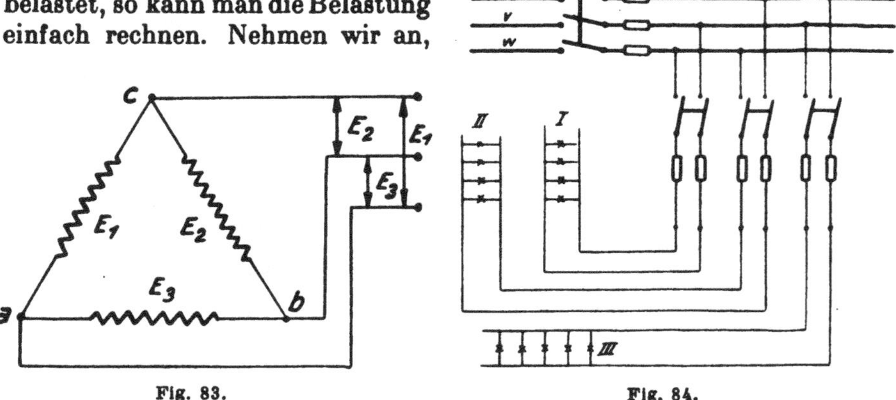

Fig. 83. Fig. 84.

daß der Generator im Stern geschaltet sei. Ist die Phasenspannung E, der Strom, der in einer Phase fließt, J, φ die Phasenverschiebung, so ist die Leistung in einer Phase

$$N = E \cdot J \cdot \cos \varphi$$

und in drei Phasen

$$N = 3 \cdot E \cdot J \cdot \cos \varphi.$$

Ist der Nullpunkt nicht erreichbar, so kann man nur die verkettete Spannung E_k messen. Wir müssen sie daher in die obige Formel hineinbringen.

$$E_k = E \cdot \sqrt{3}$$

$$E = \frac{E_k}{\sqrt{3}}$$

$$N = 3 \cdot \frac{E_k}{\sqrt{3}} \cdot J \cdot \cos \varphi$$

$$\underline{N = E_k \cdot J \cdot \sqrt{3} \cdot \cos \varphi.}$$

Diese Formel gilt allgemein für Generatoren und Motoren, für Stern- und Dreieckschaltung.

B e i s p i e l. Durch einen Leistungszeiger wurde die Belastung einer Zentrale mit 1200 kW abgelesen. Die Spannung betrug 10 000 Volt. Das Amperemeter zeigte auf 90 Ampere. Wie groß ist der Leistungsfaktor?

$$N = E_k \cdot J \cdot \sqrt{3} \cdot \cos\varphi$$

$$\cos\varphi = \frac{N}{E_k \cdot J \cdot \sqrt{3}}$$

$$\cos\varphi = \frac{1\,200\,000}{10\,000 \cdot 90 \cdot 1{,}73}$$

$$\cos\varphi = 0{,}77.$$

Es soll nun eine Leistung von N Kilowatt mittels Dreiphasenstroms auf eine bestimmte Entfernung von l Meter übertragen werden. In der Leitung wird ein Verlust von p vH zugelassen. Die Spannung zwischen zwei Leitern sei am Anfange der Leitung E_1. Wie groß wird der Querschnitt einer Leitung? Ist die zu übertragende Leistung N Kilowatt, so ist der Verlust

$$N_r = \frac{N \cdot 1000 \cdot p}{100} \text{ Watt}$$

$$N_r = 10 \cdot N \cdot p \text{ Watt.}$$

Dieser Verlust wird in allen drei Leitern in Wärme umgesetzt:

$$N_r = 3 \cdot J^2 \cdot R,$$

wenn R der Ohmsche Widerstand einer Leitung ist.

$$R = \frac{l}{k \cdot q}$$

$$N_r = 3\,J^2 \cdot \frac{l}{kq}.$$

Aus dieser Gleichung berechnen wir den Querschnitt

$$q = \frac{3\,J^2 \cdot l}{N_r \cdot k}$$

$$q = \frac{3\,J^2 \cdot l}{10 \cdot N \cdot pk}.$$

Nun ist

$$N = E_k \cdot J\,\sqrt{3}\,\cos\varphi \text{ Watt}$$

$$N^2 = 3\,E_k^2\,J^2 \cos^2\varphi \text{ und}$$

und

$$J^2 = \frac{N^2}{3\,E_k \cdot \cos\varphi}.$$

Diesen Wert setzen wir in die Formel für q ein:

$$q = \frac{3\,N^2 \cdot l \cdot 10^6}{3\,E_k^2 \cos^2\varphi \cdot 10 \cdot N \cdot p \cdot k},$$

wenn wir N in Kilowatt einsetzen:

$$q = \frac{N \cdot l \cdot 10^5}{E_k^2 \cdot k \cdot p \cdot \cos^2 \varphi}.$$

Vergleichen wir diese Formel mit der, die wir für einfache Wechselstromübertragung erhalten haben. Dort war

$$q = \frac{2\,N \cdot l \cdot 10^5}{E_k^2 \cdot k \cdot p \cdot \cos^2 \varphi}.$$

Sind nun E_k, $p\,l$, $\cos\varphi$ für beide Übertragungsarten dieselben, so wird man bei Wechselstrom den doppelten Querschnitt brauchen. Bei Wechselstrom hat man aber nur zwei, bei Dreiphasenstrom drei Leiter. Der Materialaufwand an Leitungskupfer wird daher bei Wechselstrom $2\,q \cdot C$, bei Dreiphasenstrom $3\frac{q}{2} \cdot C$ sein. — Das Verhältnis ist somit

$$\frac{4\,q}{2} \cdot C : \frac{3\,q}{2} \cdot C = 4:3.$$

Man braucht also bei der Übertragung mit einfachem Wechselstrom 25 vH mehr Kupfer als bei Übertragung mit Dreiphasenstrom.

Wir wollen wieder die Formel

$$q = \frac{N \cdot l \cdot 10^5}{E_k^2 \cdot k \cdot p \cdot \cos^2 \varphi}$$

für den praktischen Gebrauch handlich machen. Setzen wir wieder statt Kilowatt Pferdestärken ein und berücksichtigen den Wirkungsgrad des anzuschließenden Motors mit η, so wird der Querschnitt

$$q = \frac{N \cdot l \cdot 10^5 \cdot 0{,}736}{E_k^2 \cdot k \cdot p \cdot \cos^2 \varphi \cdot \eta}.$$

Bei den vorkommenden Rechnungsfällen werden wir k mit 50, den prozentualen Verlust in der Leitung mit 2 vH, $\cos\varphi$ mit 0,8 und den Wirkungsgrad η mit 0,8 annehmen. Als gewöhnlichst vorkommende Spannung wählen wir $E = 380$ Volt.

Dann wird für diesen besonderen Fall

$$q = \frac{N \cdot l \cdot 10^5 \cdot 0{,}736}{380 \cdot 380 \cdot 50 \cdot 2 \cdot 0{,}8 \cdot 0{,}8 \cdot 0{,}8},$$

$$q = 0{,}01 \cdot N \cdot l,$$

wo N wieder in Pferdestärken und l in Meter zu setzen ist.

Wir sehen nun, daß dies zufällig dieselbe Formel ist, die wir bei gleichen Annahmen für Gleichstrom und 440 Volt erhalten haben. —

Dadurch erhält die Formel

$$\underline{q = 0{,}01 \cdot N \cdot l}$$

für den Praktiker einen besonderen Wert.

B e i s p i e l. Es soll ein 25pferdiger Drehstrommotor an eine Spannung von 220 Volt angeschlossen werden. Die Entfernung ist 80 m. Den prozentualen Verlust kann man in diesem Falle wegen genügend hoher Anschlußspannung mit 3 vH annehmen. Welchen Querschnitt erhält eine Leitung? Bei 380 Volt und 2 vH Verlust würde

$$q = 0{,}01 \cdot N \cdot 2$$

$$= 0{,}01 \cdot 25 \cdot 80$$

$$q = 20 \text{ mm}^2.$$

Da ein 3proz. Verlust erlaubt wird, ist

$$q = 20 \cdot \frac{2}{3} = \frac{40}{3} = 13{,}33 \text{ mm}^2.$$

Da aber die Spannung nur 220 Volt ist, wird

$$q = 13{,}33 \frac{380 \cdot 380}{220 \cdot 220} = 40 \text{ mm}^2,$$

ausgeführt mit 35 mm². Dieser Querschnitt kann dauernd mit höchstens 125 Ampere belastet werden. Die Nennstromstärke für die Sicherung ist 100 Ampere. — Die wirkliche Stromstärke ist bei Vollast aus der Formel zu rechnen:

$$N = P \cdot J \cdot \cos\varphi \cdot \sqrt{3}$$

$$J = \frac{N}{P \cdot \cos\varphi \cdot \sqrt{3}}$$

$$N = \frac{25 \cdot 736}{0{,}8} = 23\,000 \text{ Watt}$$

$$J = \frac{23000}{220 \cdot 0{,}8 \cdot 1{,}73} = \underline{76{,}5 \text{ Ampere.}}$$

D a s D r e h f e l d.

Denken wir uns einen Ständer mit 3 Phasen bewickelt. Sie seien im Stern geschaltet. An die drei Klemmen u, v, w schließen wir einen Dreiphasenstrom an. In der Bohrung des Ständers befindet sich aber kein Magnetgestell wie in Fig. 77, sondern ein Läufer, der wie der Anker einer Gleichstrommaschine aus Blechen aufgebaut ist und Nuten besitzt. In den Nuten können nun Kupferstäbe eingelegt werden, die an ihren Stirnseiten je durch einen Kupferring kurzgeschlossen sind

(Kurzschlußläufer) oder die wie der Ständer eine Dreiphasenwicklung tragen, die im Stern oder im Dreieck geschaltet sein können. In diesem Fall werden die Phasenenden zu drei Schleifringen geführt, auf denen Bürsten schleifen (Phasenanker). Zwischen Läufer und Ständer bleibt ein kleiner Luftspalt frei, der bei kleinen und mittleren Maschinengrößen nur Bruchteile eines Millimeters weit ist.

Nun wollen wir nachsehen, was sich begibt, wenn wir den Dreiphasenstrom in den Ständer leiten. Die Wicklung des Läufers hat mit der Wicklung des Ständers nichts zu tun. Wir betrachten die einzelnen Phasenströme in den Augenblicken, die durch die Buchstaben *a*, *b*, *c* und *d* in der Fig. 83 a gekennzeichnet sind.

Im Augenblicke *a* ist der Strom in Phase 1 Null, in Phase 2 negativ und in Phase 3 positiv.

Wir vereibaren nun, daß ein positiver Strom in der Anfangsseite (1 a, 2 a, 3 a) der Spule von uns wegfließt, daher in der anderen Spulenseite auf uns zukommt. Tragen wir nun die Stromrichtungen in Fig 85 a ein, so erhalten wir das gezeichnete Bild. Die stromdurchflossenen Drähte werden wegen des kleinen Luftspalts ein kräftiges Feld erzeugen. Dieses umhüllt die Leiter, die wegführenden Strom haben, im Sinne

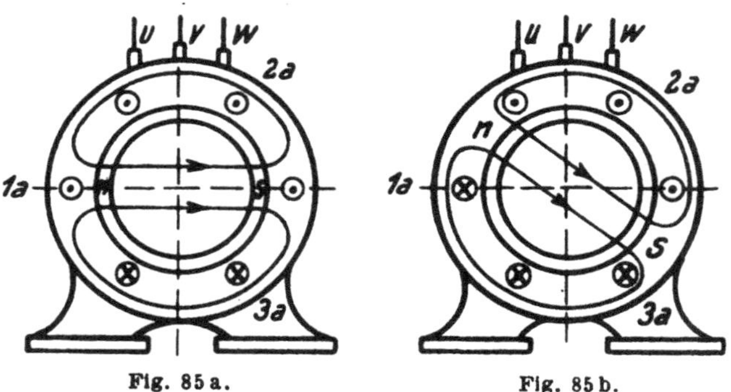

Fig. 85 a. Fig. 85 b.

des Uhrzeigers, wie die Regel angibt. Es entsteht im Ständer, bei 1 a ein Nordpol und gegenüber ein Südpol. Dort ist auch die Induktion 𝔅 im Luftspalt am größten.

Fig. 85 b zeigt den Zustand um 30 Teilgrade später. Die Phasenströme 1 und 3 sind positiv, der Phasenstrom 2 negativ.

Abermals entsteht ein Feld. Der Nordpol hat sich aber um 30 Grade im Sinne des Uhrzeigers verschoben. Im Augenblicke *c* ist der Strom in Phase 3 Null, in Phase 1 positiv und in Phase 2 negativ. Der Nordpol hat sich abermals um 30° weiter gedreht. Im Augenblicke *d* ist die Zeit einer Viertelperiode verstrichen. Phase 1 führt positiven, Phase 2 und 3 führen negativen Strom. Der Nordpol hat einen Winkel von 90° zurückgelegt.

Wir erhalten also vom Ständer aus ein **Drehfeld**, das von den Ständerwicklungen erzeugt wird und sich durch den Luftspalt und dem Läufereisen schließt. — Ist eine Periode vorüber, so wird sich auch das Drehfeld einmal herumgedreht haben. Weil der Dreiphasenstrom auf die beschriebene Art ein Drehfeld hervorrufen kann, heißt er auch

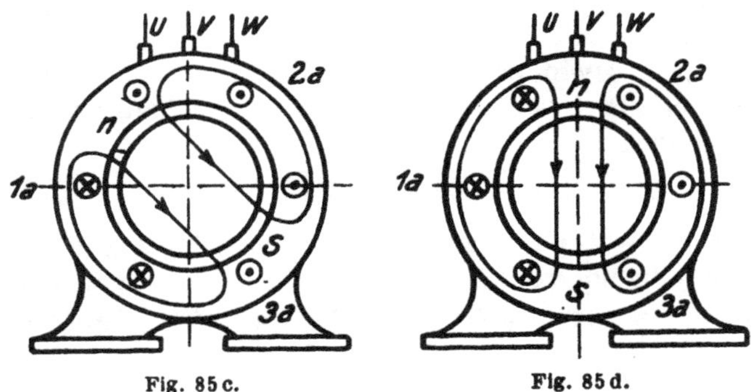

Fig. 85c. Fig. 85d.

allgemein **Drehstrom**. — Ist die Frequenz 50, so ist die Drehzahl des Feldes $50 \times 60 = 3000$. Diese Drehzahl nennt man die **synchrone Drehzahl**.

Grundsätzliche Wirkungsweise des asynchronen Dreiphasenmotors (kurz Drehstrommotor genannt).

Das Drehfeld schneidet nun die Drähte des Kurzschlußläufers. In den Drähten entsteht eine E. M. K. Diese E. M. K. wirken unter dem Nordpol, so wie Fig. 85e zeigt.

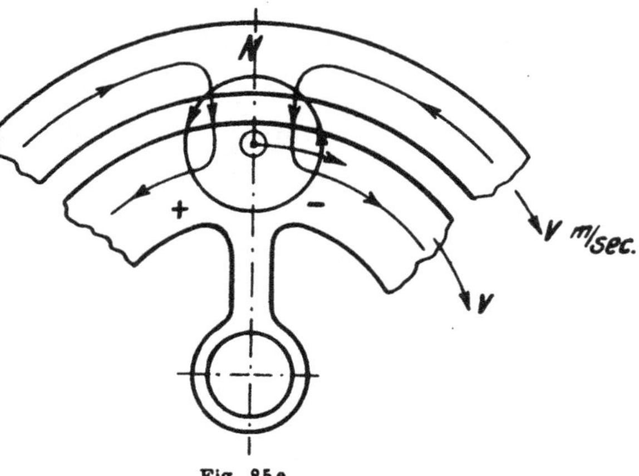

Fig. 85e.

Der Nordpol sei in der gezeichneten Stellung und bewege sich mit der Geschwindigkeit v im Sinne des Uhrzeigers. Das Kraftlinienfeld schneidet den gezeichneten Draht. Um die Handregel verwenden zu können (die ein ruhendes Feld voraussetzt), denken wir uns im ruhenden Feld den Leiter nach links bewegt. Dann ergibt die Handregel im Leiter eine E. M. K., die auf uns zu wirkt. Weil durch die Stirnringe ein geschlossener Stromweg geschaffen ist, so fließt auch in dem gezeichneten Leiter wie auch in den anderen nicht gezeichneten Drähten, die unter dem sich drehenden Nordpol sich befinden, ein starker Strom. Das vom Läuferstron erzeugte Feld verläuft im entgegengesetzten Sinne des Uhrzeigers, verstärkt das Feld auf der linken und schwächt es auf der rechten Seite (s. auch Fig. 23). Daher muß sich der Läufer von links nach rechts bewegen. Er eilt also dem Drehfelde nach, sucht dessen Geschwindigkeit zu erreichen, die er aber niemals ganz erreichen kann. Und zwar aus folgendem Grunde. Schon bei Leerlauf hat der Läufer eine Arbeit zu übertragen, die zur Überwindung der Lagerreibung und des Luftwiderstandes nötig ist. Erst recht bei Belastung. Dazu braucht er am Umfange eine Kraft, die bekanntermaßen durch die Formel gegeben ist

$$P = 10{,}2 \cdot \mathfrak{B} \cdot l \cdot J\, 10^{-6}\,\text{kg}$$

für einen Leiter. — Da $\mathfrak{B}$ ziemlich unveränderlich ist, hängt also die Umfangskraft lediglich von der Läuferstromstärke J ab. Diese wieder von der im Läufer geweckten E. M. K. und dem Läuferwiderstande.

$$J = \frac{E}{R}.$$

Wenn nun der Läufer ebensoschnell wie das Feld laufen würde, so gäbe es keine Kraftlinienschnitte, daher auch in den Läuferdrähten keine geweckte E. M. K., daher keinen Läuferstrom, daher keine Umfangskraft und kein Drehmoment. — Der Läufer muß also hinter der synchronen Drehzahl des Drehfeldes etwas zurückbleiben, er schlüpft, er läuft nicht synchron, sondern asynchron. Daher heißt dieser Motor ein asynchroner Dreiphasenmotor, kurz Drehstrommotor. Macht das Drehfeld 3000 Umdrehungen, der Läufer bei Vollast 2600 Umdrehungen, so ist die Schlüpfung

$$s = \frac{3000 - 2600}{3000} = \frac{400}{3000} = \frac{4}{30} = 1{,}24\ \text{vH}.$$

Je kleiner der Läuferwiderstand ist, eine um so geringere geweckte E. M. K. genügen wird, um die nötige Stromstärke zu erzeugen. Daher wird auch die Schlüpfung klein sein. Soll also der Drehzahlunterschied des Läufers von Leerlauf bis zur Vollast gering sein, soll also der Drehstrommotor innerhalb vorkommender Belastungsveränderungen ziemlich gleiche Drehzahlen besitzen, so muß man den Läuferwiderstand klein machen. Damit erreicht man auch, daß die Kupferverluste klein, der Wirkungsgrad des Motors groß wird.

Gerade beim Anlassen, wo das Feld den noch ruhenden Läufer mit voller Geschwindigkeit schneidet, wird der Läuferstrom sehr groß werden, bei starken Motoren so groß, daß der anfängliche Stromstoß im Läufer, der sich selbstverständlich durch das kuppelnde Feld auch in die Ständerwicklung überträgt, von der Zentrale bemerkt werden würde. Daher verbieten sich die Zentralen den Anschluß größerer Motoren mit Kurzschlußläufer. Man nimmt daher Phasenanker. An die Bürsten der Schleifringe (s. Fig. 85 f) schließt man einen Widerstand. Man fährt dann so an: Zuerst schließt man den dreipoligen Schalter, so daß das Drehfeld entstehen kann. Der Läuferstromkreis ist noch durch den Widerstand unterbrochen. Dreht man die Kurbel im Sinne des Uhrzeigers, so werden die Widerstände eingeschaltet und es entsteht der Läufer-

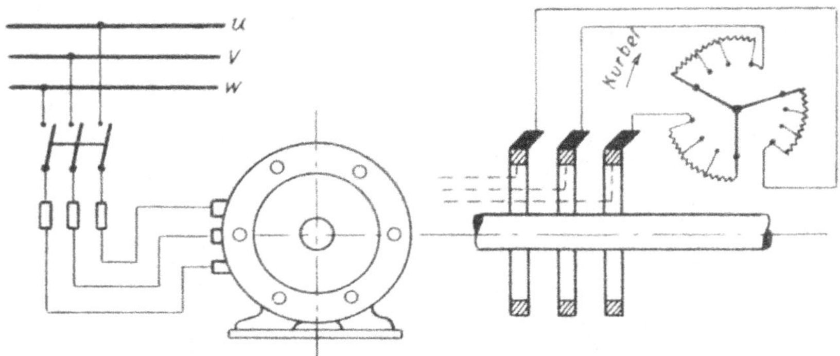

Fig. 85 f.

strom, der nötig ist, um bei bestimmter Last anfahren zu können. Nach und nach wird der Widerstand ausgeschaltet. Zum Schluß ist er kurzgeschlossen. Die Kurbel schaltet die Widerstände im Stern.

Nachher kann man den Kurzschlußpunkt vom Widerstand in die Schleifringe selbst verlegen, indem man diese kurzschließt. Dann wird man die Bürsten abheben, um unnötigen Verschleiß zu verhüten. Das Kurzschließen der Schleifringe und das Abheben der Bürsten besorgt nun die Kurzschluß- und Bürstenabhebevorrichtung.

Wechselstrommaschinen. Transformatoren.

Allgemeines. Einteilung der Transformatoren. Ölkonservator. Aufbau der Transformatoren. Transformator im Leerlauf und bei Belastung. Innere Schaltung. Einfluß der Streuspannung. Besondere Arten.

Ein Transformator ist ein Apparat, der einphasigen oder dreiphasigen Wechselstrom einer bestimmten Spannung in einen Wechselstrom anderer Spannung, aber gleicher Frequenz umformt. Sie haben keine beweglich mechanischen Teile. Die beiden Wicklungen sind durch ein, in fortwährender Schwellung sich befindendes Feld miteinander gekuppelt.

Den Phasen nach unterscheidet man Einphasentransformatoren und Drehstromtransformatoren. Der Bauart nach spricht man von Kern- und Manteltransformatoren.

Fig. 86 zeigt im Gerippe einen Kerntransformator für einphasigen Wechselstrom.

Der geschlossene Eisenkern ist aus mit Seidenpapier isolierten Blechen zusammengesetzt. Jeder Schenkel trägt die Hälfte der Niederspannungs- und der Hochspannungswicklung. Beide Wicklungen sind zu Klemmen geführt.

Fig. 87 zeigt den Aufbau eines Manteltransformators. Auch dieser besitzt einen aus Blechen aufgebauten Eisenkern. Jedes Blech hat zwei Fenster, in das die Spulenseiten der Nieder- und Hochspannungsspulen hineinkommen.

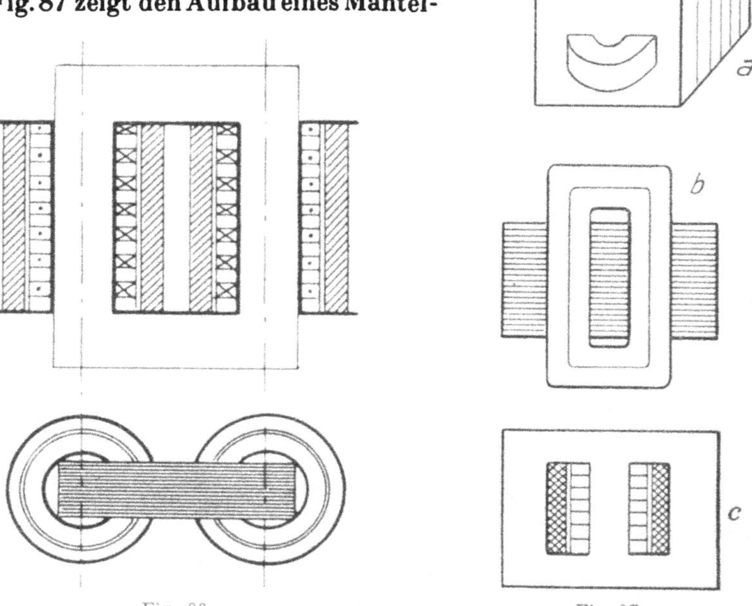

Fig. 86. Fig. 87.

Fig. 88 zeigt den Aufbau des Eisenkerns eines Drehstromtransformators. Die Bleche werden in zwei Lagen abwechselnd aufeinander geschichtet, um Paßstellen im Eisen zu vermeiden, die den magnetischen Widerstand des Kraftlinienweges vergrößern würden. Die oberen Jochbleche werden erst dann eingelegt, wenn die Spulen auf die Kerne gebracht worden sind. Hier trägt jeder Kern die Nieder- und Hochspannungsspule einer Phase.

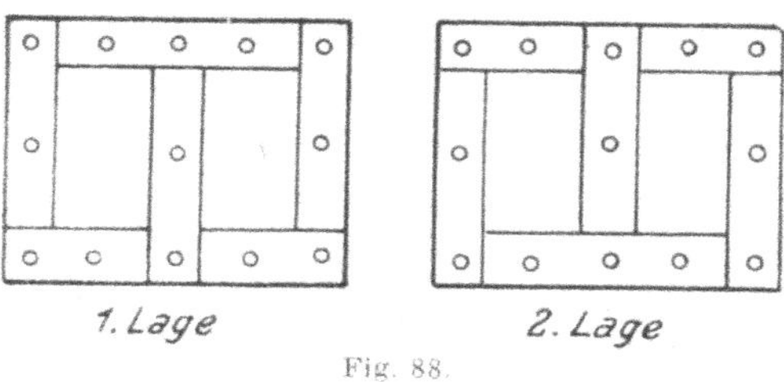

Fig. 88.

Die Transformatoren sind Trocken- oder Öltransformatoren. Die ersteren, bei denen die Wicklungen von der Luft umgeben und nur durch einen Blechmantel vor mechanischen Einflüssen geschützt sind, werden in trockenen Räumen verwendet. Um die Wärme abzuführen, ist entweder im Transformator selbst eine natürliche Lüftung vorgesehen oder die Transformatoren werden mit Preßluft gekühlt. — Bei hohen Spannungen und großen Leistungen werden Öltransformatoren verwendet. Der fertiggestellte Transformator steht in einem mit Öl gefüllten Kessel. Das Öl soll die Isolation zwischen den Spulen erhöhen, ferner die Wärme aufnehmen, um sie an die Kesselwandungen abzuführen. Dies ist bei kleinen und mittleren Leistungen leicht, bei großen Leistungen kommt man auf beträchtliche Baumaße, die oft einen Transport mit der Bahn ausschließen. Man hilft sich dadurch, daß man statt Wellblechkasten (die für mittlere Leistungen genügen) glatte Kasten nahm, die mit abschraubbaren Kühltaschen ausgerüstet sind. Dann erreicht man Leistungen von etwa 10 000 kVA. — In den meisten Fällen greift man schon bei geringeren Leistungen zur künstlichen Kühlung. Man hat den Ölkessel oben erweitert und dort Kühlschlangen eingebaut, die vom Kühlwasser durchflossen werden. Tritt das Kühlwasser mit beispielsweise 15° C ein und mit 40° C aus, so kann 1 kg Kühlwasser 25 kcal aus dem Transformatoröl abführen. Wird die Kühlschlange undicht, so tritt das Wasser im Ölkessel ein. Daher zieht man die äußere Ölkühlung vor. In diesem Falle wird das Öl mittels einer Pumpe durch einen Kühler gedrückt. Da das Öl im Rohr Überdruck besitzt, ist die Gefahr des Übertretens von Wasser in das Öl beseitigt. Die Kühler selbst sind leicht und während des Betriebes zu reinigen. Bei dieser Kühlung erhält der Ölkessel die kleinste Baugröße, und es war möglich, Einheiten bis zu 60 000 kVA herzustellen, wie dies die Konstruktionen der S.S.-W. und der AEG. beweisen.

Jeder Ölkessel erhält einen Ölablaßhahn — oder Schraube, die durch eine übergeschraubte Verschlußkapsel abgedeckt sind. Der Deckel schließt das Innere des Gehäuses öldicht ab. Bei Transformatoren mit innerer Kühlung des Öls wird ein Ölkonservator am Deckel aufgebaut oder .im Innern des Kessels eingebaut. — Der Konservator soll das Öl konservieren. Das Öl, so gut es im reinen Zustande isoliert, so gefährlich kann es dem Transformator werden, wenn es unrein, säure- oder wasserhaltig ist. Da das Öl sich bei Erwärmung ausdehnt, wird der Transformator bei Belastungsänderungen oder bei außen auftretendem Temperaturwechsel atmen. Das heißt, er wird bei Abkühlung Luft von außen ansaugen und bei Erwärmung durch die Dichtung Luft ausatmen. So kann das Transformatoröl mit der Zeit wasserhaltig und sauer werden.

Der Transformator bei Leerlauf.

In Fig. 89 sei ein Transformator an die Hochspannungsleitung $E_1 = 10\,000$ Volt angeschlossen. Das ist die Aufnahmeseite des Transformators. Die Abgabeseite soll nur eine Spannung von 230 Volt zwischen den Klemmen *u v* besitzen.

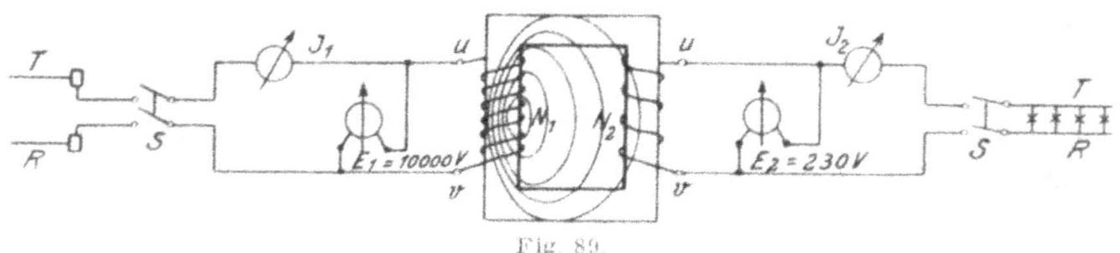

Fig. 89.

Wir denken uns vorerst den Schalter S im Abgabestromkreis geöffnet. Der Transformator gibt demnach keine Leistung ab, er „läuft" leer. Der Einfachheit und der Übersichtlichkeit halber haben wir die Hochspannungswicklung der Aufnahmeseite und die Niederspannungswicklung der Abgabeseite je auf einen Kern des Transformators gewickelt.

In dem Augenblick, wo der Schalter an der Hochspannungsseite geschlossen ist, fließt durch die Hochspannungsspule ein Wechselstrom J_1. Dieser Wechselstrom erzeugt nun ein flackerndes Feld, das wellenartig, wie die Figur zeigt, sich ausbreitet, wenn der Strom ansteigt, und wieder wellenartig in den Ursprung zurückflutet, wenn der Strom abnimmt. — Was macht das Feld nun während dieser Bewegung? Es schneidet die Windungen der Spule, das es erzeugt hat, ebenso aber die Niederspannungsspule. Dort entsteht eine E. M. K. der Selbstinduktion (s. S. 72) und in der Niederspannungsspule eine elektromotorische Kraft E_2. — Die elektromotorische Kraft der Selbstinduktion ist zur aufgedrückten Klemmenspannung eine elektromotorische Gegenkraft, geradeso wie beim Gleichstrommotor, dessen E. M. K. eine E. M. g. K. zur aufgedrückten Klemmenspannung ist. Diese elektromotorische Kraft der Selbstinduktion (E_{s1}) läßt nur denjenigen Strom J_1 durch die Hochspannungsspule fließen, die zur Deckung der Leerlaufverluste nötig ist. Sie hat auch mit der in der Niederspannungsspule geweckten E. M. K. E_2 dieselbe Phase, sie hätte auch dieselbe Größe, wenn die Windungszahlen N_1 und N_2 gleich wären. Nun ist dies nicht der Fall. Man will ja im Niederspannungskreise eine kleine Spannung hervorbringen. Daher wird man die Windungen im Niederspannungskreis kleiner wählen müssen. Es muß also die Proportion bestehen

$$10\,000 : 230 = N_1 : N_2$$

oder allgemein

$$E_1 : E_2 = N_1 : N_2.$$

Wäre nun in unserem Falle N_1 beispielsweise 1600, so hat man

$$10\,000 : 230 = 1600 : N_2$$

$$N_2 = \frac{230 \cdot 1600}{10\,000} = 390$$

$$\frac{E_1}{E_2} = \frac{N_1}{N_2} = \frac{1600}{390} = 41.$$

Dieses Verhältnis nennt man das Übersetzungsverhältnis.

Die Leerlaufverluste des Transformators sind zumeist Eisenverluste, etwa 2,5 Watt für 1 kg des Eisenkerns. Hätte der Kern ein Gewicht von etwa 400 kg (wir denken uns einen Transformator von 75 kVA), so wären die Eisenverluste

$$400 \times 2{,}5 = 1000 \text{ Watt.}$$

Die Kupferverluste sind nur gering. Der Leerlaufstrom wird etwa 0,6 Ampere betragen, der Widerstand der Hochspannungsspule ist etwa 7,5 Ω, so daß die Kupferverluste bei Leerlauf

$$N = J^2 R = 0{,}36 \cdot 7{,}5 = 2{,}7 \text{ Watt}$$

sein würden. Man kann sie daher vernachlässigen.

Nun spielen aber die Leerlaufverluste unseres Transformators eine große Rolle.

Dient beispielsweise unser Transformator zur Versorgung einer kleinen Ortschaft, so muß der Transformator stets arbeitsbereit sein, er ist also das ganze Jahr an die Hochspannungsleitung angeschlossen und verzehrt in 1 Stunde 1 kWh, in 24 Stunden 24 kWh, und im Jahre 24 × 365 = 8750 kWh.

Nun ist aber der Transformator nicht immer voll belastet. In den Tagesstunden der Monate Juni und Juli wird er bei meist ländlicher Bewirtschaftung gar nicht belastet sein. So haben solche Transformatoren oft einen schlechten Belastungsfaktor, z. B. im Jahresmittel von 15 vH. Der Transformator (der für die Höchstbelastung berechnet wurde) gibt also durchschnittlich im Tage nicht 75 × 24 = 1800 kWh ab, sondern nur

$$1800 \cdot 0{,}15 = 270 \text{ kWh,}$$

das macht im Jahre

$$270 \cdot 360 = 97\,500 \text{ kWh.}$$

Bei dieser Stromabgabe spielen die Leerlaufverluste von 8750 kWh eine große Rolle. — Es sind ja gegen 10 vH.

Man wird also solche Transformatoren mit geringen Eisenverlusten bauen müssen.

Geringer fallen diese Eisenverluste ins Gewicht, wenn der Transformator nur dann an die Hochspannung geschlossen wird, wenn er arbeiten soll.

Wird nun der Transformator belastet, so tritt an der Abgabeseite ein Strom J_2 auf. Dieser Wechselstrom durchfließt die Abgabespule und erzeugt seinerseits ebenfalls ein flackerndes Feld, das aber beinahe die entgegengesetzte Richtung besitzt als das erste Feld. Es will nun das erste Feld unmittelbar vernichten. Da aber das Feld der Hochspannungsseite unbedingt bestehen bleiben muß, so wächst der Strom auf der Hochspannungsseite so stark an, daß damit der Einfluß der Amperewindungen des Stromes J_2 aufgehoben wird. So wird sich jede Belastungsveränderung auf der Abgabeseite auch auf der Aufnahmeseite bemerkbar machen. Wir sagen eben, beide Stromkreise sind durch das gemeinsame Feld gekuppelt.

Ist nun allgemein die abgelieferte Leistung

$$N_2 = J_2 \cdot E_2 \cdot \cos \varphi_2,$$

die aufgenommene Leistung

$$N_1 = J_1 \cdot E_1 \cdot \cos \varphi_1,$$

so ist $\frac{N_2}{N_1}$ der Wirkungsgrad des Transformators. Er ist sehr hoch und hat bei Vollast Werte zwischen 0,9 ÷ 0,98 je nach Größe.

Vernachlässigen wir die Verluste, so daß wir

$$N_1 = N_2$$

setzen können, nehmen wir an, daß $\cos \varphi_2$ von $\cos \varphi_1$ nicht sehr verschieden sind, so können wir angenähert setzen

$$J_1 E_1 = J_2 E_2,$$
$$J_1 : J_2 = E_2 : E_1,$$

d. h. die Stromstärken sind den Spannungen umgekehrt proportional. Wenn also unser Transformator bei Vollast 7,8 Ampere aufnehmen wird, so ist

$$7{,}8 : J_2 = 230 : 10\,000,$$

$$J_2 = \frac{7{,}8 \cdot 10\,000}{230} = 340 \text{ A}.$$

Die Hochspannungsspule hat also viele Windungen mit geringem Querschnitte, die Niederspannungsspule wenig Windungen großen Querschnittes.

Für Drehstromtransformatoren gelten dieselben Überlegungen. Die einzelnen Phasen dieser Transformatoren können verschieden geschaltet sein.

Die Leistung der Transformatoren wird in Kilovoltampere (kVA) angegeben, das ist die Leistung in Kilowatt bei $\cos \varphi = 1$.

Das Schild eines Transformators wird beispielsweise folgende Angaben haben:

Siemens-Schuckert-Werke.
Transformator Nr. 30021.
75 kVA $E = 10\,000/230$ △ · △
$\cos\varphi = 0{,}9$ $\mathfrak{f} = 50$
Kurzschlußspannung 2,5 vH.

Zu letzter Angabe ist folgendes zu bemerken:

Wir schließen die Phase des Abgabestromkreises eines Einphasentransformators durch ein Amperemeter kurz und drücken dem Aufnahmestromkreis nach und nach eine Wechselstromspannung auf, bis das Amperemeter im Abgabestromkreis den ordentlichen Strom von 340 Ampere zeigt. Dies träte nun bei einer aufgedrückten Spannung von 126 Volt ein. Ist nun die ordentliche Hochspannung 10 000 Volt, so beträgt die Kurzschlußspannung 1,26 vH, weil

$$p = \frac{126 \cdot 100}{10\,000} = 1{,}26 \text{ vH}.$$

Diese Spannung wird lediglich dazu verbraucht, um die inneren Widerstände des Transformators, besonders die Reaktanzspannungen, die von den Streufeldern des Transformators erzeugt werden, zu überwinden.

Sollen zwei oder mehrere Transformatoren parallel auf ein Netz arbeiten, und sollen sie die Belastung, für die sie gebaut sind, abgeben können, so müssen die inneren Widerstände gleich sein, d. h. die Kurzschlußspannungen müssen gleich sein. Daher ist die Angabe der Kurzschlußspannung notwendig. Bei ungleichen Kurzschlußspannungen muß man durch vorgeschaltete Drosselspulen (das sind Spulen mit oder ohne Eisenkern) den Unterschied ausgleichen.

B e i s p i e l. Es arbeiten auf ein Netz drei Transformatoren:

Nr. 1 1000 kVA 2,5 vH,
Nr. 2 1000 kVA 2 vH,
Nr. 3 500 kVA 3,2 vH.

Nun erfordere das Netz gerade 2500 kVA. Wie wird sich die Belastung auf die drei Transformatoren verteilen?

Die Streuspannungen sind nicht gleich.

Transformator Nr. 2 zeige eine Belastung von . . . 1000 kVA.

Dann kann Transformator Nr. 1 nur eine Belastung

von $\frac{2 \cdot 1000}{2{,}5} = 800$ »

und Transformator Nr. 3 nur eine Belastung von

$\frac{2 \cdot 500}{3{,}2} = 315$ »

übernehmen. Das sind im ganzen $= 2115$ »

Es sollen aber 2500 kVA abgegeben werden.

Dann übernimmt

Transformator Nr. 2 . . . . $1000 \frac{2500}{2115} = 1180$ kVA.

» » 1 . . . . $800 \frac{2500}{2115} = 950$ »

» » 3 . . . . $315 \frac{2500}{2115} = 370$ »

Im ganzen: 2500 kVA.

Wir sehen also, daß durch die verschiedenen Kurzschlußspannungen Transformator 2 überlastet und die beiden anderen nicht voll ausgenutzt werden können.

Transformatoren müssen ebenfalls 25 vH Überlastung eine halbe Stunde, 40 vH Überlastung während drei Minuten aushalten können, ohne die zulässigen Höchsttemperaturen zu überschreiten. Transformatoren bis 5000 Volt werden mit der 2 ½fachen Spannung durch eine Minute hindurch auf Isolierfestigkeit geprüft. Transformatoren für Spannungen von 5000 Volt bis 7500 Volt sind mit der Nennspannung mehr 7500 Volt zu prüfen. Von 7500 bis 50000 Volt beträgt die Prüfspannung das zweifache. Für Spannungen über 50000 Volt sind besondere Vereinbarungen zu treffen.

Transformatoren werden auch als Stufentransformatoren gebaut. Sie haben ein veränderliches Übersetzungsverhältnis und dienen zum Anlassen von Motoren.

Drosselspulen kann man als Transformatoren mit einer einzigen Wicklung betrachten, die wie leerlaufende Transformatoren wirken. Sie dienen dazu, die Phasenverschiebung in einem Stromkreise zu ändern, in einem Stromkreis eine bestimmte Spannung bei geringem Verlust abzudrosseln oder einem Wechselstrom sehr hoher Frequenz ($f = 10^6$) den Weg abzusperren. In diesem Sinne werden sie als Schutz gegen Überspannungen in Hochspannungsanlagen eingebaut.

Zur Messung der Stromstärke und Spannung in Hochspannungsanlagen werden die Meßinstumente nicht in und an die Hochspannung angeschlossen, sondern an kleine Transformatoren, die man Meßtransformatoren nennt. So zeigt Fig. 90a die Schaltung eines Amperemeters, Fig. 90b die Schaltung eines Voltmeters.

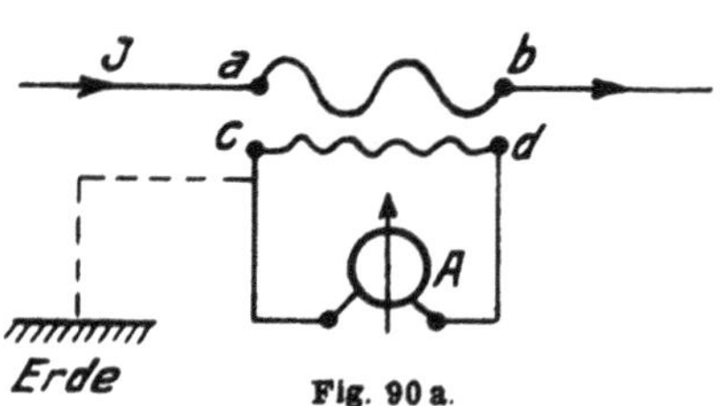

Fig. 90a.

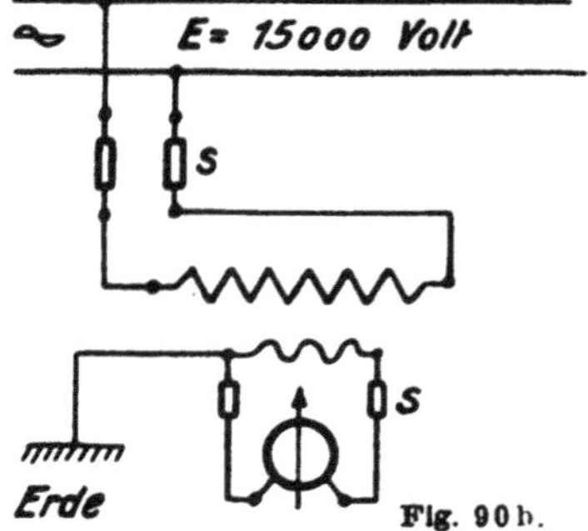

Fig. 90b.

Drehstrommotoren.

Wicklungen der Drehstrommotoren. Bauart der Drehstrommotoren. Das Anlassen der Motoren. Bauart der Drehstromanlasser. Regelbarkeit der Drehstrommotoren. Der Drehstrom-Reihenschlußmotor. Der Drehstrom-Nebenschlußmotor.

Die Wirkungsweise der Drehstrommotoren haben wir bereits erörtert. Nun kann das Drehfeld auch mehrpolig sein.

Will man z. B. ein sechspoliges Drehfeld herstellen, so braucht man dazu eine Wicklung, die man sich aus der Wicklung (Fig. 85) leicht ableiten kann. Man wiederholt die dortige Wicklung dreimal. Eine Wicklung darf jetzt nur 120 Grade am Ständerumfang einnehmen. Die Reihenfolge der Seiten ist dann folgende: 1 a, 3 e, 2 a, 1 e, 3 a, 2 e. Dies wiederholt sich dreimal bei einem sechspoligen Feld. Jede Phase besteht dann aus drei hintereinandergeschalteten Spulen. In der Figur sind nur die Spulenköpfe der ersten Phase gezeichnet worden. Diese drei Spulen sind hintereinander geschaltet. Nehmen wir nun an, daß der Strom augenblicklich in dieser Phase positiv sei, in der zweiten Phase negativ und in der dritten Phase Null. Dann gehören zu diesem augenblicklichen Zustand die in der Fig. 91 gezeichneten Stromrichtungen. Es entsteht dann das sechspolige Feld. Nach einer Periode wird wie früher das Drehfeld vom Nordpol wie der zum Nordpol gelangt sein. Das sind hier nur 120°. Eine volle Umdrehung wird das Feld erst nach drei Perioden gemacht haben. Ist allgemein die Frequenz f, die Anzahl der Polpaare p, so ist die Drehzahl des Feldes oder die synchrone Drehzahl des Läufers

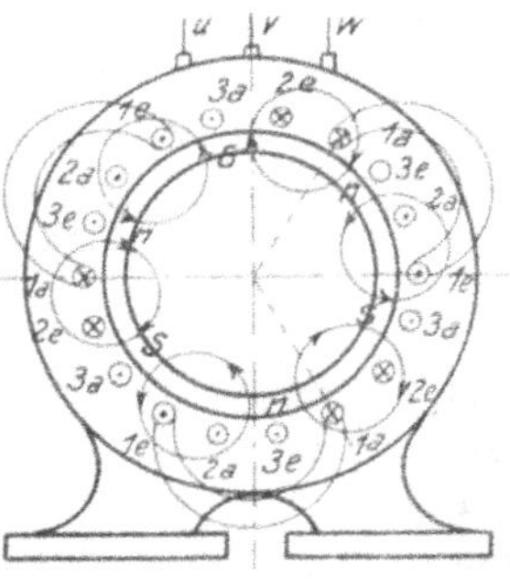

Fig. 91.

$$n = \frac{f \cdot 60}{p}.$$

Bei 50 Perioden erhält man demnach:

$$\begin{aligned} p &= 1, & n &= 3000, \\ p &= 2, & n &= 1500, \\ p &= 3, & n &= 1000, \\ p &= 4, & n &= 750, \\ p &= 5, & n &= 600, \\ p &= 6, & n &= 500. \end{aligned}$$

Wir sehen also, daß die Drehzahl eines Drehstommotors nur von der Frequenz des eingeleiteten Stromes und von der Wicklung des Ständers abhängt.

Wir haben angenommen, daß eine Spulenseite nur in einer Nut untergebracht ist. In Wirklichkeit ist dies nicht so. Die Nut würde viel zu groß werden und das Drehfeld hätte mehr eine Treppen- als eine sinoidale Form. Man teilt daher die Spulenseite in mehrere Teile und legt jeden Teil in eine Nut. So spricht man von einer Zweiloch-, Vierloch- oder einer Mehrlochwicklung. Fig. 91 a und b zeigt einen zweipolig gewickelten Ständer, bei dem jede Spulenseite in zwei Nuten verlegt ist. In Bild *a* ist die eine Stirnseite mit den Teilspulen gezeichnet. Man könnte nun beide Teilspulen zu einem einzigen Wickel-

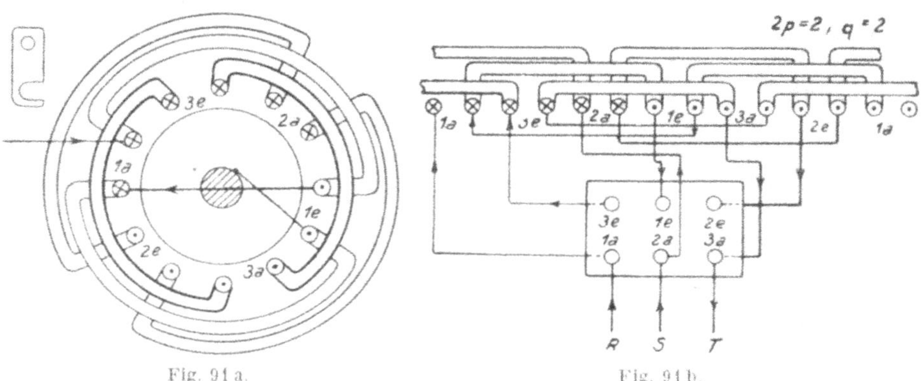

Fig. 91 a. Fig. 91 b.

kopf vereinigen und diesem z. B. für Spule 1 *a* nach rechts bis 1 *e* herumlegen. Das würde nicht gut aussehen. Im Bilde sind die Köpfe jeder einzelnen Teilspule in entgegengesetzter Richtung geführt worden. Dadurch sind die Wickelköpfe am Umfang der Stirnseite gleichmäßig verteilt. Ebenso sind die Wickelköpfe an der hinteren Stirnseite vorhanden. Die Verbindungen der einzelnen Spulen zeigt Bild 91 b. Hier liegen die Spulenseiten im Schnitt nebeneinander. Man muß sich den Ständer aufgeschnitten und dann in die Ebene aufgerollt denken. Wieder sind die Spulenköpfe einer Stirnseite aufgezeichnet. Die Spulenköpfe der hinteren Stirnseite muß man sich dazu denken. Um den Verlauf der Wicklung anschaulich zu machen, ist auch das Klemmbrett des Motors hinzugezeichnet worden. An die Klemmen 1*a*, 2*a*, 3 *a* (sonst mit *u*, *v*, *w* bezeichnet) sind die drei Leitungen angeschlossen. An die Klemmen 3 *e*, 1 *e*, 2 *e* sind die Enden der Phasen angeschlossen. Es ist im Bilde ein Augenblick festgehalten, wo die Phase 1 und 2 positiven, die Phase 3 negativen Strom führt. Nach der früheren Vereinbarung fließt dann der Strom von Phase 1 und 2 in den Spulenseiten 1 *a* und 2 *a* von uns weg und fließt in der Spulenseite 3 *a* auf uns zu. Daher muß im gedachten Augenblick die eingezeichnete Stromverteilung vorhanden sein. — Wir haben nun die Spulen einer Phase so zu verbinden, daß tatsächlich diese Stromverteilung auftreten muß. Die

Klemmen am Klemmbrett sind praktischerweise so angeordnet, daß bei Lage der Kupferverbinder (Fig. 92 c) Sternschaltung und bei Lage der Kupferverbinder nach Fig. 92 b Dreieckschaltung vorhanden ist. —

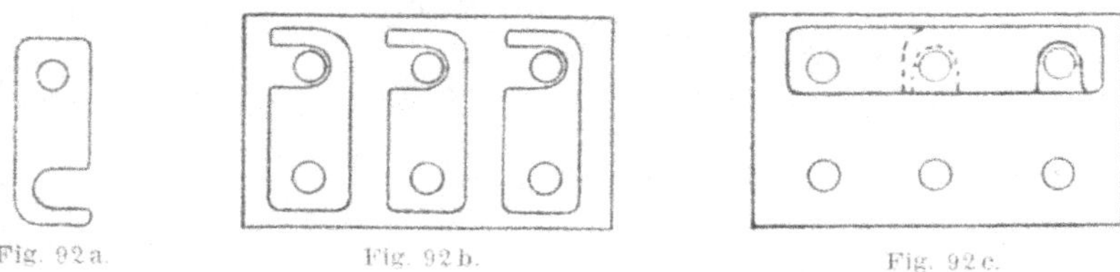

Fig. 92 a. Fig. 92 b. Fig. 92 c.

Fig. 92 d und f zeigt einen vierpolig gewickelten Ständer, wo jede Spulenseite in zwei Nuten untergebracht wurde. Auch hier sind geteilte Spulenköpfe vorhanden. Aus dem Bilde 92 f kann man den Stromverlauf in den Phasen leicht verfolgen. Soll z. B. die Wicklung im Stern geschaltet werden, so hat man die drei Verbinder so zu legen, daß 3 *e*, 1 *e* und 2 *e* (sonst mit *x*, *y*, *z* bezeichnet) kurzgeschlossen werden.

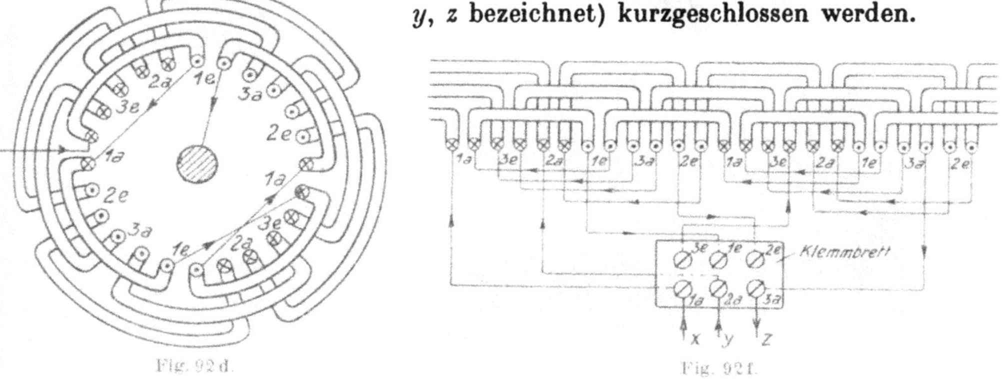

Fig. 92 d. Fig. 92 f.

Fig. 93 zeigt einen Drehstrommotor der Siemens-Schuckertwerke mit Schleifringläufer. Die Drehstrommotoren baut man offen, ventiliert gekapselt und geschlossen. Das gußeiserne Ständergehäuse dient zur Aufnahme des aus Blechen hergestellten Ständerkörpers, der zwischen zwei kräftigen Druckringen liegt. Die Bleche des Ständerkörpers haben halbgeschlossene Nuten zur Aufnahme der Wicklung. Die gewöhnlichsten Spannungen für Drehstrommotoren sind 220/380 Volt, je nachdem die Phasen im Stern oder Dreieck geschaltet sind. Bei einer Netzspannung von 220 Volt wird man die Phasen im Dreieck, bei 380 Volt Netzspannung im Stern schalten. In beiden Fällen ist dann die innere Spannung einer Phase 220 Volt. Fig. 93 b zeigt das Leistungsschild des in Fig. 93 abgebildeten Motors. Durchlüftet gekapselte Motoren haben ein bis auf wenige Lüftungsöffnungen abgeschlossenes Gehäuse, das die Wicklungen gegen mechanische Verletzungen und gegen Spritzwasser schützt. Für Betriebe, in denen sich Staub oder schädliche Dämpfe entwickeln, werden die Motore zum Schutze der Wicklung vollständig gekapselt. Die Lagerschilder verhindern den Luftzutritt von außen. Der Mangel einer Durchlüftung bedingt für gleiche Leistung wesentlich größere Abmessungen. Bei explosionsgefährlichen Betrieben sind auch die Schleifringe gekapselt.

Fig. 93 b.

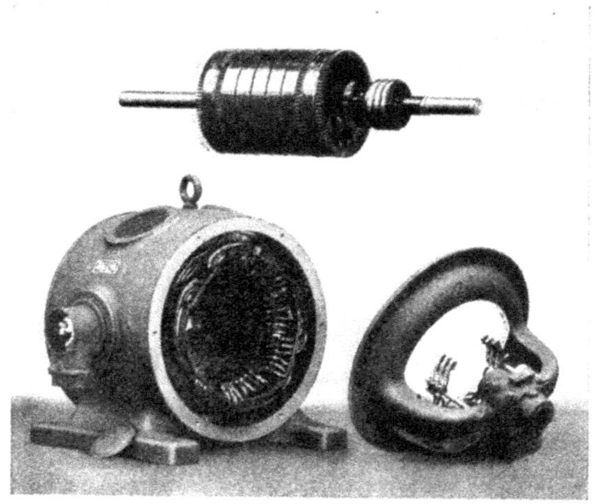

Fig. 93.

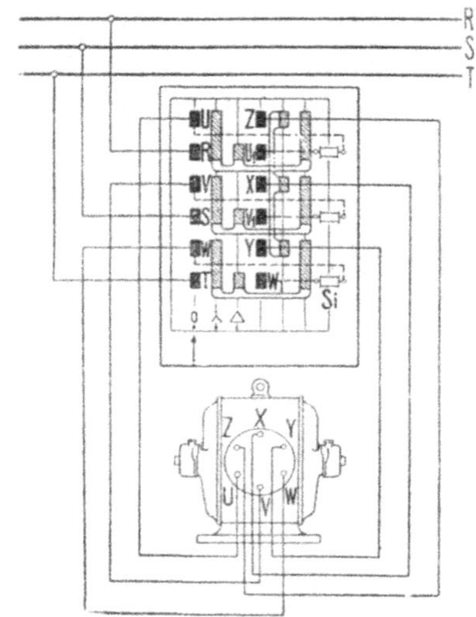

Fig. 94.

Das Anlassen der Motoren hängt von der Art der Läuferwicklung ab. Motoren mit Kurzschlußläufer nehmen beim Anlauf mit voller Betriebsspannung ungefähr den fünf- bis siebenfachen ordentlichen Betriebsstrom auf. Um diesen Stromstoß zu mildern, kann man die Phasen des Ständers zuerst im Stern und dann im Dreieck schalten. Dann müssen aber beide Enden der Ständerphasen zu Klemmen geführt werden. Dadurch werden die Stromstöße um 60 vH vermindert. Diese Schaltung kann mittels eines Sterndreieck-Anlaßschalters nach Fig. 94 ausgeführt werden.

Größere Motoren müssen Schleifringläufer haben. Der Anlasser wird dann im Läuferstromkreis geschaltet, wie bereits angegeben worden ist. Hat man den Ständerstromkreis geschlossen, so läßt man den Motor mit dem Anlasser an. Die Querschnitte der Verbindungsleitungen zwischen Schleifringen und Anlasser berechnet man nach der Formel

$$J = 700 \frac{N}{E} \text{ Amp.}$$

N ist die aufgenommene Leistung des Motors in Kilowatt, E die Anschlußspannung, J die Stromstärke in einer Leitung zwischen Schleifring und Anlasser.

Die gewöhnlichen Anlasser geben oft zu Störungen Anlaß, besonders dann, wenn der dazugehörige Motor eine Kurzschlußvorrichtung besitzt. Bleibt die Spannung aus, so bleibt der Motor stehen. Wenn jetzt der Kurzschluß an den Schleifringen und im Anlasser nicht aufgehoben wird, so geht bei Wiederkehr der Spannung der Motor mit Kurzschlußläufer an. Daher baut man die Anlasser mit selbsttätiger Ausschaltung beim Ausbleiben der Netzspannung oder beim Kurzschließen der Schleifringe.

Bei kleinen Motoren genügen Anlasser mit Luftkühlung. Größere Motoren erhalten Anlasser mit Ölkühlung.

Für Betriebe, bei denen auf einfache und rasche Montage der Motoren sowie auf einfache Bedienung besonderer Wert gelegt wird, haben die Siemens-Schuckertwerke am Drehstrommotor selbst Anlaßwalzen durchgebildet.

In schweren Betrieben und bei größerer Schalthäufigkeit werden Schaltwalzenanlasser mit selbsttätiger Auslösung gebaut. Die Widerstände sind baulich von der Walze getrennt.

Die Drehzahl der Drehstrommotoren kann wohl sehr unwirtschaftlich durch Einschalten von Widerstand im Läuferstromkreis (s. S. 118) erreicht werden. Wenn dies ausnahmsweise geschieht, sind die Anlasser so reichlich gebaut, daß sie die Stromwärme abführen können. In diesem Falle sind die Anlasser als Regelanlasser zu betrachten.

Eine andere Möglichkeit der Regulierung besteht darin, daß man die Enden der einzelnen Spulen jeder Phase zu besonderen Klemmen eines Umschalters führt. Es ist dann möglich, die Wicklung 2- oder 4polig, 4-, 6- und 8polig zu schalten und so dem Motor mehrerlei Drehzahlen zu geben. Die Motoren arbeiten aber bei den verschiedenen Schaltungen nicht gleich gut. Je geringer die Drehzahl der Schaltung, um so geringer wird der Wirkungsgrad und der Leistungsfaktor. Die Polumschaltung wird besonders bei den Bahnmotoren verwendet. Es gibt noch andere Arten der Regulierung, auf die wir später zurückkommen. Will man den Drehsinn des Läufers verändern, so genügt eine Vertauschung zweier Zuleitungen an den Ständerklemmen.

Wir wissen, daß der Läufer grundsätzlich langsamer läuft als das Drehfeld. Ist die Drehzahl des ersteren n_2, die Drehzahl des letzteren n_1, so ist die Schlüpfung

$$s = \frac{n_1 - n_2}{n_1} = \frac{\omega_1 - \omega_2}{\omega_1},$$

wenn ω[1]) die betreffenden Winkelgeschwindigkeiten bedeuten. Ist nur die am Läuferumfang wirkende Umfangskraft P kg und die Umfangsgeschwindigkeit v m/sec, so ist die Leistung

$$N = P \cdot v \text{ kgm/sec}$$

oder, da $v = \frac{D}{2}\omega$ (D ist der Läuferdurchmesser in Meter)

$$N = P \cdot \frac{D}{2} \cdot \omega = \mathfrak{M}\,\omega,$$

wo $\mathfrak{M}$ das wirkende Drehmoment in Meterkilogramm bedeutet.

Um das Drehmoment zu erzeugen, muß bei einem vorhandenen wirksamen Drehfeld von der Stärke Φ eine bestimmte Stromstärke in jeder Läuferphase vorhanden sein. Diese Stromstärke kann nun bei einer um so kleineren Schlüpfung entstehen, je kleiner der Widerstand einer Läuferphase ist (s. S. 118).

Der Verlust ist den Läuferphasen

$$N_v = 3\,J_2^2 \cdot R_2,$$

wenn J_2 der Läuferstrom, R_2 der Widerstand einer Läuferphase ist. Die vom Ständer auf den Läufer übertragene Leistung

$$N_1 = \mathfrak{M} \cdot \omega_1,$$

die vom Läufer abgegebene Leistung

$$N_2 = \mathfrak{M} \cdot \omega_2$$

die Differenz

$$N_1 - N_2 = \mathfrak{M} \cdot (\omega_1 - \omega_1) = \mathfrak{M}\,s\,\omega_1$$

muß den Läuferverlusten gleich sein. Es ist somit

$$\mathfrak{M} \cdot s \cdot \omega_1 = 3\,J_2^2 \cdot R_2.$$

Daraus kann man das Moment berechnen:

$$\mathfrak{M} = \frac{3 \cdot J_2^2 \cdot R_2}{\omega_1 \cdot s}.$$

Aus dieser Formel ersieht man, daß das Moment von R_2 abhängig ist. Eine hier nicht wiederzugebende Überlegung zeigt, daß das größte Moment von R_2 unabhängig ist. Für dieses größte Moment bestimmt R_2 lediglich die Schlüpfung, bei der dieses Moment eintritt. Ist R_2 sehr klein, so tritt das größte Moment bei sehr kleiner Schlüpfung ein. Das ist ja bei gewöhnlichem Betrieb der Fall. Es soll also R_2 unter jeder Bedingung klein sein. Ist hingegen R_2 sehr groß, so tritt das größte

[1]) ω ist die Geschwindigkeit im Abstand Eins von der Drehachse. Also:

$$\omega = \frac{2 \cdot \pi\, n}{60} = \frac{\pi \cdot n}{30}.$$

Moment bei sehr großer Schlüpfung ein. Das ist nun beim Anlassen der Fall. Ein Kurzschlußläufer wird daher kein großes Anlaufmoment erzeugen können, da R_2 des Kurzschlußläufers gering ist, trotzdem der Anlaßstrom unerlaubt groß ist. Der Anlaßwiderstand R_2 hingegen ermäßigt nicht nur den Anlaufstrom, sondern er ermöglicht auch ein großes Anlaufmoment. Seine Wirkung ist also eine doppelte. Bremst man den Läufer fest, so kann man den Schleifringen Drehstrom entnehmen. Der Motor wirkt als Drehstromtransformator.

Betriebsstörungen.

Die Ursachen der Betriebsstörungen beim Drehstrommotor sind nicht so mannigfaltig wie beim Gleichstrommotor.

Der Luftschlitz zwischen Läufer und Ständer ist sehr klein, er beträgt nur Bruchteile eines Millimeters. Werden nun die Lager vernachlässigt, sind sie mangelhafter Schmierung wegen ausgelaufen, so kann der Läufer in der Bohrung des Ständers schleifen, wodurch Ständer wie Läuferwicklungen verletzt werden. Ein solches Vorkommnis macht den Motor vollkommen unbrauchbar.

Es kommt vor, daß infolge einer kurzen Überlastung eine Sicherung durchbrennt. War diese Überlastung nur eine augenblickliche, so kann der Motor trotzdem als einphasiger Induktionsmotor weiterlaufen. Die Schlüpfung wird größer, die Stromstärke steigt und die beiden anderen Sicherungen brennen nach einiger Zeit ebenfalls durch. Der Motor braucht deshalb keinen Schaden genommen zu haben. Durch Neueinsetzen von Sicherungen ist der Motor wieder betriebsbereit. — Läuft der Motor als einphasiger Induktionsmotor, so ist dies aus dem Gang des Motors wahrzunehmen. Er läuft nicht mehr mit dem gewöhnlichen Summen, sondern er brummt.

Wird während des Betriebes bei normaler Belastung der Motor heiß, so untersuche man die Quelle dieser übermäßigen Erwärmung. Findet man, daß bestimmte Wicklungselemente des Ständers wärmer sind als die anderen, so kann in einer Phase ein Windungsschluß vorliegen oder ein Kurzschluß zwischen zwei Phasen.

Man schalte den Motor ab und löse am Klemmbrett die Verbindungen der Stern- oder Dreieckschaltung, aber nicht die Klemmen der drei Zuleitungen. Es liegen also die Anfänge der drei Phasen am Netz, während die Enden der drei Phasen frei sind. Zwischen Schleifringen und Bürsten wird man einen Preßspanstreifen schieben. Haben die Phasen keinen Schluß, so können sie auch keinen Strom aufnehmen. Ist hingegen Schluß vorhanden, so brummt der Motor stark. Der Motor muß unbedingt in die Werkstatt. Auch bei Windungsschluß einer Phase stellt sich das Brummen ein. Die Phase mit Windungsschluß ist diese, die eine starke Erwärmung zeigt.

Phasen- und Windungsschluß kann auch im Läufer vorhanden sein. In diesem Falle beginnt schon der Läufer sich zu drehen, wenn der Hauptschalter geschlossen wird. Um die Läuferwicklung zu untersuchen, muß man den Läufer ausbauen, die Schleifringe abziehen und den Stern der Wicklung öffnen. Dann kann man jede Phase mit der Prüflampe untersuchen.

Unterbrechungen in den einzelnen Phasen werden selten durch Drahtbrüche in den Wicklungen selbst erzeugt. Meist sind es durchgebrannte Sicherungen, schlechter Kontakt am Schalter, am Klemmbrett, am Anlasser oder in der Kurzschlußvorrichtung, vielfach auch eine schlechte Bürstenauflage.

Instandsetzen des Motors.

In der Werkstatt kann mit einfachen Hilfsmitteln ein Ständer oder ein Läufer neu gewickelt werden. Diese Wicklungen werden ausschließlich von Hand hergestellt. — Die Anzahl der Drähte in einer Nut, wie die Lage der Wickelköpfe und die Verbindungen der Spulen untereinander hat man sich beim Ausbau der Wicklung genau vorgemerkt. — Bei halbgeschlossenen Nuten kann man die Drähte von oben in die Nuten einlegen. Um den Spulenkopf leichter und besser formen zu können, schiebt man nach Fig. 95a Holzkeile so in die Nuten, daß die einzelnen Windungen um den Keil unten herumgezogen werden können. Dadurch wird der Kopf soweit nach unten verlegt, daß noch Raum für die anderen Spulen vorhanden ist. Die Nuten sind vorher durch ein oder zwei dünne Preßspanlagen zu isolieren.

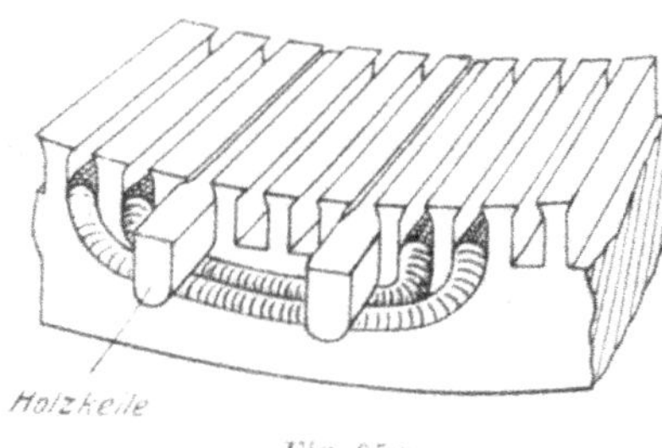

Fig. 95 a.

Noch eine bessere Form der Spulenköpfe erhält man, wenn die Drähte um Holzformen gewickelt sind, die am Gehäuse befestigt und dann wieder entfernt werden. — An den Stirnflächen wird die aus Leinwand und Lack bestehende Isolierung ersetzt, darauf einstweilen zwei oder drei Preßspanstreifen geklebt, die nach Fertigstellung der Wicklung wieder weggenommen werden. Dadurch verhindert man, daß der Spulenkopf die Stirnfläche berührt. Sind ein oder zwei Lagen gewickelt, so preßt man sie mittels eines Holzkeiles zusammen. Dieser Holzkeil hat einen dem Schienenprofil ähnlichen Querschnitt. Man schiebt den Keil seitwärts ein und schlägt von oben mit einem Holzhammer auf den Schienenkopf.

Manchmal ist es vorteilhaft, die Spule in einer Schablone herzustellen und die Seiten vorläufig mit Bindfaden zusammenzuheften.

Beim Einlegen einer Seite wird der Bindfaden dieser Seite gelöst und die Drähte dieser Seite in den Nutenschlitz eingeträufelt. Nachdem werden die Spulenköpfe umbandelt und lackiert. Vorsichtig ist es, gleich nach Fertigstellung des ersten Spulenkopfes beide Lagerschilder aufzupassen und zu beobachten, ob die Köpfe das Lagerschild nicht berühren. Die Nutenisolation, die beim Wickeln aus den Nuten herausragt, wird in die Nute eingebogen, die Nute selbst durch einen flachen Holz- oder Fiberkeil geschlossen.

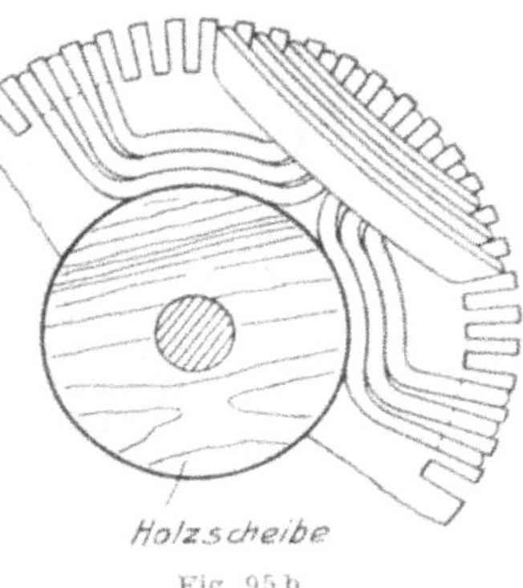

Fig. 95 b.

Die Läufer werden ebenso gewickelt. Die zentrische Lagerung der Köpfe auf den Stirnseiten wird durch zeitweilige Befestigung einer Holzscheibe (Fig. 95 b) erreicht. Man beginnt mit der Wicklung so, daß man bei jeder Gruppe zuerst die beiden außen liegenden Nuten vollwickelt. Nach Fertigstellung der unteren Gruppen werden sie mit Leinwand bandagiert und dann die oberen Gruppen gewickelt. In die innere Öffnung der Wicklung wird dann der mit Leinenband isolierte Eisenring eingesetzt und daran die Köpfe mit Drahtbandagen befestigt.

Drehstromkollektormotoren.

Da die Drehstrommotoren nur eine von der Frequenz und Wicklung abhängige Drehzahl besitzen, hat sich bald das Bedürfnis nach regelbaren Drehstrommotoren eingestellt. Diese Aufgabe wird durch die Drehstromkollektoren gelöst. Der Ständer zeigt gegen den Ständer des gewöhnlichen Motors keinen Unterschied. Statt des Läufers wird aber in die Ständerbohrung ein Gleichstromanker mit Bürsten eingebaut. Es ist nun möglich, die Schaltung so zu wählen, daß der Motor die Eigenschaften eines Gleichstromreihenschlußmotors oder eines Gleichstromnebenschlußmotors annimmt. Wir beschreiben beide Arten, wie sie von den Siemens-Schuckertwerken gebaut werden. Die Schaltungen zeigen die Fig. 96.

In Fig. 96a wird der Drehstrom dem Hochspannungsnetz entnommen. Der Transformator T dient zur Spannungserniedrigung. Die drei Phasen der Abnahmeseite sind ebenso unverkettet wie die drei Phasen des Ständers. Von den Klemmen H_1, H_2 und H_3 führen drei Leitungen zu den drei festen Bürstensätzen U, V und W. Ein anderer Bürstensatz X, Y, Z ist beweglich und in der gewöhnlichen Stellung stehen diese Bürstensätze so, daß die Bürsten des Bolzens W und des Bolzens Z längs auf ein und derselben Lamelle liegen. — In Fig. 96b liegt der Transformator zwischen Kollektor und Ständer. Der Ständer erhält die Hochspannung. Für den Anker wird die Hochspannung in eine Niederspannung umgewandelt. — Fig. 97 zeigt einen regelbaren Dreh-

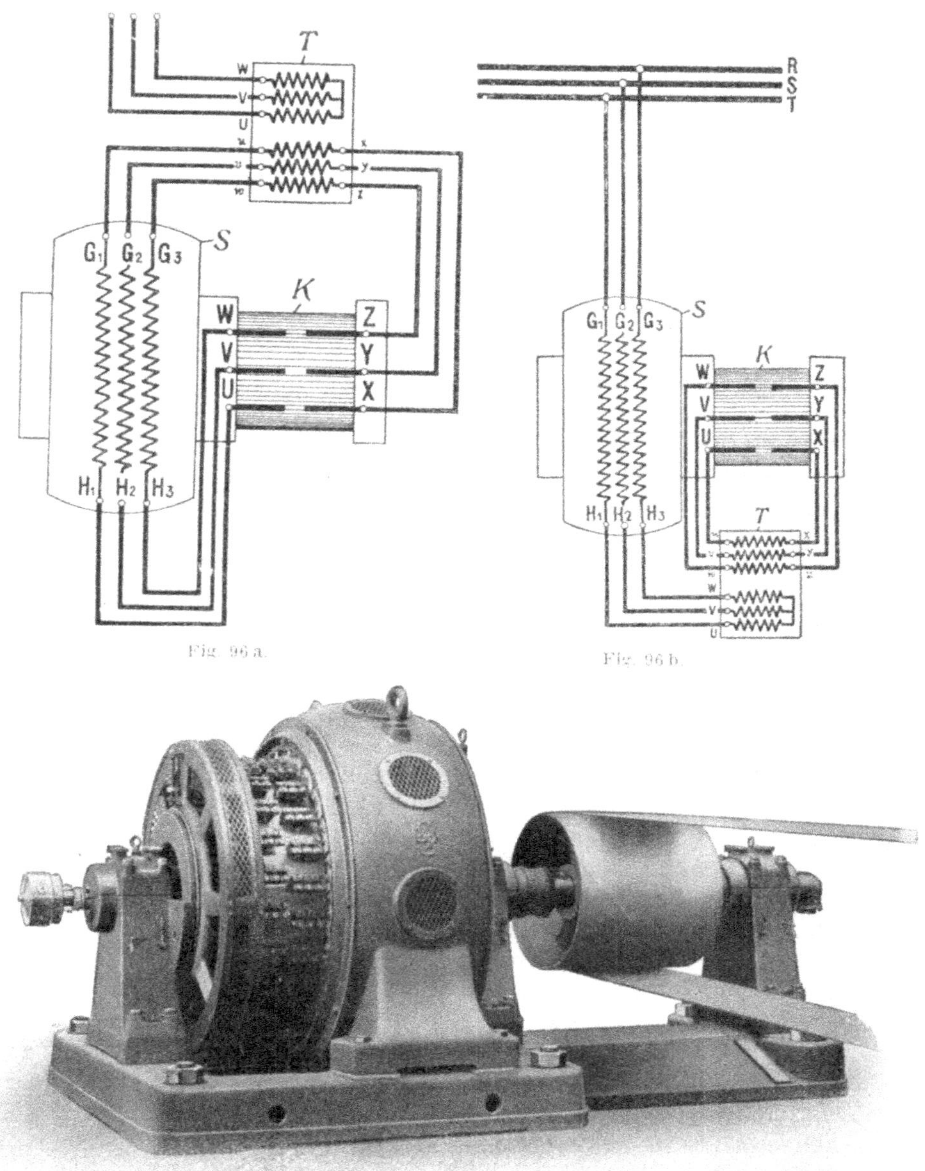

Fig. 96 a.

Fig. 96 b.

Fig. 97.

strom-Reihenschlußmotor für 270 PS, 500 Umdrehungen zum Antriebe einer Brikettpresse. Der Ständer ist ganz so gebaut wie der Ständer eines gewöhnlichen Drehstrommotors. Der Anker ist ein gewöhnlicher Gleichstromanker mit Kollektor. Ist 2 *p* die Anzahl der Pole des Drehfeldes, so ist auch der Anker 2 *p* polig gewickelt. — Die Bürsten sind auf zwei Tragringen mit gleichviel Bürsten aufgeteilt, die meist nebeneinander vorbeigehend den Kollektor bestreichen. Die Bürsten werden durch einen Stellhebel verschoben. Die Bürstenverschiebung ist nun das äußerlich auffallendste Kennzeichen des Motors. Durch die Bürstenverschiebung wird der Motor angelassen, gesteuert, umgekehrt und gebremst.

Zum Anlassen wird zuerst der dreipolige Hauptschalter geschlossen und dann der bewegliche Bürstensatz verdreht. Wie der Gleichstrom-Reihenschlußmotor darf auch dieser Motor nicht leer anlaufen, da er sonst durchgeht. — Das Anlassen geschieht anfangs rasch. Mit zunehmender Umdrehungszahl wird der bewegliche Bürstensatz langsamer verschoben, bis die gewünschte Drehzahl erreicht ist. Die an den Schlitten des beweglichen Bürstensatzes sichtbaren Marken geben die Grenzstellung der Bürsten an. Innerhalb dieser Grenzen kann man die Drehzahl des Motors bei unveränderlichem Drehmoment von 5 vH bis 130 vH regeln. — Soll der Motor in entgegengesetzter Drehrichtung laufen, so sind zwei Ständerphasen zu vertauschen und die Bürstenbrücke nach entgegengesetzter Seite zu verschieben. Der Motor läuft richtig an, wenn er gegen die Richtung der Bürstenverschiebung und in der Richtung des Drehfeldes läuft. — Stillgesetzt wird der Motor, wenn man die Bürsten in die Nullage zurückdreht. Die ganze Bürstenverschiebung beträgt bei zweipoligen Motoren 120°, bei vierpoligen Motoren 60°, bei sechspoligen 40° usw.

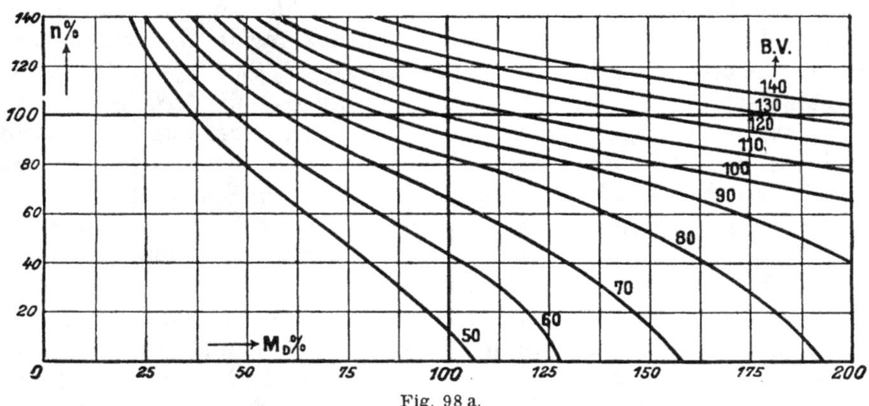

Fig. 98 a.

Beim Anlaufen entwickelt der Drehstrom-Reihenschlußmotor ein kräftiges Anzugsmoment. Fig. 98a zeigt die Drehzahlen n vH über

Drehmoment vH bei konstanter Bürstenstellung, Fig. 98b Drehzahl, cos φ usw. bei unveränderlicher Spannung und Bürstenstellung.

Die Schaltung des Drehstrom-Nebenschlußmotors nach Ausführung der Siemens-Schuckertwerke zeigt Fig. 98. Von der Drehstromleitung *RST* wird der Gleichstromanker gespeist, der neben dem gewöhnlichen Kollektor noch drei Schleifringe besitzt.

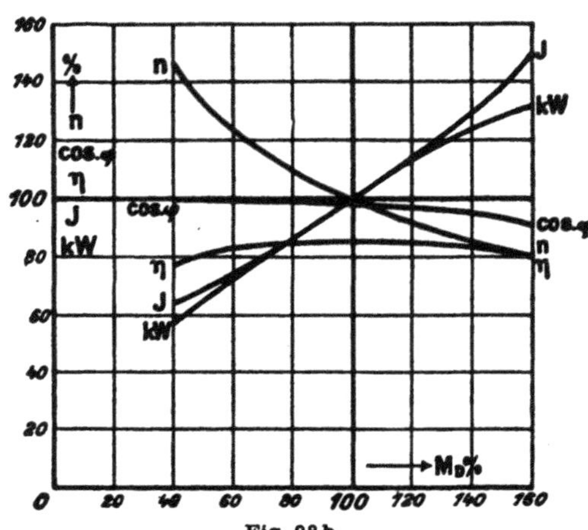

Fig. 98b.

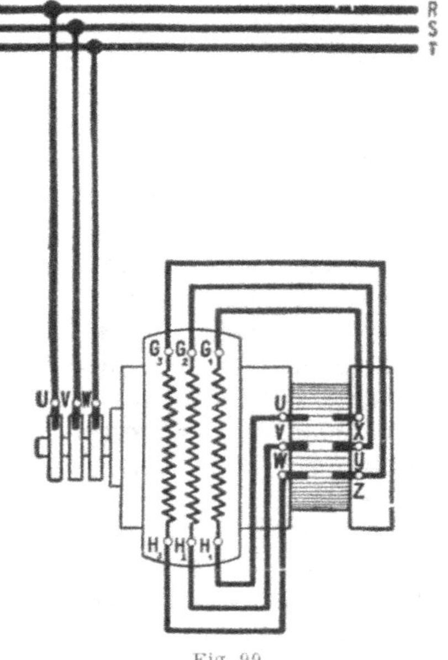

Fig. 99.

Die Ankerwicklung ist an der Schleifringseite an drei Stellen, die 120 elektrische Grade auseinanderliegen, angezapft. Von diesen Anzapfungen führen drei Leitungen zu den Schleifringen. Die Gleichstromwicklung ist dann einer Dreiphasenwicklung in Dreieckschaltung gleich. Die offene Ständerwicklung ist bei H_1, H_2 und H_3 mit dem festen Bürstensatze *U*, *V*, *W* und bei G_1, G_2 und G_3 mit dem beweglichen Bürstensatze *X*, *Y*, *Z* verbunden. Der Motor, den Fig. 99 darstellt, wird für die gebräuchlichsten Drehstrom-Niederspannungen für unmittelbaren Netzanschluß gebaut. Bei höheren Spannungen ist ein Transformator vorzuschalten. Stehen die Bürsten jeder Phase, wie Fig. 99 zeigt, einander gerade auf einer Kollektorlamelle gegenüber, so sind die Ständerspulen kurzgeschlossen. Der Motor läuft dann genau wie ein Drehstrommotor, dessen Läufer an das Netz gelegt und dessen Ständer kurzgeschlossen ist. Er läuft also mit annähernd synchroner Geschwindigkeit. Die Geschwindigkeit des Drehfeldes, das über den Läufer gleitet, und die Drehgeschwindigkeit des Läufers selbst sind dabei nahezu gleich groß, aber einander entgegengesetzt. Infolgedessen steht das Drehfeld im Raume fast still und die Spulen des Ständers würden bei vollkommen synchroner Geschwindigkeit von Kraftlinien nicht geschnitten werden. Gegenüber dem normalen Drehstrommotor, bei dem der Ständer am Netz liegt und der Läufer kurzgeschlossen ist, ändert sich also nichts. — Verschiebt man nun die Bürsten, so daß die Anfangs- und Endpunkte der Ständerspulen mit zwei verschiedenen Lamellen des Kollektors verbunden sind, so erhalten die Spulen eine Spannung, die der Zahl der zwischen diesen Lamellen liegenden Windungen der Läuferwicklung entspricht. Um das Gleichgewicht herzustellen, muß in den Ständerspulen eine entgegenwirkende elektromotorische Kraft geweckt werden. Der Läufer wird also von der syn-

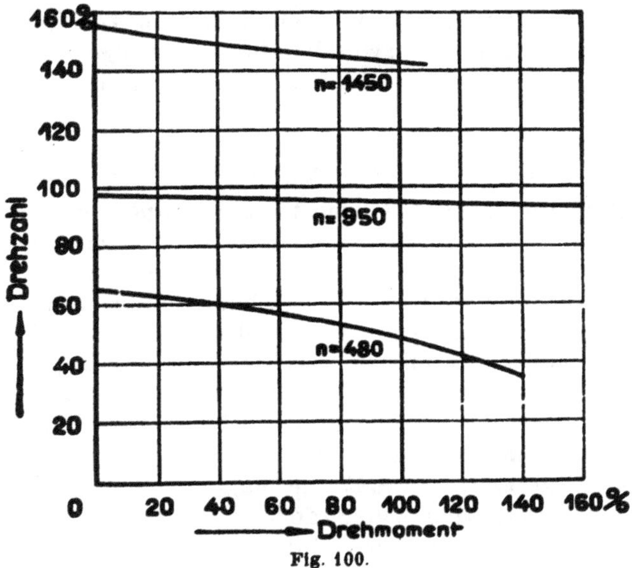

Fig. 100.

chronen Geschwindigkeit soweit abweichen, daß die vom umlaufenden Drehfelde in den Ständerspulen geweckte elektromotorische Kraft gleich der Spannung an den beiden Kollektorlamellen wird. Die Spannungsrichtung an den Ständerspulen hängt davon ab, welcher von beiden Bürstensätzen in der Drehrichtung des Motors voreilt. Je nachdem sich die eine oder andere Bürstenreihe im Drehsinne vorn befindet, läuft der Motor im übersynchronen oder untersynchronen Regelbereich. Eine Änderung der Drehrichtung wird durch Vertauschen zweier Phasen an den Zuführungsleitungen zum Läufer bewirkt. Da die Einstellung der Bürsten für jede Drehrichtung anders ist, so muß bei einem Wechsel der Drehrichtung die gegenseitige Lage der beiden Bürstensätze etwas geändert werden.

Fig. 100 zeigt die Verringerung der Drehzahl in Abhängigkeit vom Drehmoment bei drei verschiedenen Bürstenstellungen. Aus diesem Bilde ersieht man, welchen geringen Einfluß die Belastung auf die Drehzahl hat.

Die Wechselstrommotoren.

Der Wechselstrom-Reihenschlußmotor. Der Wechselstrom-Nebenschlußmotor. Der Wechselstrommotor nach Winter-Eichberg. Der Repulsionsmotor. Der asynchrone Einphasen-Induktionsmotor.

Die Energieverteilung mittels Drehstroms hatte vielleicht nur aus dem Grunde so große Verwendung gefunden, weil der Drehstrommotor ein ebenso einfacher, billiger und zuverlässiger Motor war. Wechselstrommotoren hatte man anfangs so gut wie keinen. — Nachdem man die Schwierigkeiten, die sich dem Bau von Wechselstrommotoren entgegensetzten, überwunden hatte, verfügen wir über eine Reihe guter Wechselstrommotoren, von denen hier die Sprache sein soll.

Der Wechselstrom-Reihenschlußmotor.

Wir haben im Kapitel Gleichstrommaschinen gehört, daß ein Reihenschlußmotor seinen Drehsinn beibehält, wenn man die Zuleitungen vertauscht, denn dadurch wird die Stromrichtung in den Magnetspulen wie im Anker geändert. Dann müßte ein solcher Motor eigentlich auch für Wechselstrom verwendbar sein. Schließt man einen solchen Motor tatsächlich an ein Wechselstromnetz an, so bemerken wir, daß er nur ein sehr geringes Drehmoment entwickelt, daß er in allen Teilen sehr warm wird und daß der Kollektor heftig feuert. Er ist also in diesem Zustande nicht brauchbar.

Zuerst überlege man sich, daß die Magnetwicklung wie der Anker für Wechselstrom induktive Widerstände sind (s. auch S. 105). — Sie haben also neben dem Ohmschen Widerstand noch einen sehr hohen Blindwiderstand. — Den Blindwiderstand der Magnetspulen kann man verkleinern, wenn man wenig Windungen wählt. Dies ist aber bei einem erforderlichen Kraftfluß nur dann möglich, wenn man den magnetischen Widerstand des Kraftlinienpfades gering macht. Vor allem wird man einen sehr geringen Luftschlitz wählen, nicht größer wie bei den gewöhnlichen Drehstrommotoren, dann wird man das Magnetgestell aus weichen Eisenblechen aufbauen, geradeso wie den Ständer eines Drehstrommotors. Dabei erreicht man auch, daß die Eisenverluste durch Wirbelströme und magnetischer Reibung klein werden. — Auch der Anker ist eine Drosselspule. Das Ankerfeld ist doch auch ein flackerndes Feld, das die eigenen Windungen schneidend, ein E. M. K. der Selbstinduktion an den Bürsten hervorruft. Diese elektromotorische Kraft der Selbstinduktion können wir in dem Falle, wo sie zu groß wird, dadurch aufheben, wenn wir das Ankerfeld aufheben. Das kann nun dadurch geschehen, daß man in den Polschuhen eine vom Hauptstrom durchflossene Wicklung anordnet, welche die Amperewindung des

Ankers aufheben oder kompensieren, wie man sich gewöhnlich ausdrückt. Diese Wicklung ist die Kompensationswicklung. Dadurch hätten wir nun den Motor schon wesentlich verbessert. Trotz aller dieser Vorkehrungen ist das schwierigste noch nicht überwunden. Das ist die Stromwendung. Man denke sich nur die stromwendende Spule, deren Seiten in der neutralen Zone liegen und deren Fläche senkrecht vom flackernden Magnetfluß des Magnetgestelles durchdrungen wird. Da stellt ja die stromwendende Spule nichts anderes vor, als die kurzgeschlossene Abgabeseite eines Transformators. Besonders beim Angehen, wo die Spule noch in Ruhe ist. — Dagegen läßt sich nun gar nichts machen. Man kann nur den Widerstand erhöhen, wenn man die Verbindungen zwischen Kollektorlamellen und Wicklung nicht aus Kupfer, sondern aus einem Metall von größerem spezifischen Widerstand macht. Ist aber die Frequenz klein, die Drehzahl des Motors verhältnismäßig groß, so ist das Übel nicht so groß. Denn dann ist die Stromwendezeit so gering, daß man in dieser sehr geringen Zeit das Feld, das die stromwendende Spule hindurchgeht, als unveränderlich betrachten kann. — Das ist für uns ein Fingerzeig, wo Wechselstrommotoren verwendbar sein werden: Bei kleiner Frequenz ($f = 25$ oder $16^3/_4$) und bei verhältnismäßig hoher Drehzahl. — Dann macht die Stromwendung nicht mehr Schwierigkeiten wie bei Gleichstrom. Um sicher das Ankerfeld in der neutralen Zone aufzuheben, wird man Wendepole anordnen.

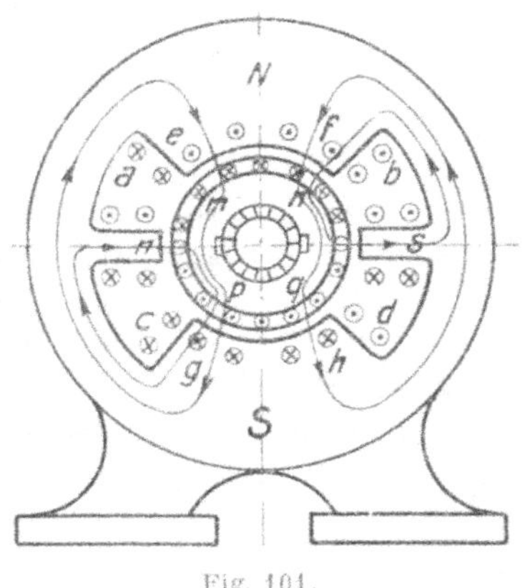

Fig. 101.

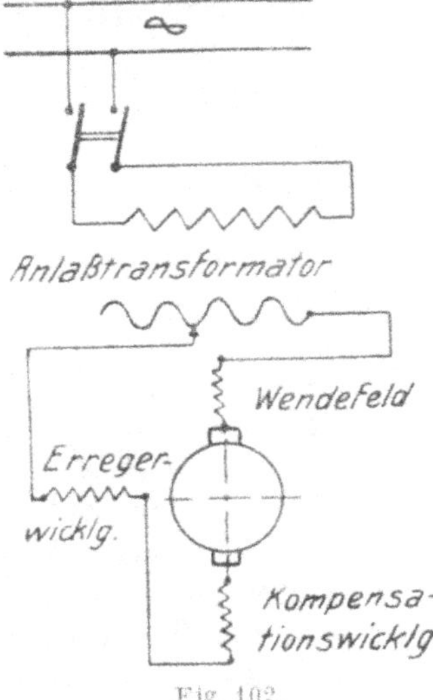

Fig. 102.

In Fig. 101 sind nun alle besprochenen Wicklungen und Stromrichtungen für einen Augenblick eingezeichnet worden. Die Spule *a b* und die Spule *c d* sind hintereinandergeschaltet und bilden die Hauptstromwicklung oder Erregerwicklung genannt. Sie erzeugen das flackernde Hauptfeld. In dem gezeichneten Augenblick ist im Magnetgestell oben ein Nordpol, unten ein Südpol (s. auch S. 63). Die Ankerleiter unter dem Nordpol führen einen Strom, der von uns wegfließt. Die Ankerleiter, die augenblicklich unter dem Südpol liegen, führen einen Strom, der auf uns zufließt. Die Amperewindungen der Ankerströme werden durch die Amperewindungen der Kompensationswicklung aufgehoben. Die Leiter dieser Wicklung liegen in Nuten der Polschuhe zwischen *e f* und *g h*. Die Wendepolwicklung endlich erzeugt links einen Nordpol, rechts einen Südpol. Es ist auch der magnetische Pfad des Wendefeldes in der Figur verzeichnet. Es hat in den Luftschlitzen in der

Fig. 103.

neutralen Zone die entgegengesetzte Richtung wie das dort bestehende Ankerfeld. — In Fig. 102 ist nun die Schaltung im Gerippe gezeichnet.

Der Wechselstrom-Reihenschlußmotor wird überall dort verwendet, wo man Wechselstrom zur Verfügung hat und man bei Gleichstrom ebenfalls einen Reihenschlußmotor vorgeschlagen hätte.

Sie entwickeln beim Anfahren ein sehr kräftiges Drehmoment und nehmen bei Leerlauf unzulässig hohe Drehzahlen an. Eine ganz besondere Verwendung findet sie bei Überlandbahnen. Fig. 103 zeigt einen Einphasen-Reihenschlußmotor, wie ihn die Siemens-Schuckertwerke herstellen. Er ist vollkommen gekapselt.

Der Wechselstrom-Nebenschlußmotor.

Bei diesem Motor kommt noch eine Schwierigkeit hinzu. Hier sind Anker- und Erregerspulen nebeneinandergeschaltet. Da die Blindwiderstände und die Ohmschen Widerstände einander nicht gleich sind, haben Magnet- und Ankerstrom verschiedene Phasen. Nun wird das Drehmoment bekanntlich (s. S. 67) vom Felde und vom Ankerstrom erzeugt. Da nun das Feld zu einer anderen Zeit seinen Höchstwert erreicht wie der Ankerstrom, so wird das Drehmoment sehr gering sein. Wenn man aber die Blindwiderstände durch eine Zusatzspule im Ankerstromkreis gleich macht, so ist dieser Übelstand behoben. Konstruktiv unterscheidet er sich sonst nicht vom Wechselstrom-Reihenschlußmotor.

Der Motor von Winter-Eichberg.

Wir haben bereits erwähnt, daß Wechselstrommotoren die Stromwendung die größten Schwierigkeiten bereitet. Sei es nun, daß die stromwendende Spule in der neutralen Zone das Ankerfeld schneidet, sei es, daß die stromwendende Spule als kurzgeschlossene Spule eines Transformators aufgefaßt werden muß. Die Energie, die in der kurzgeschlossenen Spule (s. S. 73) aufgespeichert ist, wird bei Beendigung der Stromwendung frei und entlädt sich durch einen Funken zwischen Lamelle und ablaufender Bürstenkante. Wenn man diese Energie durch magnetische Kupplung der stromwendenden Spule mit einer anderen Spule von sehr geringem Widerstand auf diese Spule übertragen kann, so wird die Stromwendung funkenfrei verlaufen.

Dies haben nun Winter-Eichberg dadurch erreicht, daß sie beim gewöhnlichen Wechselstrom-Reihenschlußmotor auf die Kompensations- und Wendepolwicklung verzichten, dafür aber die erforderliche Kurzschlußspule, die die Energie der stromwendenden Spule aufnehmen soll, dadurch herstellen, daß sie noch ein schmales Bürstenpaar gerade unter den Polen anbringen und dieses Bürstenpaar durch ein Kupferseil kurzschließen. — Unter den Hilfsbürsten entsteht keine Funkenbildung. Das dortige Hauptfeld und das Feld, das von den zwei kurzgeschlossenen Stromkreisen herrührt, heben sich auf.

Die Schaltung des Winter-Eichberg-Motors zeigt Fig. 104.

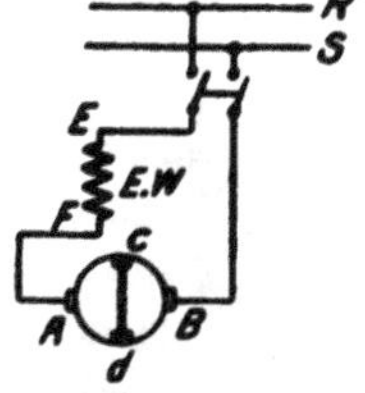

Fig. 104.

$E\ F$ ist die Erregerwicklung, $A\ B$ die gewöhnlichen Bürsten des Wechselstrom-Reihenschlußmotors, $c\ d$ die Hilfsbürsten, die unter der Mitte der Pole liegen. — Diese Motoren werden von der allgemeinen Elektrizitätsgesellschaft gebaut.

Der Kurzschluß durch die Hilfsbürsten $c\ d$ wirkt um so besser, je größer der Kurzschlußstrom ist, dazu ist ein geringer Ohmscher Widerstand der Ankerwicklung und eine hohe Frequenz nötig. Lauft der Motor verhältnismäßig sehr rasch, so tritt Funkenfeuer ein. — Ist z. B. die Frequenz $f = 50$, die Anzahl der Pole $2\,p = 4$, so wäre die ordentliche Drehzahl $\frac{50 \cdot 60}{2} = 1500$. Langsam laufend wäre also ein Motor mit $n = 800$, schnellaufend mit $n = 2000$. Das erste Mal läuft er untersynchron, das zweite Mal übersynchron. — Den Winter-Eichberg-Motor werden wir also bei vorhandener hoher Frequenz und untersynchroner Drehzahl am besten verwenden können. Er ist in dieser Beziehung eine wertvolle Ergänzung des Wechselstrom-Reihenschlußmotors, der am besten bei niederer Frequenz und übersynchroner Drehzahl arbeitet.

Der Repulsionsmotor.

Der Repulsionsmotor hat einen Ständer, der genau so aufgebaut und bewickelt ist wie der Ständer eines Wechselstrom-Reihenschlußmotors. Er wird also zwei-, vier- oder mehrpolig gewickelt. In der Ständerbohrung ist ebenso wie beim Wechselstrom-Reihenschlußmotor ein Gleichstromanker mit Kollektor angeordnet. Der Unterschied ist nun folgender. Der Netzstrom fließt allein durch die Ständerwicklung. Auf dem Kollektor schleifen beim zweipoligen Motor zwei Bürsten, die durch ein Kabel kurzgeschlossen sind. Bei Stillstand des Motors steht das Bürstenpaar genau in der neutralen Zone. Der durch das Bürstenpaar kurzgeschlossene Anker verhält sich zur Ständerwicklung geradeso wie die Abgabespule eines Transformators zur Aufnahmespule. Die Schaltung des Motors zeigt Fig. 105.

Wir betrachten nun den Motor, wenn wir uns die Bürsten aus der neutralen Zone im Sinne des Uhrzeigers herausgeschoben denken. In dieser Lage schließen die Bürsten mit der magnetischen Achse den Winkel α ein. In irgendeinem Augenblicke wirkt die E. M. K. im Ständer so, wie gezeichnet. Links wirkt die E. M. K. von uns weg, rechts wirkt sie auf uns zu. Die durch das flackernde Feld in den Ankerleitern erzeugte E. M. K. muß die entgegengesetzte Richtung haben (s. S. 124). — Nun sieht man aus der Zeichnung, Fig. 106, daß die elektromotorischen Kräfte der Ankerleiter unter den Polen zwischen a

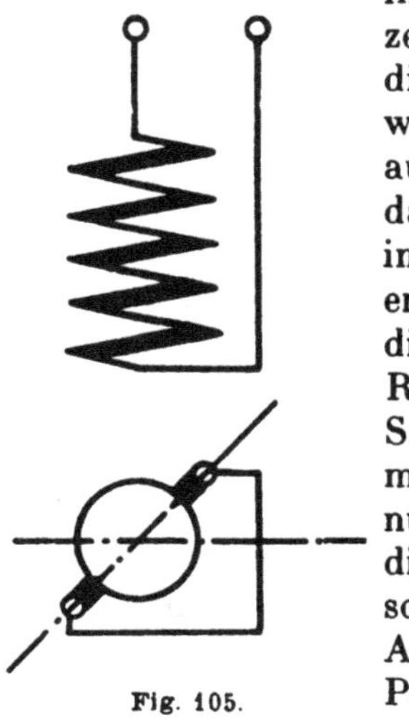

Fig. 105.

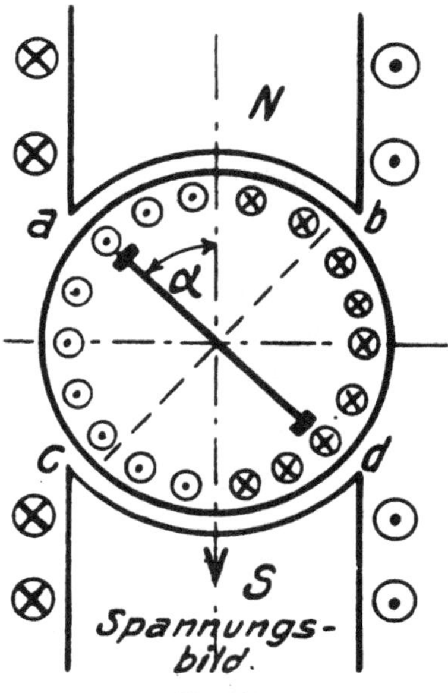

Fig. 106.

und *b*, auch zwischen *c* und *d* sich gegenseitig aufheben, die elektromotorischen Kräfte der Ankerleiter zwischen den Polkanten *a c* und *b d* sich addieren. Daher treiben diese E. M. K. durch den Anker einen Strom, wie Fig. 107 zeigt.

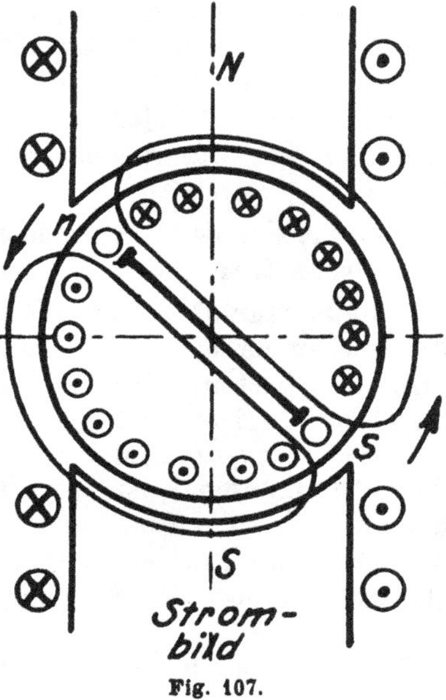

Fig. 107.

Strombild.

Der stromdurchflossene Anker, Fig. 107, erzeugt ein Ankerfeld. Es entstehen im Ankereisen die Pole *n* und *s*. Da sich gleichnamige Pole abstoßen, muß sich der Anker im entgegengesetzten Sinne des Uhrzeigers drehen. Stehen die Bürsten in der neutralen Zone (Fig. 105), so heben sich die E. M. K. im Anker auf, der Ankerstrom ist Null, es gibt kein Drehmoment. Liegen aber die Bürsten genau unter Polmitte, dann addieren sich die E. M. K. aller Drähte auf der linken und rechten Seite. Der Ankerstrom hat seinen Höchstwert, aber die Achsen des Ständerfeldes und des Ankerfeldes fallen zusammen, *n* kommt unter *N*, das Drehmoment ist abermals Null.

Fig. 108.

Will man also den Motor anlassen, so schließt man zuerst den Stromkreis des Ständers. Hierauf verschiebe man z. B. die Bürsten im Sinne des Uhrzeigers. Der Läufer beginnt sich langsam entgegengesetzt der Bürstenverschiebung zu drehen. Dabei wächst auch das Moment zuerst langsam, dann schnell. Drehzahl und Moment haben den Höchstwert, wenn $\sphericalangle \alpha$ ungefähr 10^0 ist. Verschiebt man die Bürsten noch weiter, so sinkt das Moment und die Drehzahl sehr rasch auf Null. — Hätte man die Bürsten aus der neutralen Zone nach unten verschoben, so hätte sich der Anker im Sinne des Uhrzeigers zu drehen angefangen.

Dreht sich der Läufer, so entsteht an den Bürsten noch eine elektromotorische Kraft, weil die Ankerleiter das Ständerfeld schneiden.

Läßt man den Repulsionsmotor leer anlaufen, so geht er durch. Er arbeitet bei einer gewissen Bürstenstellung, die die gewöhnliche sein soll, am besten. Dieser Bürstenstellung entspricht eine Drehzahl, die etwa 10 vH unter der synchronen Drehzahl liegt. Die Stromwendung ist sehr gut, da sich hier die beiden Hauptursachen subtrahieren. Das Anlaufdrehmoment ist ganz bedeutend. Sie entwickeln das 2,5fache des normalen Drehmoments sehr leicht, wobei die Stromaufnahme nur das Doppelte des gewöhnlichen Stromes ist. — Fig. 108 zeigt einen Repulsionsmotor der Siemens-Schuckertwerke.

Der asynchrone Einphasen-Induktionsmotor.

Denken wir uns einen Drehstrommotor im Betrieb. Wir schalten nun eine beliebige Zuleitung weg. War der Motor zurzeit nicht stark belastet, so läuft er merkwürdigerweise weiter. Es kann bei Unterbrechung einer Phase kein Drehfeld mehr entstehen, das Feld ist ein einfaches Wechselfeld wie in den Ständern der Wechselstrommotoren. Unterbricht man den Läuferstromkreis mittels des Anlassers, so kommt der Motor außer Betrieb. Versucht man jetzt den Motor, wie einen Drehstrommotor von neuem anzulassen, so gelingt dies selbstverständlich nicht.

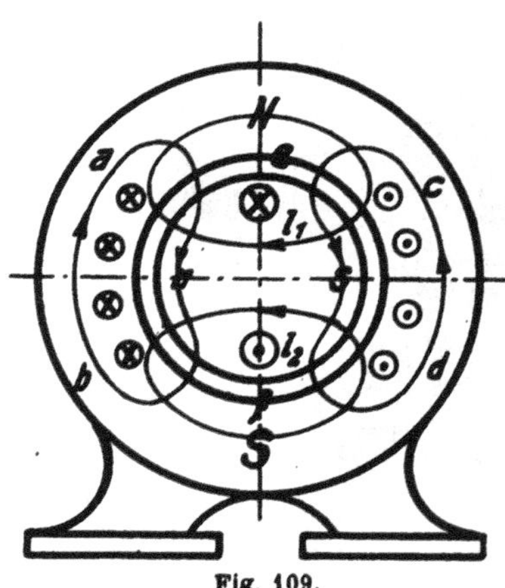

Fig. 109.

In Fig. 109 ist der Ständer eines solchen Motors gezeichnet. Er trägt nur eine Spule, deren linke Spulenseite zwischen *a b*, und deren rechte Spulenseite zwischen *c d* liegt. In der Ständerbohrung befindet sich nun ein Läufer. Er ist ebenso gebaut wie der Schleifringanker eines Drehstrommotors, hat also drei Schleifringe. Die darauf schleifenden Bürsten sind durch drei Leitungen mit dem Anlasser verbunden. Für unsere Überlegung genügt auch ein Kurzschlußanker. Von diesem betrachten wir nur zwei Leiter, die an den Stirnseiten kurzgeschlossen sind. — Fließt durch die Ständerwicklung ein Wechselstrom, so entsteht ein flackerndes Wechselfeld, dessen Achse *e f* ist. Ist der Strom am größten, so ist auch die Induktion im Luftspalt bei *e* am größten. Ist der Strom in der Ständerspule Null, so ist auch die Induktion im Luftspalt bei *e* Null. In der neutralen Zone, im Luftspalt bei *g* und *h* ist die Induktion überhaupt Null. Kehrt der Strom in der Ständerspule um, so wird unten bei *f* ein Nordpol und oben bei *e* ein Südpol entstehen. Nun drehen wir den Läufer künstlich an, daß er sich in der Zeit einer Periode einmal herumgedreht hat.

In einem Augenblicke soll die Stromrichtung in der Ständerspule so sein, wie es in der Fig. 109 eingezeichnet ist. Dann ist augenblicklich oben ein Nordpol und unten ein Südpol vorhanden. Der bewegte Leiter l_1 schneidet das augenblickliche Feld. Die E. M. K. wirkt von uns weg. Im Leiter l_2 wird dieselbe E. M. K. nur in umgekehrter Richtung entstehen. Die E. M. K. in den Seiten l_1 und l_2 addieren sich und es entsteht in der Spule mit den Spulenseiten l_1 und l_2 ein kräftiger Strom, der ein Läuferfeld erzeugen wird. Die Pole des Ankers sind dann *n* und *s*. — Das bleibt solange, bis der Leiter l_1 in die neutrale Zone gekommen ist. Bewegt er sich aber weiter, so kommt er abermals unter einen Nordpol, weil sich indessen die Polarität der Pole geändert hat. Der Draht l_1 kommt also nie aus dem Nordpol heraus, wie der Leiter l_2 immer unter einem Südpol sich bewegt. Die Folge davon ist, daß *n* und *s* wie das Ankerfeld mit dem drehenden Anker ziemlich fest verbunden sind. Wir haben also doch ein Drehfeld, das nur nicht vom Ständer, sondern vom Läufer selbst erzeugt wird.

Für die Wirkungsweise des Motors ist es aber einerlei, ob das Drehfeld vom Ständer oder Läufer herrührt.

Es kommt nur darauf an, den Motor auf Synchronismus anzukurbeln.

Dies geschieht nun bei Leerlauf auf diese Weise, daß man senkrecht auf die Ständerspule, also bei *e* und *f* eine Hilfsspule unterbringt. Werden durch zwei aufeinander senkrecht stehende Spulen zwei Wechselströme geführt, die einen Phasenunterschied von 90° besitzen, so entsteht ebenfalls ein Drehfeld. Ein solcher Strom steht uns zwar nicht zur Verfügung. Aber wir können vom Hauptstrom einen Nebenschluß abzweigen und ihn durch eine Drosselspule schicken. Dadurch erhält er in bezug auf den Hauptstrom eine Phasenverschiebung von etwa 70°. Das gibt wohl ein unregelmäßiges Drehfeld, aber regelmäßig und stark genug, einen leerlaufenden Läufer anzudrehen und ihn auf synchrone Drehzahl zu bringen.

Ist er dann soweit gebracht, so kann man ihn belasten.

Der Anlaßvorgang ist dann nach Fig. 110 folgender:

Der Wechselstrom fließt in einem Augenblick von der unteren Verteilerschiene in den linken mittleren Kontakt u des Umschalters. Von diesem Kontakt zweigt auch ein Nebenschluß zum mittleren Hebel K ab. Vom ersten Kontakt fließt der Strom bei Anlaßstellung über den Widerstand R durch die Phase $A\ B$ zum rechten unteren Kontakt des Umschalters, von dort zum rechten Mittelkontakt und von hier zur anderen Schiene zurück. Der Nebenschluß fließt durch die Drosselspule zur Hilfsphase $a\ b$, von dort über m denselben Weg wie der Hauptstrom. Jetzt ist bereits das unvollständige Drehfeld vorhanden und der Schleifringanker kann mittels des Anlassers angelassen werden. Ist dies geschehen, so stellt man den Hebel auf Arbeitsstellung. Der Strom fließt jetzt von u nach dem oberen linken Kontakt o, von dort mit Umgehung von R in die Phase $A\ B$, von dort nach dem mittleren rechten Kontakt zur oberen Schiene zurück. Die Hilfsphase ist ausgeschaltet.

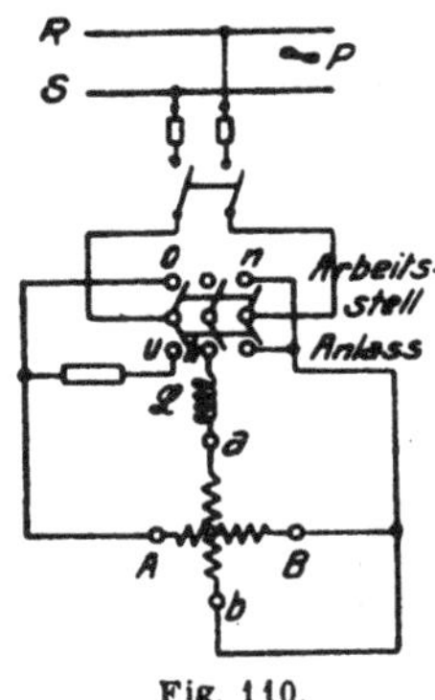

Fig. 110.

Wechselstrom- und Drehstromerzeuger.

Beschreibung einiger Anlagen. Mechanischer Aufbau der Generatoren. Parallelschalten von Wechselstrommaschinen. Der Wechselstromgenerator als Synchronmotor. Die Umformer. Quecksilber-Dampfgleichrichter.

In der Wechselstromtheorie wurden die Stromerzeuger nur soweit besprochen, als es zum Verständnis des ein- und dreiphasigen Wechselstromes nötig war.

Die Wechselstromerzeuger sind meist Maschinen großer Leistung. In den Großkraftwerken stehen Generatoren, die bis 60 000 kVA abgeben können. Die Phasenspannung ist dann 5000 bis 8000 Volt. Die von diesen Maschinen erzeugte Energie wird durch Transformatoren auf eine Spannung von 60 000 bis 120 000 Volt gebracht und dann auf große Entfernungen geleitet.

Als erstes Beispiel diene das Großkraftwerk in Zschornewitz bei Bitterfeld. Im jetzigen Ausbau arbeiten 12 Turbogeneratoren von je 22 500 kVA Leistung. Die Maschinenspannung ist 6500 Volt. Die Drehzahl der Maschinen $n = 1000$, die Frequenz $f = 50$. Daraus geht hervor, daß die Ständer sechspolig gewickelt sind. — Wie groß Turbogeneratoren gebaut werden können, zeigt der von den Siemens - Schuckertwerken erbaute Drehstrom - Turbogenerator von 60 000 kVA für die Goldenbergzentrale. Der aus vier Teilen zusammengesetzte Ständer wiegt 145 t, das Kupfergewicht desselben allein 16 t. Der Läufer wiegt 104 t. Die Maschinenspannung beträgt 6600 bis 7000 Volt.

Auch die Wasserkraftzentralen erbaut man heute für große Einheiten. So lieferte beispielsweise J. M. Voith in Heidenheim für das Elektrizitätswerk am Glomfjored in Norwegen eine Zwillings-Freistrahlturbine (Peltonrad) von 27 000 PS. Sie verbraucht bei 442 m Nutzgefälle etwa 90 m³ in der Sekunde. Die Austrittgeschwindigkeit des Wassers aus der Düse ist 90 m/sec, die Umfangsgeschwindigkeit der Turbine bei 3,4 m Durchmesser 53,5 m/sec und die Drehzahl 300. Der

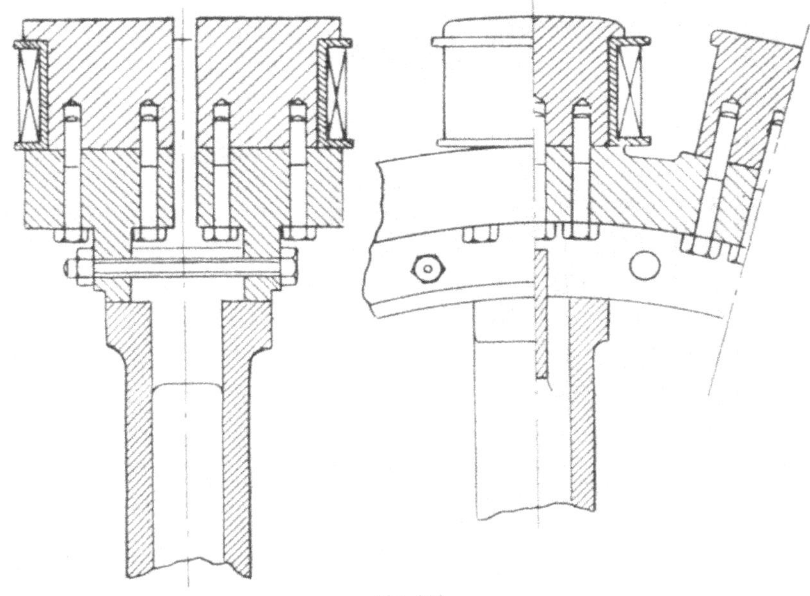

Fig. 111.

Generator leistet 24 000 kVA bei 15 000 Volt Maschinenspannung. Die Frequenz ist 25, so daß der Ständer zehnpolig gewickelt ist.

Bei kleiner Drehzahl, wie dies bei Antrieb durch Wasserturbinen der Fall ist, baut man das Magnetrad etwa nach Fig. 111. Es ist ein zweiteiliges Polrad der Firma Ganz & Cie. Das Polrad ist gegossen. Für schnellaufende Wasserkraftgeneratoren baut man das Polrad aus Stahlplatten auf, etwa wie Fig. 112 zeigt.

Die Pole sind körperlich.

Bei hohen Umfangsgeschwindigkeiten zieht man die Magnetwalzen vor.

Die Walze ist mit der Welle aus einem Stück geschmiedet und besteht aus Siemens-Martinstahl. Durch eine Hobelmaschine wird in die Walze eine Reihe von Nuten zur Aufnahme der Erregerwicklung eingehobelt. Die Nuten werden isoliert. Die Spulen aus Flachkupferstäben werden ebenfalls isoliert und in die Nuten, welche dann mit Stahl- und Messingkeilen verschlossen werden, eingepreßt. Die aus den Nuten herausragenden Teile der Wicklung werden durch eine auf den Wicklungsträgern befestigte Nickelstahlkappe derart zylindrisch umschlossen, daß die Wicklungsköpfe sowohl achsial als radial in ihrer Lage vollkommen gesichert sind. Auf beiden Seiten der Magnetwalze sind Ventilatoren angebracht.

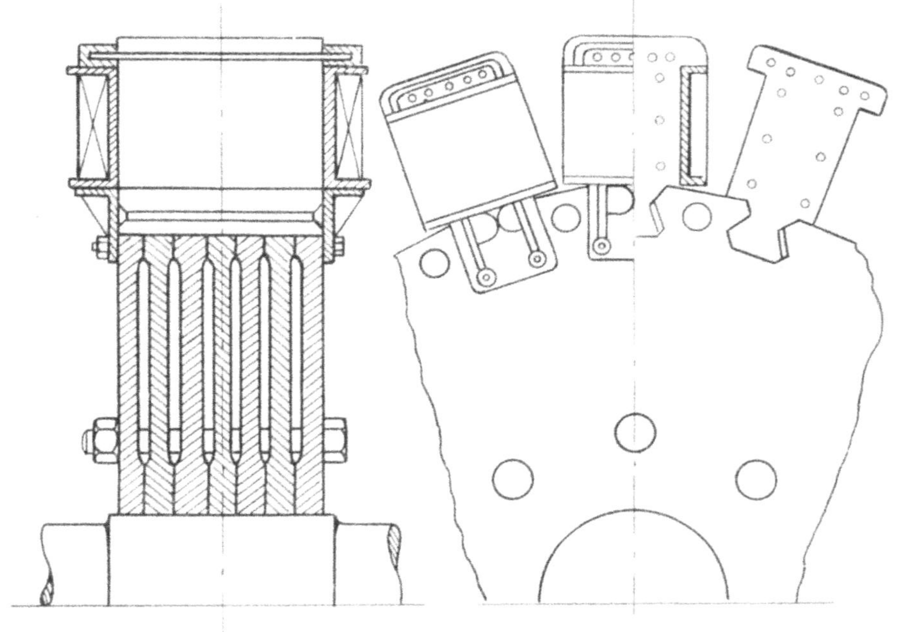

Fig. 112.

Die Ständer tragen Wicklungen, die sich grundsätzlich von den Wicklungen großer Drehstrommotoren nicht unterscheiden. Bei großen Stromstärken bestehen die Spulenseiten aus kupfernen Stäben. Da stromdurchflossene Drähte sich anziehen (bei gleicher Stromrichtung) oder abstoßen, so können die außerhalb des Eisens liegenden Teile der Wicklung derartig beansprucht werden, daß sie sich verbiegen. Daher muß für eine besondere Versteifung der Wicklungsköpfe gesorgt werden.

Bei den großen Leistungen ist die Abkühlungsfläche verhältnismäßig sehr gering. Daher muß für eine reichliche Kühlung gesorgt werden. Die Ventilatoren der Magnetwalze saugen die Luft durch eine Rohrleitung aus dem Freien an. Sie durchstreicht die in achsialer

Richtung angeordneten Schlitze der Magnetwalze. Ein anderer Teil der Kühlluft wird durch einen Druckventilator gegen den Stator geschleudert.

Sollte ein Wechselstromgenerator auf ein unter Spannung stehendes Netz geschaltet werden, so müssen vorerst folgende Bedingungen erfullt sein:

1. Die Spannung der Wechselstrommaschine muß gleich der Spannung des Netzes sein.
2. Die Frequenz der zuzuschaltenden Maschine muß gleich der Frequenz des Netzes sein.
3. Maschinen- und Netzspannung müssen in Phase sein.
4. Bei Drehstromgeneratoren müssen die Drehfelder gleiche Drehrichtung besitzen.

Die erste Bedingung ist leicht zu erfüllen, indem man die Erregung der Gleichstrommaschine ändert, die den Erregerstrom der Wechselstrommaschine zu liefern hat.

Die Frequenzen sind gleich, wenn bei gleichgebauten Maschinen die Drehzahlen gleich sind. Sind die Polzahlen verschieden, so muß

$$\frac{n_1 p_1}{60} = \frac{n_2 \cdot p_2}{60}$$

$$n_1 p_1 = n_2 \cdot p_2$$

$$n_1 : n_2 = p_2 : p_1.$$

Die Drehzahlen sind also umgekehrt proportional der Anzahl der Pole.

Im Augenblicke des Einschaltens müssen nun die Phasen gleich sein, die Höchstwerte von Maschinen- und Netzspannung müssen zu gleicher Zeit eintreten. Die Phasengleichheit erkennt man durch Phasenlampen, die auf Dunkelschaltung oder Hellschaltung eingestellt werden können. Fig. 113.

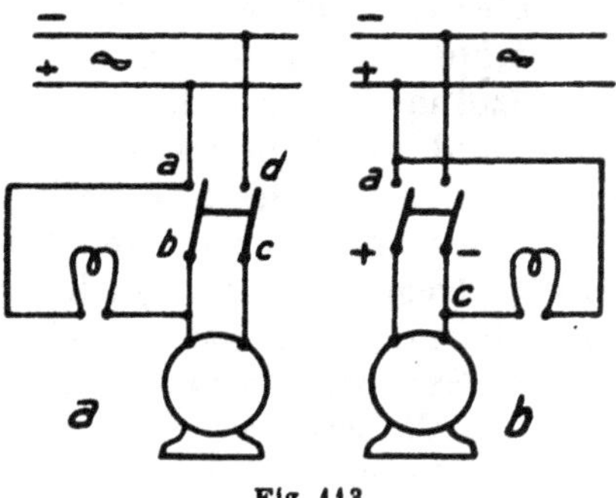

Fig. 113.

Bild a zeigt die Dunkelschaltung, Bild b die Hellschaltung. Denken wir uns im Bilde a, daß der Augenblick der Phasengleichheit eingetreten wäre. Dann haben die Klemmen *a* und *b* dasselbe Potential. Die Potentialdifferenz ist Null, durch die Phasenlampe fließt kein Strom. Im selben Zustand der Phasengleichheit wird die Phasenlampe im Bild b aufleuchten, da sie zwischen dem augenblicklichen positiven Pol und negativen Pol angeschlossen ist.

Um sich zu überzeugen, ob Netz und Maschine gleichsinnig drehen (und das ist bei richtiger Schaltung immer der Fall), ist es am einfachsten, einen Drehstrommotor einmal vom Netz, das andere Mal von der Maschine zu betreiben. In der Schaltung, in der der Motor dieselbe Richtung zeigt, gibt jene Leitungen an, die miteinander zu verbinden sind.

Heute sind die oben beschriebenen Vorkehrungen nur mehr in Laboratorien gebräuchlich. Wir haben Apparate, welche die Parallelschaltung selbsttätig besorgen und die Handhabung des Maschinenwärters ausschließen. Eine einfache und sichere selbsttätige Parallelschaltvorrichtung baut Voigt & Haeffner nach den Patenten von Vogelsang.

Der Vorgang beim Parallelschalten zweier Wechselstrommaschinen ist nun folgender: Man fährt mit der Kraftmaschine an, bringt sie auf die ordentliche Drehzahl, erregt dann die Wechselstrommaschine auf ordentliche Spannung durch Einstellung des Regelwiderstandes im Magnetstromkreise der Erregergleichstrommaschine. Bei Beobachtung gleicher Phasen an den Phasenlampen wird der „Automat" geschlossen. Die gewünschte Belastung nimmt der Wechselstromgenerator erst dann auf, wenn man die Dampf- oder Wasserzufuhr der entsprechenden Turbine vergrößert, aber nicht durch die Mehrerregung des Wechselstromgenerators.

Der Wechselstromgenerator als Synchronmotor.

Hat man den Wechselstromgenerator zum Netz parallel geschaltet, so liegt es an uns, ihn als Generator oder als Motor tätig sein zu lassen. Haben wir die Dampfzufuhr vermehrt, so wird der Generator einen Teil der Netzbelastung übernehmen. Bei Leerlauf war eine bestimmte Erregung zur Herstellung der E. M. K. nötig. Ist nun der Motor belastet, so muß man, um die Netzspannung zu erhalten, den Generator stärker erregen, besonders wenn die Belastung induktiv war, d. h. wenn der Strom der Spannung nacheilte. — Wenn wir beispielsweise die Dampfzufuhr abschneiden, so läuft die Maschine als Synchronmotor weiter und wird umgekehrt die Dampfturbine bewegen. Vermindern wir die Erregung des Synchronmotors, so beobachten wir eine größere Phasenverschiebung zwischen Klemmenspannung und aufgenommenem Strom, erregen wir den Synchronmotor stark, so beobachtet man, daß der aufgenommene Strom der Spannung voreilt. Ein solcher übererregter Synchronmotor hat also die Eigenschaft, den Leistungsfaktor $\cos \varphi$ des Netzes wesentlich zu verbessern. Davon wird auch in der Praxis Gebrauch gemacht.

Die Synchronmotoren sind meist mit Gleichstrommaschinen gekuppelt, die wieder in Verbindung mit einer Batterie ein Gleichstromnetz versorgen. Die Gleichstrommaschine wird dann zuerst verwendet, den Synchronmotor anzuwerfen, damit er aufs Netz geschaltet werden kann. Ist dies geschehen, so treibt dann der Synchronmotor die Gleichstrommaschine an.

Die Umformer.

Wo heute Großkraftzentralen die elektrische Energie über ganze Landschaften verteilen, sind die kleinen Zentralen, besonders die Fabrikszentralen, unwirtschaftlich geworden. Man zieht den Anschluß an eine Großkraftzentrale vor. Wenn aber ein bestehendes Gleichstromnetz, eine mit Gleichstrom betriebene Bahnanlage oder eine elektrolytische Anlage versorgt werden soll, so muß man den Wechsel- oder Drehstrom der Großkraftzentrale in Gleichstrom umformen. Im vorigen Kapitel haben wir eine solche Anlage besprochen.

Unter den verschiedenen Maschinenumformern arbeitet in vielen Fällen der Einankerumformer am wirtschaftlichsten. Wir haben schon mehrmals erwähnt, daß man einem Gleichstromanker Wechsel- oder Drehstrom entnehmen kann, wenn die Ankerwicklung an bestimmten Stellen angezapft wird und die Anzapfungen mit Schleifringen verbunden werden. Eine solche Gleichstrommaschine, die außer dem Kollektor noch drei Schleifringe besitzt, kann nun als Drehstrom-Gleichstromumformer verwendet werden. Man führt an den Schleifringen, unter Zwischenschaltung eines Transformators, Drehstrom zu und nimmt am Kollektor Gleichstrom ab. Die eingeschalteten Drosselspulen hinter der Abgabeseite des Transformators haben den Zweck, die Spannung an der Gleichstromseite zu regeln. Fig. 114.

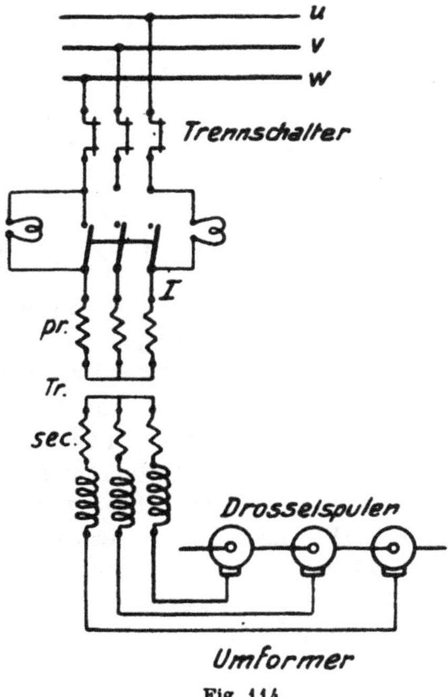

Fig. 114.

Soll ein solcher Umformer in Betrieb gesetzt werden, so kann man ihn von der Gleichstromseite anwerfen. Nachdem auf der Drehstromseite die ordentliche Spannung hergestellt ist, stellt man durch die Synchronisierlampen Phasengleichheit fest und schließt dann den Schalter. Jetzt kann die Gleichstrommaschine umgeschaltet und belastet werden.

Bezüglich der Spannungen ist folgendes zu erwähnen:

Ist beispielsweise die Spannung an der Gleichstromseite 100 Volt, so muß man je zwei Schleifringen eine Spannung von 62 Volt aufdrücken. Die Gleichstromspannung verhält sich also zur Schleifringspannung etwa wie 5: 3.

Wechsel- und Gleichstrom überlagern sich in den Ankerdrähten und heben sich beinahe auf. Daher sind die Ankerkupferverluste sehr gering, der Wirkungsgrad des Einankerumformers groß.

Zum Schlusse soll noch der Quecksilber-Dampfgleichrichter besprochen werden, der in der elektrotechnischen Starkstrompraxis eine immer größere Verwendung findet.

Dieser Umformer dient zur Umformung von Wechsel- oder Drehstrom in Gleichstrom.

Wir wollen versuchen, die Wirkungsweise dieser Umformer kurz zu besprechen.

In Fig. 115 sehen wir einer U-förmig gebogenen Röhre zwei metallene Elektroden eingeschmolzen. Die Luft wurde ausgepumpt. Schließt man nun an die Elektroden eine sehr hohe Gleichstromspannung an, die man mit einer Elektrisiermaschine erzeugen kann, so treten merkwürdige Erscheinungen ein. Das Innere der Röhre bleibt lichtlos. Senkrecht der Kathode gegenüber, bei c, leuchtet das Glas grün auf, es f l u o r e s z i e r t. Es gehen von der Kathode unsichtbare Strahlen aus. Läge im Wege dieser Strahlen ein kleines Metallplättchen m, so würde dieses sich stark erwärmen. Auch würde es bei c einen sichtbaren Schatten hervorbringen. Bringt man in die Nähe des rechten Schenkels einen Magneten, so kann man den Schatten von m verschieben, ein Zeichen, daß die unsichtbaren Strahlen von einem Magneten abgelenkt werden können.

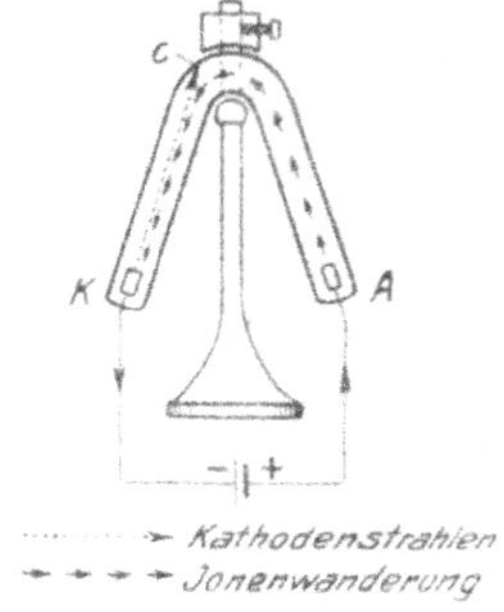

Fig. 115.

Diese Strahlen — man nennt sie K a t h o d e n s t r a h l e n — laden auch die Blättchen eines Elektroskops. Diese Ladung erweist sich als eine negative Ladung. Die Kathodenstrahlen müssen also negativ geladene Teilchen mit sich führen. Die weiteren Untersuchungen ergeben nun, daß diese Teilchen eine außerordentlich hohe Geschwindigkeit besitzen, die unter gewissen Umständen der Lichtgeschwindigkeit nahe kommen kann. Es erweist sich, daß diese Teilchen wohl eine Trägheit, aber keine Masse besitzen. Diese Teilchen sind also nichts anderes als kleine negative Elektrizitätsmengen selbst. Diese unteilbare kleinste Elektrizitätsmenge ist eben das E l e k t r o n. Da es eine große Geschwindigkeit besitzt, kann man sich die Schar der Elektronen als einen Strom vorstellen, der selbst ein magnetisches Feld erzeugt, also auch von anderen Magneten beeinflußt werden kann. Prallen die Elektronen bei C auf das Glas auf, so verwandelt sich die Energie in Wärme, das magnetische Feld verschwindet. Dabei tritt ein wellenförmiger Ausgleich auf, der das Fluoreszieren verursacht. Die in den Raum austretende Welle aber ist die Röntgenwelle, die wir auch als Röntgenstrahlen bezeichnen.

Wenn wir nun nach *K* etwas Quecksilber gebracht hätten und durch kurzes Kippen der Röhre eine metallische Verbindung mit *A* hergestellt hätten, so wäre auch bei geringer Gleichstromspannung beim Zerreißen des Quecksilberfadens ein Lichtbogen entstanden, der die ganze Röhre mit einem bläulichweißen Lichte erfüllt hätte. Das ist jetzt eine Quecksilberdampflampe, die Hewitt praktisch zuerst verwertet hat.

Untersucht man eine solche Lampe, so findet man, daß gerade an der Kathode der größte Spannungsverbrauch eintritt, ebenso an der Anode, während der Verbrauch im glühenden Quecksilberdampf nur gering ist. So ist es auch mit der Temperatur. Diese ist an der Kathode am größten. Sicherlich ist der Quecksilberdampf ionisiert und die positiv geladenen Quecksilberionen wandern von *A* nach *K*. — Bei *A* werden sie beschleunigt und in der Richtung von *c* nach *K* werden sie von den Elektronen getroffen und müssen, die Stöße überwindend, bis nach *K* vordringen. Daraus erklärt sich der große Spannungsverbrauch an der Kathode und deren hohe Temperatur. Kühlt man die Kathode ab, so erlischt der Bogen.

Würde man bei *A* und *K* noch eine Wechselstromspannung anschließen, so daß sich Gleich- und Wechselstrom überlagern, so tritt das Merkwürdige ein, daß nur jene Halbwelle von *A* nach *K* fließen kann, die mit dem Gleichstrom gleiche Richtung hat, die andere Halbwelle wird unterdrückt. Wahrscheinlich deswegen, weil die Energie der Ionen bedeutend größer ist als die der Elektronen.

Auf dieser Ventilwirkung beruht nun die Umformung von Wechselstrom in Gleichstrom. — Ein wesentlicher Umstand beim Aufbau solcher Umformer ist, daß der erforderliche Quecksilberlichtbogen verlischt, wenn der Strom auch nur auf zehntausendstel Sekunden unterbrochen wird oder so stark sich vermindert, daß die Kathode weniger heiß bleibt und keine Elektronen entsenden kann. Da der Wechselstrom bei Veränderung der Stromrichtung durch Null hindurchgeht, würde der Lichtbogen sofort verlöschen. Man muß daher Sorge tragen, daß in diesen Augenblicken Energie zugeführt wird. Diese Energie entnimmt man dem magnetischen Felde der Selbstinduktionsspulen, die zum Wechselstromkreise parallel oder mit diesem in Hintereinanderschaltung verwendet werden. — Fig. 116 zeigt eine solche Anordnung.

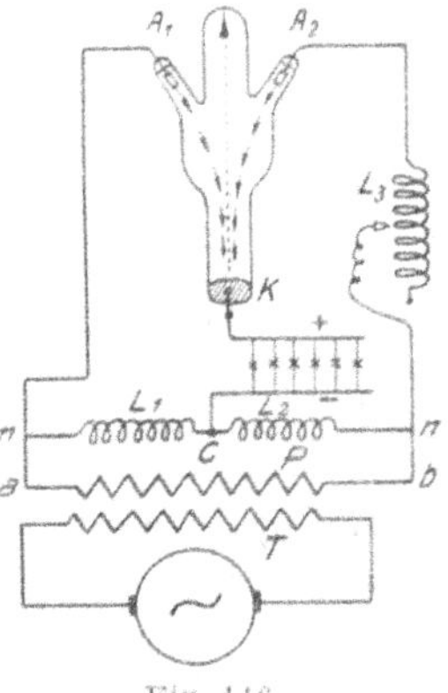

Fig. 116.

Die Abgabeseite des Transformators *a b* ist mit zwei Anoden A_1 und A_2 verbunden, zu denen die gemeinschaftliche Kathode K gehört, zu Spule ab des Transformators sind die Selbstinduktionen L_1 und L_2 parallel geschaltet. In der Mitte liegt der Anschlußpunkt C. Nun sei in irgendeinem Augenblicke das Potential in a positiv und in b negativ. Es kann also der Strom von m über A_1 nach K, von dort über die Lampen nach c und n fließen. Der Zweigstrom von m über L_1, L_2 nach n ist lediglich ein wattloser Strom, der zur Bildung des magnetischen Feldes (s. S. 107) Energie verbraucht. Nimmt aber jetzt der Strom im Wege $m\,A_1$, $K\,C$ ab, so wird die im magnetischen, von L_1 und L_2 aufgespeicherte Energie frei und sendet im kritischen Augenblick auf denselben Weg einen Strom.

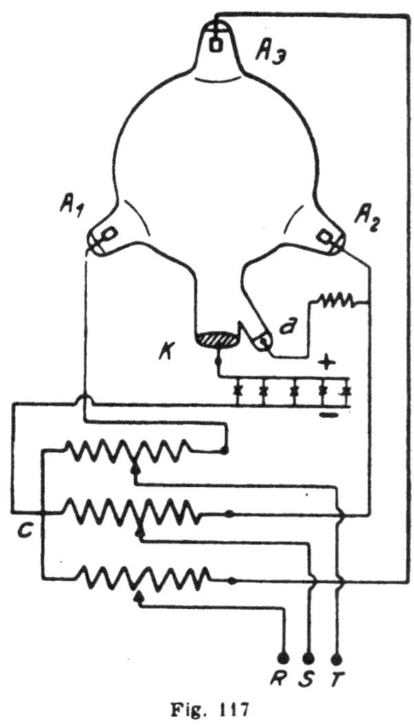

Fig. 117

Indessen hat die Spannung P zwischen ab sich verkehrt. b ist positiv und a negativ geworden. Es fließt somit ein Strom von n über A_2 nach K, über die Lampen nach C. Die Spule L_3 dient zur Regulierung des Stromwenders.

Um die untere Grenze der Stromstärke — sie lag bei etwa 30 % der gewöhnlichen Stromstärke — verwendet man Hilfselektroden. Diese stellen einen kleinen Gleichrichter im großen Gleichrichter vor. (Fig. 117.)

Wird die Zündung durch Kippbewegung eingeleitet, so gehen Hilfslichtbögen von a_1 und a_2 nach der Kathode K. Der Hilfslichtbogen erregt den Hauptlichtbogen zwischen A_1 und A_2 nach K.

Soll Drehstrom in Gleichstrom verwandelt werden, so hat der Glaskolben drei Anoden. Die Kathode ist im Sternpunkt angeschlossen. Die Selbstinduktionen können entfallen. Eine Hilfselektrode besorgt das Anlassen (Fig. 118).

Die Gleichrichter von 5 ÷ 100 Ampere und bis Gleichstromspannungen bis 500 Volt werden mit Glaskörpern ausgeführt. Die Oberfläche des Glaskolbens berechnet man so, daß auf 0,07 Watt Verlust 1 cm² Glasoberfläche kommt. Bei 440 Volt Gleichstromspannung ist der Wirkungsgrad $\eta = 0{,}946$. War nun die Gleichstromstärke 40 Ampere, so ist die abgegebene Leistung $440 \times 40 = 17\,600$ Watt, die aufgenommene Leistung $\frac{17\,600}{0{,}946} = 18\,600$ Watt. Der Verlust ist somit

18 600 — 17 600 = 1000 Watt. Die Oberfläche des Kolbens müßte demnach $\frac{1900}{0,07} = 14\,300\ \text{cm}^2$ sein. — Bei größeren Leistungen werden die Kolben in Eisen ausgeführt. Die Leistungen können dann bedeutend gesteigert werden. Eine obere Grenze ist bis heute noch nicht erreicht worden. Je größer die Gleichstromspannung gewählt wird, desto besser ist der Wirkungsgrad. Heute verwendet man Gleichrichter bis 450 kW zur Umformung von Drehstrom in Gleichstrom für elektrische Straßenbahnen.

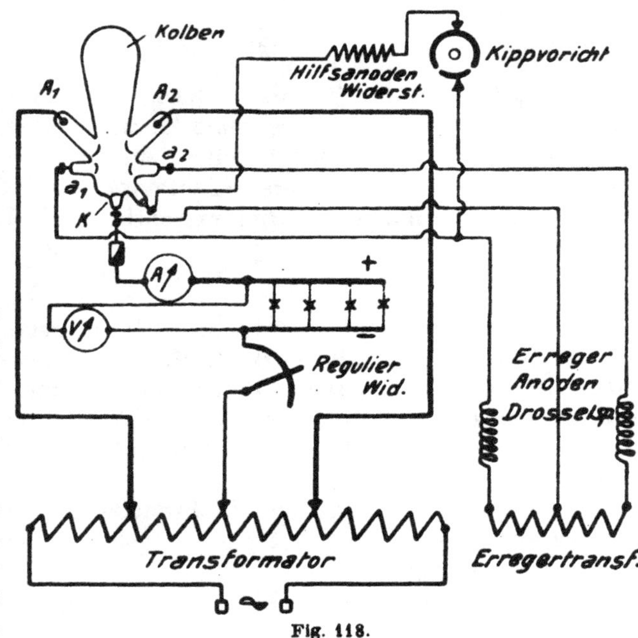

Fig. 118.

Neben dem hohen Wirkungsgrad sind noch die Geräuschlosigkeit, die geringe Wartung, geringe Abnutzung, geringes Gewicht, Unempfindlichkeit gegen Stromstöße und große Belastbarkeit anzugeben: Vorzüge, die diesem Umformer ein weites Feld eröffnen und die Fernleitung hochgespannten Gleichstroms möglich machen können.

Beleuchtung.

Lichteinheiten. Beleuchtungsstärken. Reflektoren und Armaturen. Scheinwerfer. Art der Beleuchtung. Winke für die Projektierung.

Bei Besprechung der Glühlampen haben wir bereits einige Größen, die in der Beleuchtung eine Rolle spielen, kennen gelernt.

Ist J die Lichtstärke in Hefnerkerzen, so ist der gesamte Lichtfluß

$$\Phi = 4\,\pi\,J \text{ Lumen.}$$

Trifft ein Lichtstrom von Φ Lumen senkrecht eine Fläche F, so nennt man den Bruch

$$\frac{\Phi}{F} = E$$

die Beleuchtung der Fläche in Lux. — In diesem Sinne ist Beleuchtung Lichtstromdichte.

Denken wir uns die Lichtquelle punktförmig, den Lichtstrom nach allen Richtungen ausgehend, so ist auch, wie bereits abgeleitet, die Beleuchtung

$$E = \frac{J}{r^2} \text{ Lux.}$$

Das gilt aber nur für die vorherige Voraussetzung. Die Beleuchtung von 1 Lux entsteht durch eine Hefnerkerze im Abstande von 1 m.

Unter der Flächenhelle H oder dem Glanz einer Lichtquelle verstehen wir den Bruch aus deren Lichtstärke in Hefnerkerzen und deren scheinbaren Oberfläche im Quadratzentimeter.

$$H = \frac{J}{F} = \text{Kerzen/cm}^2.$$

Je größer der Glanz einer Lichtquelle ist, desto mehr blendet sie. — Ist der Glanz kleiner als $^3/_4$ HK/cm², so blendet die Lichtquelle nicht mehr. Alle Gleich- und Bogenlampen blenden nackt. So hat eine Spiraldrahtlampe einen Glanz von 1100 HK/cm², der Bogenlampenkrater einen Glanz von 36 000 HK/cm², gewöhnliche Metalldrahtlampen einen Glanz von 200 HK/cm².

Dort, wo der Glanz der Lichtquelle das Auge blenden würde, werden die Lampen mit Mattglas umgeben oder erhalten eine zweckentsprechende Armatur.

Bei solchen geschützten Lichtquellen kommt nicht mehr die Lichtquelle, sondern die leuchtende Armatur als wirkliche Lichtquelle in Betracht.

Die Lichtausstrahlung unserer Lichtquellen ist nicht nach allen Seiten gleich. Die Lichtquelle scheint also nach verschiedenen Richtungen eine andere Lichtstärke zu besitzen. Mißt man diese Lichtstärken und trägt sie in der gemessenen Richtung auf, so entstehen folgende Bilder:

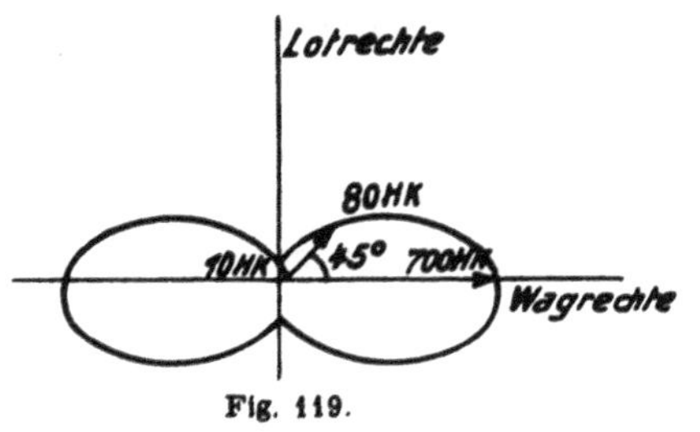

Fig. 119.

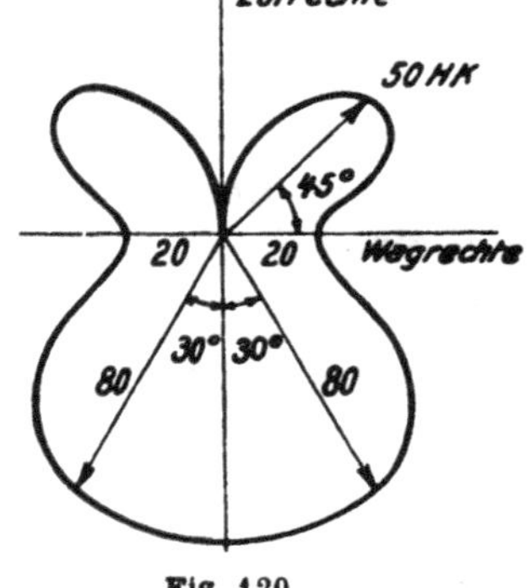

Fig. 120.

Fig. 119 zeigt die verschiedenen Lichtstärken einer Metalldrahtlampe, wenn die Leuchtdrähte einen Käfig von lotrechter Achse bilden, Fig. 120, wenn der Leuchtdraht in einer wagrechten Spirale gewickelt ist.

Wenn man um eine hängende Lampe ringsherum geht, so daß das Auge in Höhe der Lampe liegt, so wird auch die Lichtstärke in jeder Richtung eine andere sein. Mißt man die verschiedenen Lichtstärken und nimmt daraus das Mittel, so erhält man die sog. mittlere wagrechte Lichtstärke J_h, die für die Bewertung der Lampe maßgebend war. Jetzt verwendet man die mittlere sphärische Lichtstärke

$$J_0 = \frac{\Phi}{4\pi}.$$

Es ist nun das Verhältnis

$$\frac{J_0}{J_h} = \frac{\pi}{4}.$$

Da

$$J_0 = \frac{\Phi}{4\pi},$$

so ist

$$\frac{J_0}{J_h} = \frac{\Phi}{4\pi \cdot J_h} = \frac{\pi}{4}$$

$$J_h = \frac{\Phi}{\pi^2}$$

$$\Phi = \pi^2 \cdot J_h$$

oder angenähert

$$\Phi = 10 \cdot J_h.$$

Da man für mittlere Drahtlampen eine Hefnerkerze für 1 Watt rechnen kann, so erhält man für Überschlagsrechnungen die einfache Formel, daß 1 Watt einen Lichtfluß von 10 Lumen erzeugt.

Ist also z. B. eine Fläche von 50 m² mit 60 Lux zu beleuchten, so ist der Lichtfluß

$$\Phi = 50 \cdot 60 = 3000 \text{ Lumen.}$$

Rechnen wir mit einem Wirkungsgrad von $\eta = 0{,}4$, so ist der wirklich zu erzeugende Fluß

$$\Phi = \frac{3000}{0{,}4} = 7500 \text{ Lumen.}$$

Hiezu braucht man

$$\frac{7500}{10} = 750 \text{ Watt.}$$

Es genügen dann zur Beleuchtung dieser Fläche 5 Lampen zu je 150 Watt.

Folgende Tabelle gibt zweckmäßige Werte für die mittlere Stärke der Beleuchtung in Lux:

Feine Arbeiten	150	Lux
Zeichensäle	100 bis 150	,,
Webereien	100	,,
Werkstätten für Feinmechanik	100	,,
Schreibstuben	60 bis 80	,,
Drehereien	50	,,
Gießereien	30	,,
Magazine, Treppen und Gänge	10 bis 20	,,

Der Wirkungsgrad der Beleuchtung hängt von Farbe der Wände und Decken, von der Konstruktion der Armaturen ab und schwankt zwischen 50 und 15 %.

Wird das Licht von einer spiegelnden Fläche zurückgeworfen, so sind Einfall- und Zurückwerfungswinkel einander gleich. Weißes Löschpapier, ein weißer Anstrich werfen das Licht nach allen Seiten zurück, ohne eine Richtung zu bevorzugen. Es ist eine zerstreute Rückwerfung. Und diese gerade kommt für den Beleuchtungstechniker am meisten in Betracht. Die Flächenhelle ist bei dieser Zurückwerfung unveränderlich. Durch die zerstreute Rückwerfung des Lichtes werden die Körper uns sichtbar.

Jede zurückstrahlende Fläche gibt einen kleineren Lichtstrom ab, als sie aufgenommen hat. Den Rest verschluckt sie. Dieser Rest verwandelt sich in Wärme. Der Wirkungsgrad ist nicht klein. Ein weißer Spezialanstrich vermag 91 %, reines Silber 92 %, ein weißer Gipsanstrich 80 % des Lichtes zurückzuwerfen.

Für den Beleuchtungstechniker ist die Wahl der Reflektoren und Armaturen von Wichtigkeit.

Ein Reflektor kann den Zweck verfolgen, den nach allen Seiten ausstrahlenden Lichtfluß auf einen kleinen Raumwinkel zu sammeln und so die Lichtstärke in der bevorzugten Richtung zu vergrößern. Dabei wird der Reflektor die Lichtquelle selbst dem Auge entziehen müssen. Ein Teil des Lichtflusses wird der Reflektor selbstverständlich verschlucken. Spiegelnde Reflektoren werden immer zu vermeiden sein. Ein Reflektor, aus dem die Glühlampe herausragt, ist für die Beleuchtung eines Arbeitsplatzes nicht brauchbar. Sehr geeignet ist der Horax-Reflektor. Fig. 127.

Die Aufgabe der lichtstreuenden Gläser ist die Verringerung des Glanzes. Milchglasglocken verschlucken 20 bis 25 % des Lichtes. Mattglas kann die Blendung nicht ganz verhindern. In vielen Fällen wird man die Beleuchtung eines Raumes in zwei Teilen ausführen. Man gibt dem Raum eine gewisse Allgemeinbeleuchtung und eine Platzbeleuchtung.

Für die Allgemeinbeleuchtung bedient man sich der direkten, der halbindirekten und indirekten Beleuchtung. Für die direkte Beleuchtung wählt man Armaturen nach den Fig. 121—126.

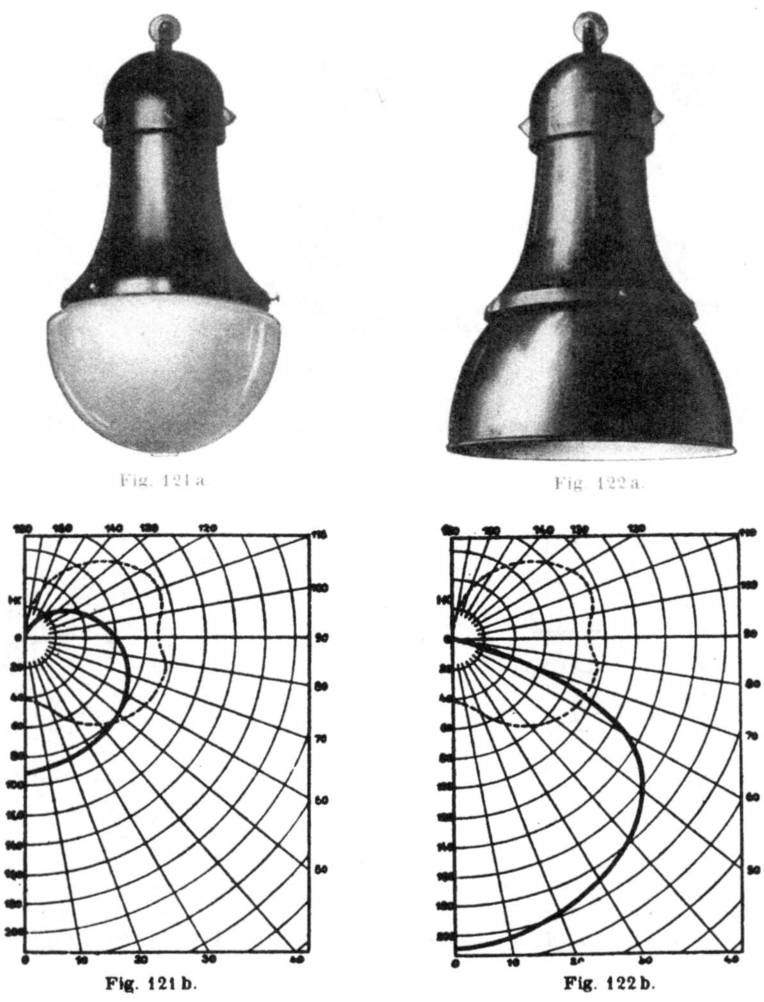

Fig. 121 a. Fig. 122 a.

Fig. 121 b. Fig. 122 b.

Fig. 121 ist ein Freistrahler, der seitlich und nach unten gleichmäßig das Licht ausstrahlt und nach oben hinreichende Lichtwirkung hat, vornehmlich für Werkstätten. Fig. 122 ein Steilstrahler, der nur nach unten strahlt, für hohe Werkstätten und Hallen, Fig. 123 ein Schrägstrahler und Fig. 124 ein Flachstrahler, der mit Hilfe eines Prismenglases den Lichtstrom seitlich ausstrahlt und zur Beleuchtung von Straßen und Werkplätzen geeignet ist.

Die halbindirekte Beleuchtung wird für Innenräume, besonders Zeichensäle gerne verwendet. Die Innenraumluzette (Fig. 125) der Siemens-Schuckertwerke eignet sich dafür besonders.

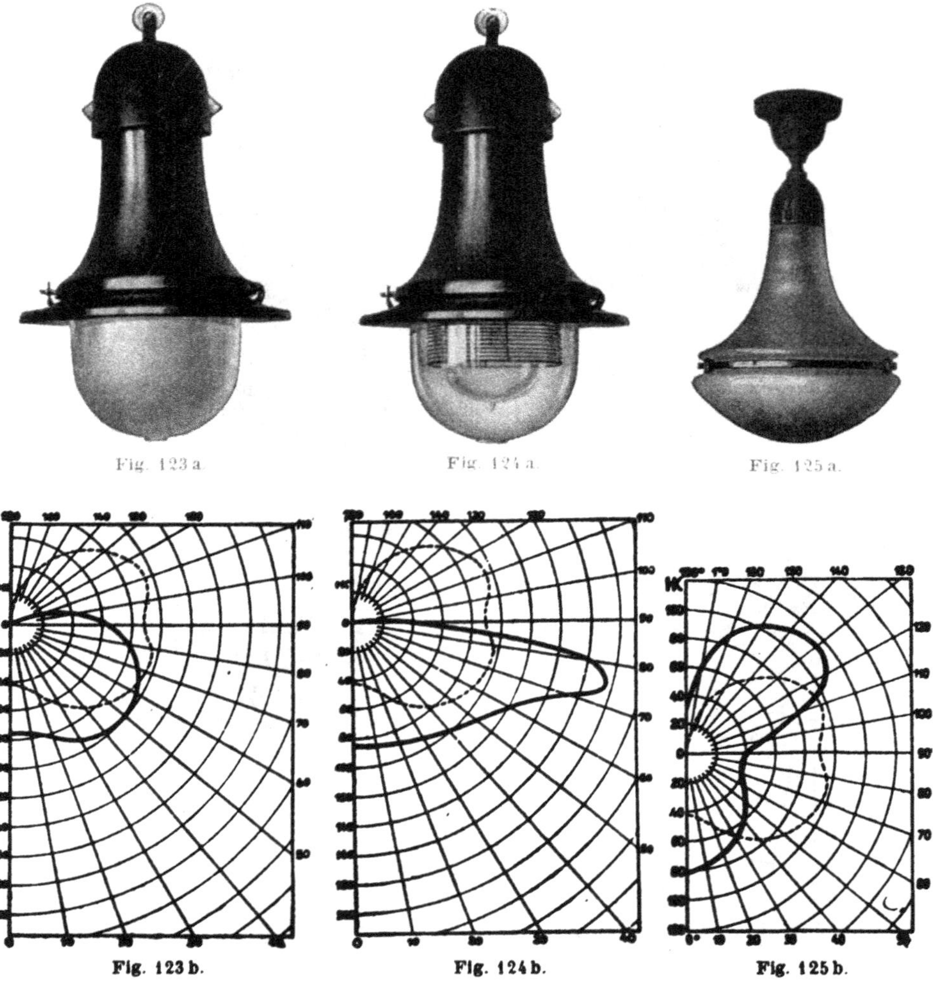

Fig. 123 a. Fig. 124 a. Fig. 125 a.

Fig. 123 b. Fig. 124 b. Fig. 125 b.

Bei der indirekten Beleuchtung wirft die Armatur das Licht auf die Decke, die es dann zerstreut zurückwirft. Soll diese Beleuchtung wirtschaftlich sein, so muß die rückstrahlende Decke immer im tadellosen Zustande erhalten werden. Die indirekte Beleuchtung verhindert jede Schattenbildung. Sie ist für Zeichensäle brauchbar, aber nicht dort, wo Maschinen bedient werden müssen oder nach Modellen gezeichnet wird. Die indirekte Beleuchtung hebt jedes plastische Sehen auf. Aus diesen Gründen wird sie heute nicht mehr angewandt.

In gewissen Fällen kommt zur Allgemeinbeleuchtung die Einzelplatzbeleuchtung hinzu. Fig. 126. In Werkstätten wird man jeder Maschine eine solche Beleuchtung geben. Fig. 127 zeigt ein Rohrpendel mit verstellbarem Reflektor für Arbeitsplätze.

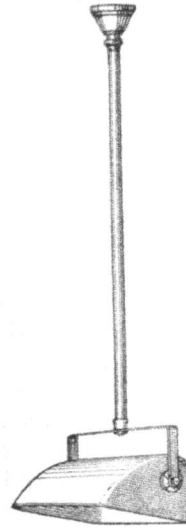

Die best ausgeführteste Beleuchtungsanlage wird versagen, wenn sie nicht ordentlich gepflegt wird. Die Armaturen sind vor Bestaubung zu bewahren, die Glühlampen rechtzeitig auszutauschen.

An die Armaturen für Straßenbeleuchtung werden besondere Anforderungen gestellt. Sie sollen wasser- und staubdicht sein, ferner eine gute Kühlung und Durchlüftung der Lampe gestatten, das Pendeln im Winde auf ein erträgliches Maß herabdrücken. Für Plätze nimmt man die bereits besprochenen Schrägstrahler, für Straßenkreuzungen die Steilstrahler.

Fig. 126.

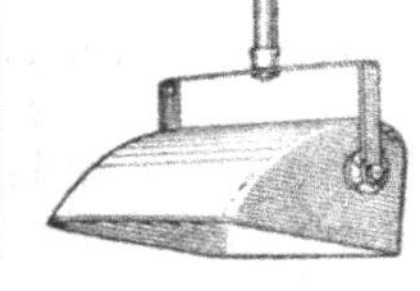

Fig. 127.

Um die Lichtstärke der Lampen bemessen zu können, ist folgende Tabelle von Halbertsma angefügt, die die Wirkungsgrade der verschiedenen Beleuchtungen gibt.

Art des Raumes	System	Wirkungsgrad
Raum mit weißer Decke und hellen Wänden	halbindirekt mit lichtstreuender Glocke	45 %
Werkstätte mit reflektierender Decke	direkt mit Reflektoren	30 %
	halbindirekt	30 %
Werkstätte ohne reflektierende Decke	direkt mit lichtstreuenden Glocken	25 %
Schmieden und Gießereien	direkt mit lichtstreuenden Glocken	15 %

Für gewisse Beleuchtungsanlagen wird man zur Projektierung der Anlage Grund- und Querrisse im Maßstab 1 : 100 anfertigen. Ferner müssen die nötigen Unterlagen, wie Art des Stromes, vorhandene Lichtspannung, die zulässige Höchstbelastung eines Stromkreises (meist 15 Lampen zu je 40 Watt), ferner die besonderen Wünsche des Auftraggebers gegeben sein. Letztere können sich auf Beleuchtungsart, Beleuchtungsstärke, Anordnung der Beleuchtungskörper und auf die Art der Leitungsverlegung erstrecken.

Die spiegelnde Zurückwerfung des Lichtes wird bei Scheinwerfern und Kinoscheinwerferanlagen praktisch verwendet. Denken wir uns ein zylindrisch gerichtetes Lichtbündel, so wird dessen Lichtfluß theoretisch in jedem Querschnitte gleich sein, ob ich nun diesen Lichtfluß bei A oder bei D auf einen Lichtschirm auffange (Fig. 128). In Wirklichkeit wird die Helligkeit in A größer sein wie in B, weil am Wege von A nach B von den Staubteilchen der Luft ein Teil des Lichtes verschluckt und zerstreuend reflektiert wird, weshalb wir ja das Lichtbündel von der Seite aus sehen können. So hängt die Reichweite des Scheinwerfers von der Reinheit der Luft ab. Bringen wir in den Brennpunkt $\mathfrak{F}$ eines Spiegels mit der Brennweite $\mathfrak{F}$ den leuchtenden Krater einer Bogenlampe so, daß der Krater dem Spiegel zugewendet ist, so wird das Licht vom Spiegel in parallelen Lichtstrahlen zurückgeworfen. Das ist aber nur dann richtig, wenn der Krater eine punktförmige Lichtquelle wäre. Da er aber einen Durchmesser d besitzt, werden die Lichtstrahlen etwas auseinander gehen und einen Lichtkegel bilden. Entfernt man aber den Krater ein wenig von der Spiegelfläche, so kann man einen Lichtkegel bilden, der nach vorn zu sich verjüngt, dessen Spitze also in der Mittelachse, etwa bei B liegt. Es ist klar, daß man durch den Scheinwerfer kein Licht gewinnen kann. Im Gegenteil: der Spiegel wird einen Teil des Lichtstromes verschlucken. Der Scheinwerfer kann aber den Lichtstrom, der sich sonst über eine ganze Halbkugel ausbreitet, auf einen kleinen Winkel sammeln und so die Lichtstärke im Zylindrischen oder gar im nach vorn sich verjüngenden Lichtkegel sehr stark vergrößern. Nun kann man sich bei zylindrischem Lichtbündel den Fall etwa so vorstellen. Bei m denke man sich den Spiegelbelag weggekratzt. Sieht man jetzt in den Krater hinein, so beobachtet man doch die Lichtstärke des Kraters, die wir mit J_k bezeichnen wollen. Der Spiegel empfängt daher einen Lichtfluß

Fig. 128

$$\Phi = J_k \cdot D^2 \pi,$$

wenn D die Öffnung des Scheinwerfers ist und wir statt der Kugelfläche die Kreisfläche setzen.

Betrachtet nun ein Beobachter in großer Entfernung (bei B) den Scheinwerfer, so wird er bei C eine ungeheuer starke Lichtquelle vermuten. Warum? Gewohnheitsmäßig denkt er sich, daß diese Lichtquelle nach allen Seiten ihr Licht ausstrahlt und daß er trotzdem eine sehr starke Lichtempfindung habe. Wollte er nun die Lichtstärke des Scheinwerfers messen oder diese mit der Lichtstärke des Kraters vergleichen, so muß er beide auf dieselbe Entfernung $\mathfrak{F}$ beziehen. Da er sich die Lichtquelle des Scheinwerfers bei C dachte, wird nun

$$\Phi = J_s \cdot d^2\pi,$$

wenn J_s die Lichtstärke des Scheinwerfers, d der Durchmesser der Kohle ist. Also ist

$$J_k \cdot D^2\pi = J_s \cdot d^2\pi$$

$$\frac{J_s}{J_k} = \frac{D^2}{d^2}.$$

Hat also der Scheinwerfer einen Durchmesser von 90 cm, die positive Kohle einen Durchmesser von 3 cm, ist die Lichtstärke des Kraters 6000 HK, so hat der Scheinwerfer

$$\begin{aligned} J_s &= J_k \cdot \frac{D^2}{d^2} \\ &= 6000 \frac{8100}{9} \\ &= 6000 \cdot 900 \\ &= 5{,}4 \cdot 60\,000 \\ &= 5{,}4 \cdot 10^6 \text{ HK}. \end{aligned}$$

Hausinstallationen.

Licht- und Kraftanschlüsse. Hausanschlüsse. Freileitungsverteilung. Leitungsmaterial. Beispiele für verschiedene Anschlüsse. Verlegung von Leitungen. Schalter-Verteilungsgruppen. Winke zur Kostenveranschlagung. Kino-Installation.

Für Lichtanlagen ist die Spannung von 220 Volt fast allgemein geworden. Nur in älteren Elektrizitätswerken, die die Kessel stillgelegt und ihre Gleichstromgeneratoren mit Drehstrommotoren antreiben, wird man Lichtspannungen mit 110 Volt finden.

Die Kraftanschlüsse sind heute meist Drehstromanschlüsse. Kleine Motoren schließt man an zwei Leiter des Dreiphasennetzes an. Es sind dann kleine Wechselstrommotoren. Die allgemeine Spannung für Gleichstrom ist 440 oder 220 Volt, bei Drehstrom entweder 3 × 220 Volt (ohne Nulleiter) oder 3 × 380 Volt (mit Nulleiter).

Die gangbarsten Motoren sind die offenen Drehstrommotoren mit Schleifringanker von 3 bis 8 PS. Das sind jene Motoren, die das Gewerbe und die Landwirtschaft am meisten benötigt.

Hausanschlüsse.

Jede Licht- oder Kraftanlage, die von einem Verteilungsnetz versorgt wird, beginnt beim Hausanschluß. Dieser Anschluß kann im Keller liegen, wenn das Netz ein in die Erde verlegtes Kabelnetz ist, er liegt an der Mauerfront, unter dem Dache, er ist an Holzmasten aufgebaut, wenn das Netz aus Freileitungen besteht. Die Arbeiten des Hausanschlusses bis zu den Haussicherungen sind meist die Aufgabe des stromliefernden Elektrizitätswerkes. Hinter der meist plombierten Hauptsicherung beginnen die Arbeiten der installierenden Firma.

Fig. 129.

Ein Hausanschlußkasten für Kabelanschluß zeigt Fig. 129. Die Sicherungen sind in einem gußeisernen Kasten untergebracht. An der vorderen Stirnwand *C* ist der nach unten aufschlagbare Deckel angebracht, der sonst durch die Verschlußschraube *E* festgehalten ist. Die Gummidichtung *L* verhindert den Eintritt von feuchter Luft, das Fenster *G*, das durch den Klappdeckel *H* geschützt ist, erlaubt die Beobachtung der Sicherungen. Durch die Kabelschelle *O* tritt das Kabel von unten ein, geht durch die Durchführungsrolle *J* zur Sicherung. Durch die Isolierbüchse *B* führt die Leitung durch die Stirnwand heraus. Letztere ist lose eingesetzt und kann jede nötige Bohrung erhalten. *M* ist die Erdungsschraube für das Kabel, *N* die Erdungsschraube für das Gehäuse. Sollte

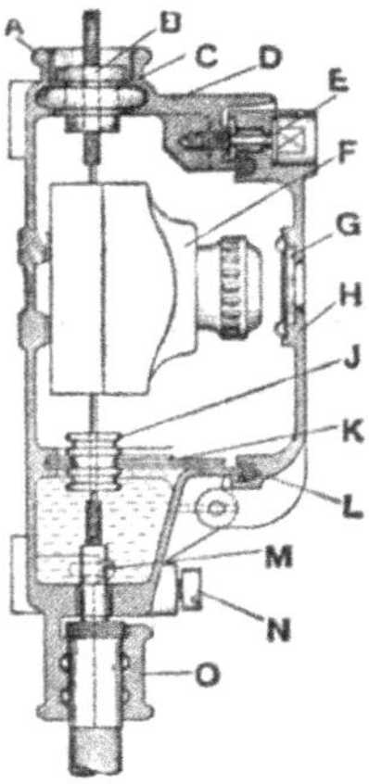

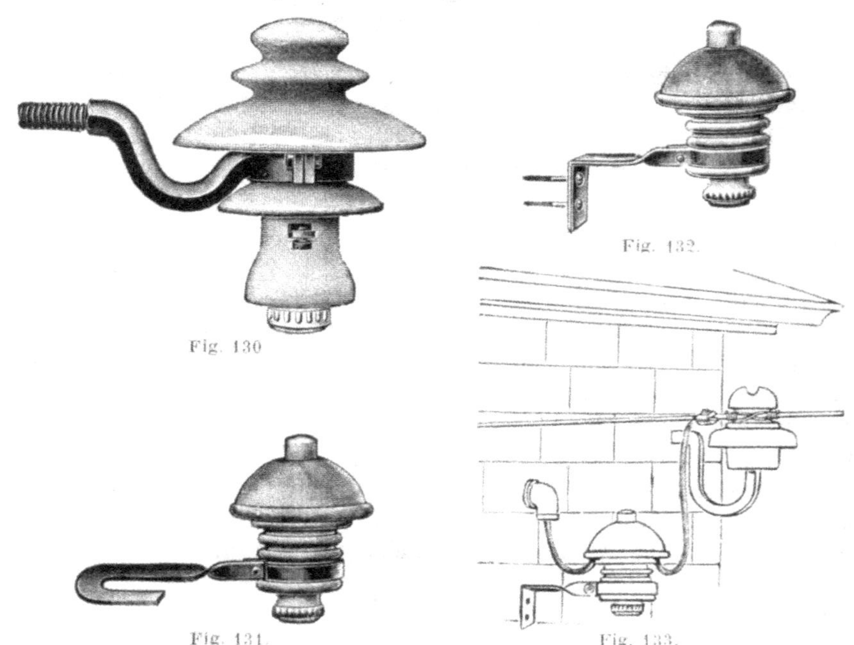

Fig. 130. Fig. 131. Fig. 132. Fig. 133.

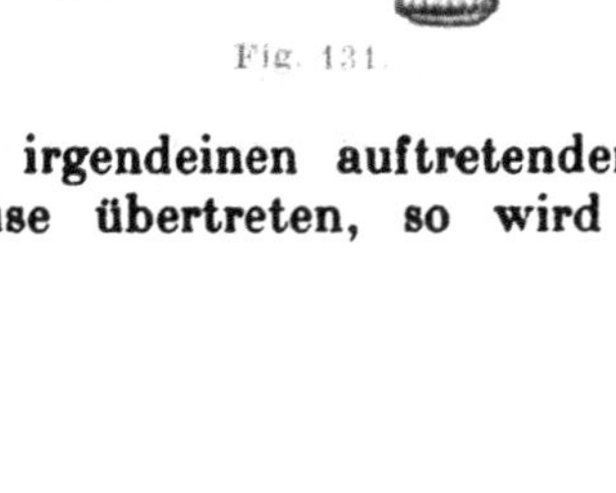

durch irgendeinen auftretenden Isolationsfehler die Spannung in das Gehäuse übertreten, so wird durch die Erdung ein Berühren des

Gehäuses ungefährlich. Bei Freileitungen werden die einzelnen Abzweigungen mit Freileitungssicherungen gesichert wie die Fig. 130, 131 und 132 zeigen.

Von den Verteilungspunkten führt nun die Leitung zum Hausanschluß.

Fig. 133 zeigt einen solchen.

Fig. 134 zeigt eine Mauerrosette mit Porzellaneinführungen.

Ein solcher Freileitungsanschluß endigt abermals in einer gekapselten Sicherung, wie Fig. 135 zeigt.

Der Deckel *H* des gußeisernen Gehäuses *P* ist nach unten aufklappbar, mit einem Fenster *G* zur Beobachtung der Sicherung versehen und wird mit der plombierbaren Verschlußschraube *Q* gehalten.

Fig. 134.

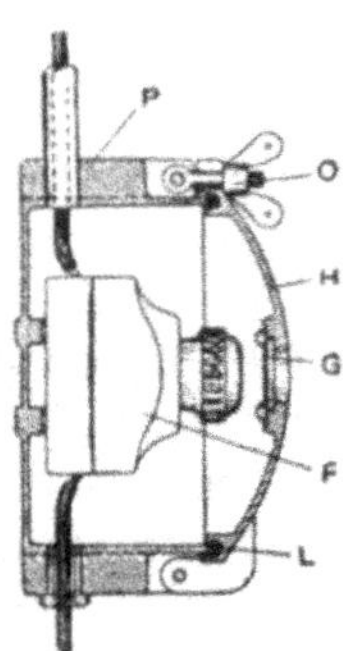

Fig. 135.

Vom Anschluß aus beginnt die eigentliche Installation. Vom Anschluß führt die Steigleitung. Solche Steigleitungen haben wir auf S. 35 auf Spannungsabfall berechnet. Die folgende Tabelle ist nach diesen Formeln berechnet worden und gestattet eine Übersicht:

Anzahl der Glühlampen zu 40 Volt	110 Volt	220 Volt	3 × 220	3 × 220
	Gleichstrom		Drehstrom	
			Δ	λ
20	2,5	2,5	2,5	2,5
30	4	2,5	2,5	2,5
50	6	2,5	2,5	2,5
100	16	4	2,5	2,5
200	25	10	4	2,5
300	35	16	6	4
500	70	25	16	10

Als Leitungsmaterial sind Gummiaderleitungen zu verwenden. Diese werden bis 16 mm² aus massivem Kupferdraht hergestellt, mit mehrdrähtigen Leitern sind Querschnitte bis 1000 mm² zulässig. Sie führen die Bezeichnung G. A. Die Verbandvorschriften schreiben die Anzahl der Drähte in den Leitern, die Stärke der Isolation genau vor:

q in mm²	Mindestzahl der Drähte bei mehrdrähtigen Leitern	Stärke der Gummischicht mindestens in mm
1	7	0,8
1,5	7	0,8
2,5	7	1
4	7	1
6	7	1
10	7	1,2
16	7	1,2
25	7	1,4
35	19	1,4
50	19	1,6

Gummiaderleitungen können für Spannungen bis 750 Volt verwendet werden.

Spezial-Gummiaderleitungen (S. G. A.) werden für Betriebsspannungen bis 20 000 Volt hergestellt.

Eine besondere Art der Leitungen sind die Rohrdrähte (R. A.). Es sind Gummiaderleitungen mit gefalztem enganliegendem Metallmantel, die an Stelle der imprägnierten Umklöppelung eine mechanisch gleichwertige, isolierende Hülle von mindestens 0,4 mm Wandstärke haben. Die Wandstärke des Mantels soll mindestens 0,25 mm betragen.

Die Steigleitung wird meist in Gummiaderleitungen ausgeführt. Dann verlegt man sie in Rohren (*o*) auf Rollen (*r*) oder auf Isolierglocken (*g*).

Von der Steigleitung zweigen in jedem Stockwerk die Leitungen ab. Überall, wo sich eine Querschnittsveränderung ergibt — die kurzen Stichleitungen ausgenommen — muß abermals gesichert werden.

Das Abschnüren der Leitungen erfolgt mit Schnurschlag. Nach dem Abschnüren zeichnet man sich nach dem Plane die Stellen an, an denen man die Abzweigdosen setzen will und setzt die Dübel für Schalter und Steckdosen usw.

Fig. 136. Fig. 136 a. Fig. 137.

Die Dübel sind verschieden. Man verwendet Stahldübel, Spiraldübel und Holzdübel (Fig. 136—137).

Bevor wir der Reihe nach die einzelnen Verlegungsarten behandeln, sollen die Regeln besprochen werden, nach denen die Leitungsverlegung zu erfolgen hat. Diese sind einesteils durch die Verbandsvorschriften, andernteils durch die Sondervorschriften der Elektrizitätswerke be-

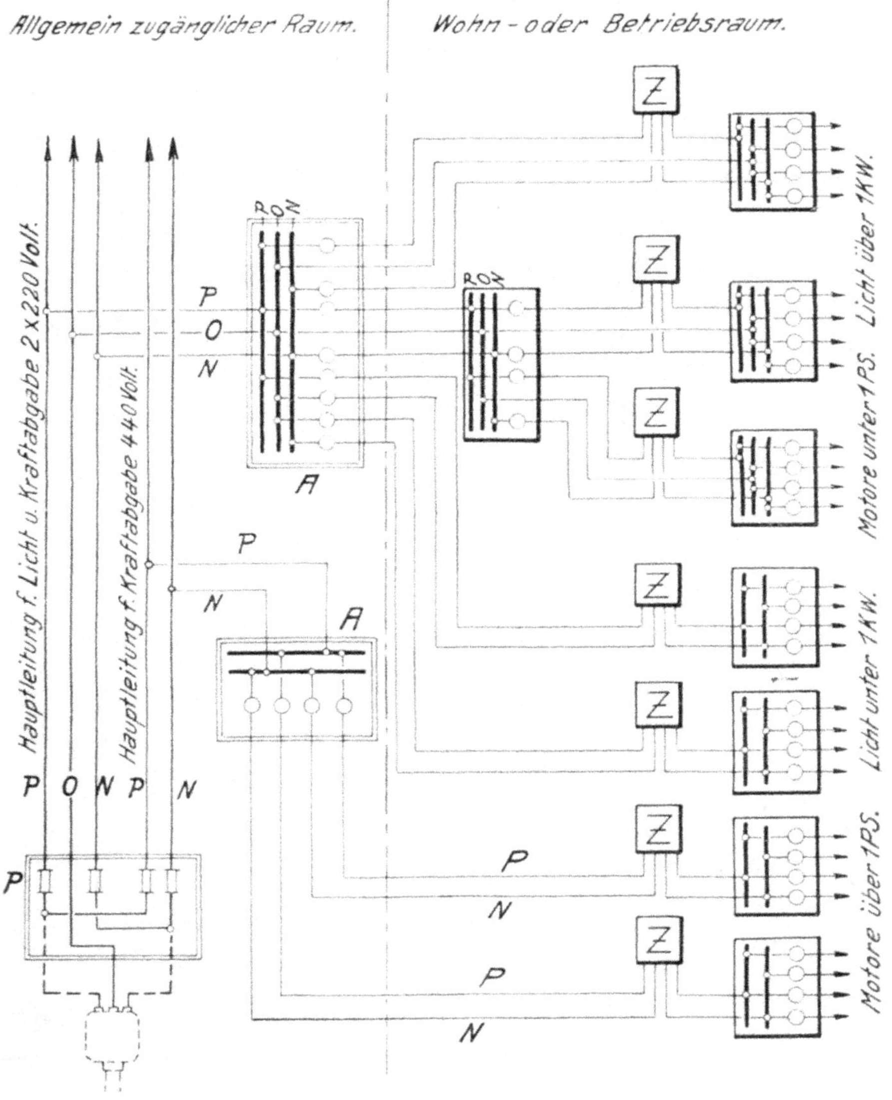

Fig. 138.

stimmt. Fig. 138 zeigt ein Gerippe eines Gleichstromanschlusses von 2 × 220 Volt. Daraus ersehen wir, daß für Licht und Kraft je eine Steigleitung vorzusehen ist. An die Lichtleitung (Lampenspannung 220 Volt)

können auch Motore für 220 Volt, jedoch nur unter 1 PS angeschlossen werden.

Ein Lichtbedürfnis unter 1 kW kann nach dem Zweileitersystem,

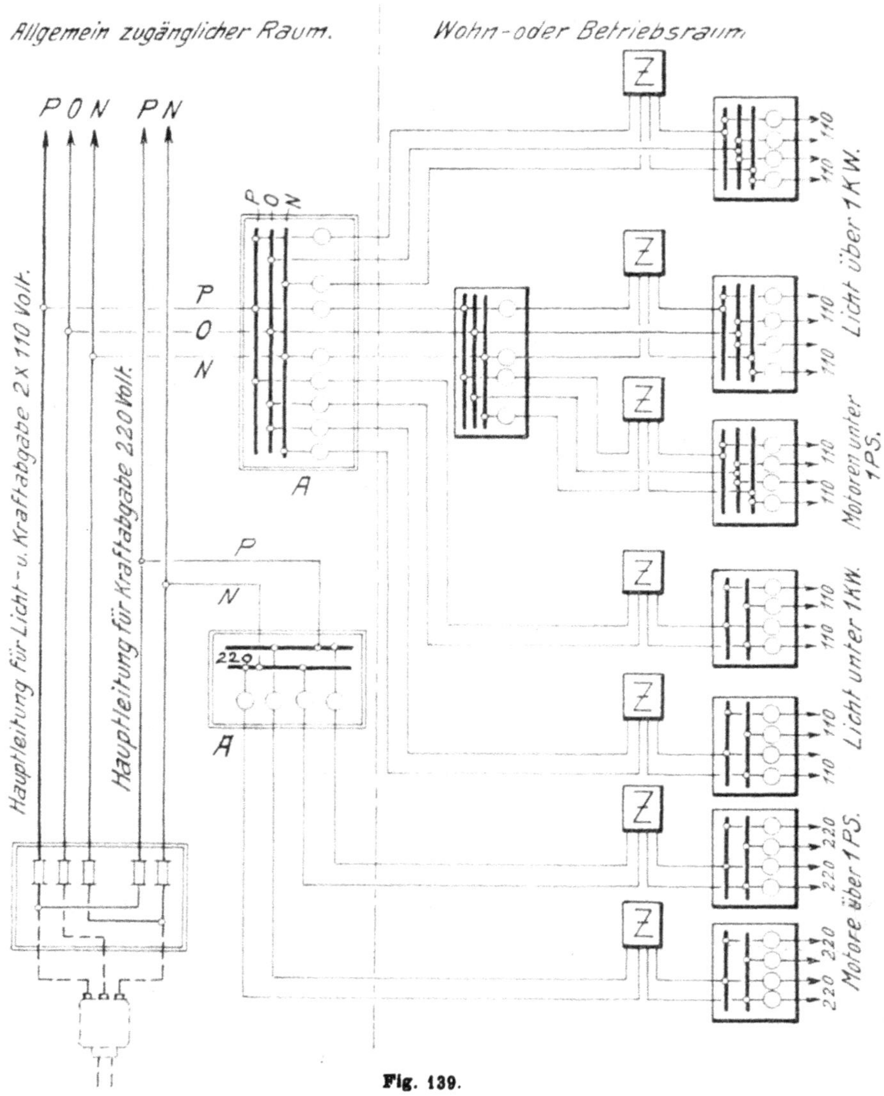

Fig. 139.

ein Lichtbedürfnis über 1 kW muß nach dem Dreileitersystem behandelt werden. Motoren über 1 PS sind aber an die Kraftleitung von 440 Volt anzuschließen.

Fig. 139 zeigt Schaltgerippe eines Gleichstromanschlusses von 2 × 110 Volt. Vom Kabelanschluß führen abermals zwei Steigleitungen. Die Lichtleitung muß für einen Lichtbedarf über 1 kW nach dem Drei-

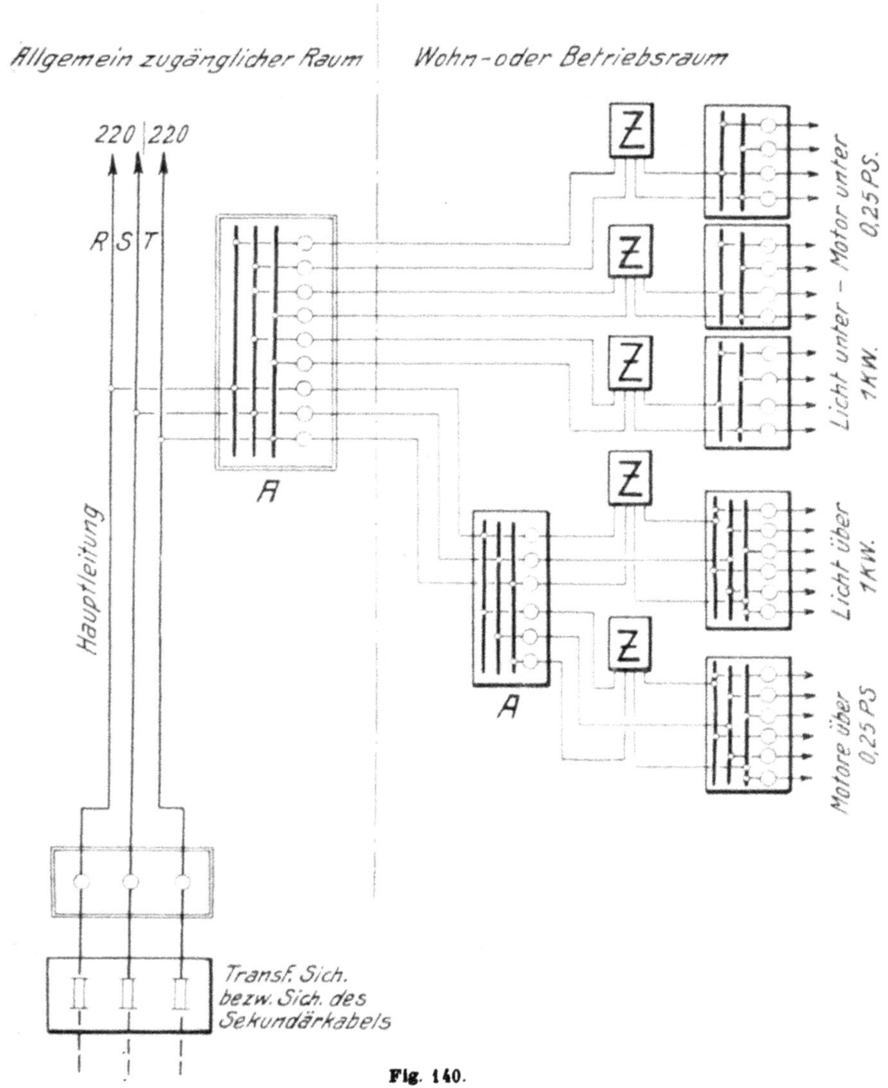

Fig. 140.

leitersystem dem Verbraucher zugeführt werden. Ebenso der Kraftbedarf für Motore unter 1 PS, die dann bei einer Spannung von 110 Volt arbeiten. Verbraucher unter 1 kW kann die Lichtleitung nach dem

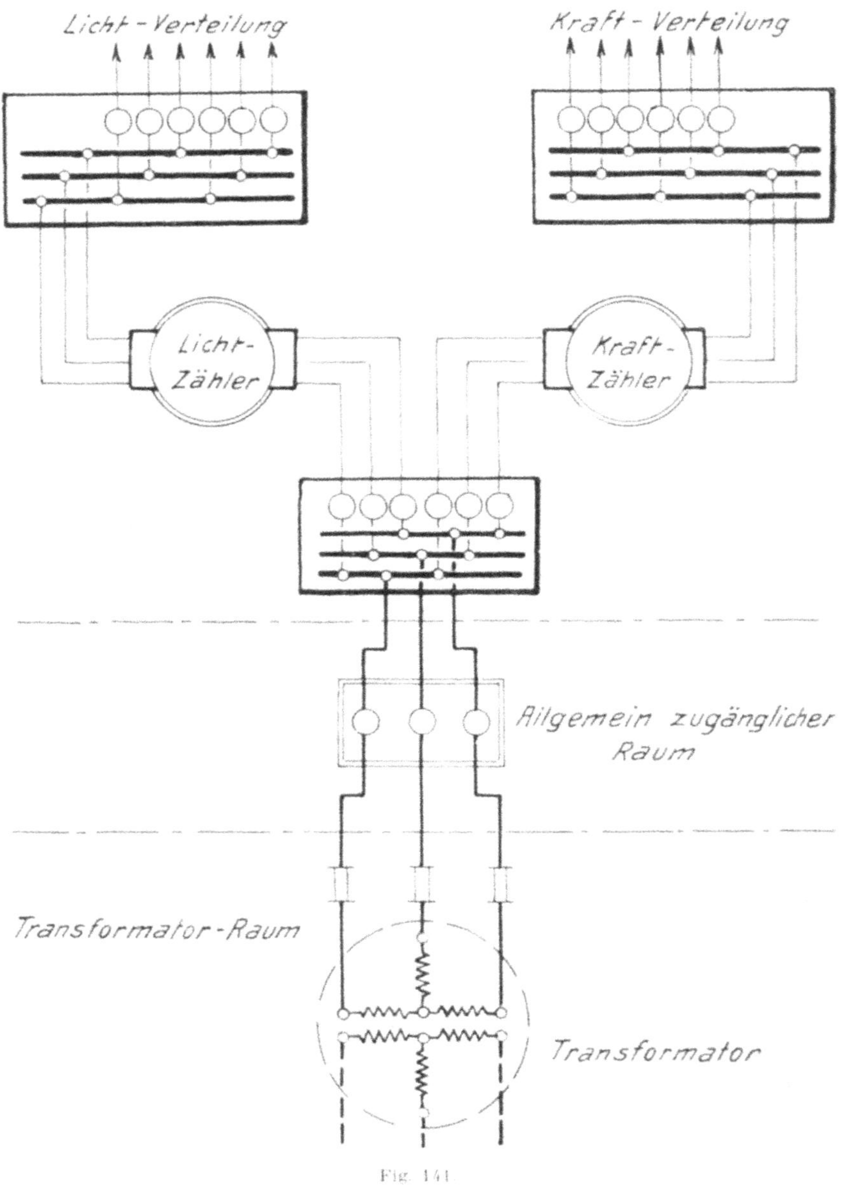

Fig. 141

Zweileitersystem zugeführt werden. Motoren über 1 PS müssen an die Kraftleitung von 220 Volt angeschlossen werden.

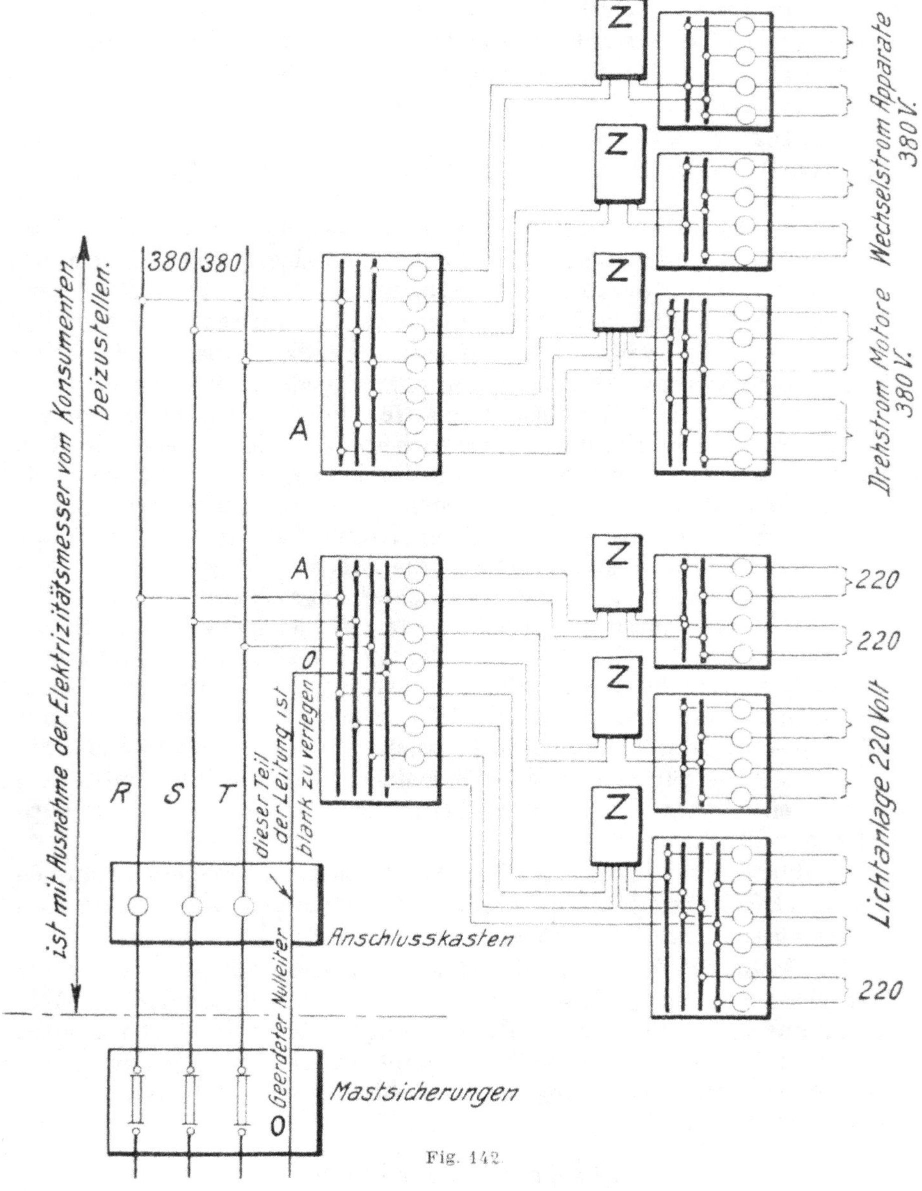

Fig. 142.

Fig. 140 ist ein Schaltgerippe eines Drehstromanschlusses für Licht- und Kraftabgabe an mehrere Verbraucher.

Die Lichtverbraucher unter 1 kW werden nur an zwei Phasen angeschlossen, ebenso kleine Wechselstrommotoren unter $\frac{1}{4}$ PS. Licht-

verbraucher über 1 kW erhalten alle drei Phasen zugeführt. Drehstrommotore sind selbstverständlich an alle drei Phasen anzuschließen.

Fig. 141 gibt das Schaltgerippe eines Drehstromanschlusses für Licht und Kraft in einer Einzelanlage an.

Fig. 142 ist das Schaltgerippe für Drehstrom-Vierleiteranlagen mit geerdetem Nulleiter. Die Lampenspannung ist 220, die Motorspannung 380 Volt.

Die Wahl des Platzes für den Hausanschluß erfolgt von seiten des Elektrizitätswerkes im Einvernehmen mit dem Hauseigentümer. Die Hauptleitungen sollen nur durch allgemein zugängliche Räume geführt werden. Vor den Zählern dürfen keine Schnurleitungen verwendet werden.

Aus Fig. 138 ergibt sich, daß der Mittelleiter der Steigleitung nicht gesichert wird. Jeder davon abzweigende Zweileiter ist aber zweipolig zu sichern. Die Sicherungen für die Abzweigungen von der Steigleitung zu den einzelnen Verbrauchern (s. *A* der Figuren) sind in plombierten Kästen unterzubringen, die in allgemein und jederzeit zugänglichen Räumen anzubringen sind. Falls die Zuleitung von der Steigleitung bis zu diesen Sicherungen länger als 1 m ist, muß diese Zuleitung denselben Querschnitt wie die Steigleitung erhalten. Wenn an eine solche Abzweigung nur ein Zähler angeschlossen wird, so ist außer der vorerwähnten Sicherung vor dem Zähler keine weitere Sicherung anzubringen. Es hat aber dann der Schmelzeinsatz in der Abzweigsicherung der Höchststromstärke des Zählers zu entsprechen. Wenn zwei oder mehrere Zähler an eine Abzweigung angeschlossen werden sollen, so muß jeder Zähler für sich gesichert sein (s. Fig. 138 und 139). In keinem Falle dürfen aber die Zählersicherungen mit den hinter dem Zähler befindlichen Verteilungssicherungen am gleichen Sicherungsbrette angebracht werden.

Glühlampenstromkreise bis 1000 Watt können in trockenen Räumen einpolig abschaltbar gemacht werden. Bogenlampen und Motore sind allpolig abschaltbar einzurichten.

Die Wahl des Zählerplatzes ist so zu treffen, daß der Zähler vor jeder Beschädigung gesichert ist. Es dürfen daher Zähler nicht in Badezimmern, Wasch- und Haushaltungsküchen, in Kellern usw. aufgestellt werden. In Werkstätten empfiehlt es sich, um den Zähler einen Schutzkasten anzubringen. Die Zähler müssen an festen Wänden angebracht werden.

Verlegen von Leitungen.

Die gebräuchlichsten Verlegungsarten sind:

1. Isolierte Drähte in Rohren auf oder in der Wand.
2. Rohrdrähte auf der Wand.
3. Blanke und isolierte Leitungen auf Isolierglocken.

4. Isolierte Leitungen auf Isolierrollen und Isolierklemmen.
5. Verlegung von Leitungsschnüren auf Isolierrollen oder auf Klemmrollen. (In Deutschland verboten.)

Billig und gut ist die Verlegung der Gummiaderleitungen in Isolierrohren. Das sind Papierrohre mit gefalztem Blechmantel aus lackiertem oder verbleitem Eisen, aus Messing oder Zink. Sie dienen bei Verlegung von Leitungen in trockenen Räumen. Die Isolierrohre werden in Durchmessern von 7 bis 48 mm hergestellt. Die gebräuchlichsten Isolierrohre sind die mit 11 und 16 mm Durchmesser. Um die einzelnen Rohrstücke miteinander zu verbinden, bedient man sich der Verbindungsmuffen. Fig. 142 a. Außerdem verwendet man T-Stücke, Winkelstücke, Bogen und Krümmer. Fig. 142 b, c, d.

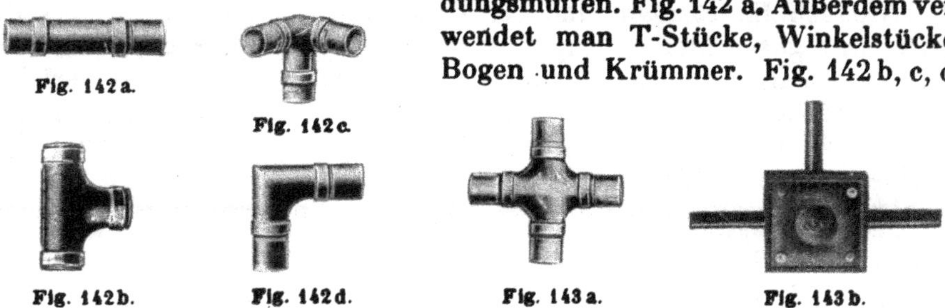

Fig. 142 a. Fig. 142 c. Fig. 142 b. Fig. 142 d. Fig. 143 a. Fig. 143 b.

Die Abzweigdosen nehmen die Abzweigscheiben auf. Diese haben einen porzellanernen Ring, auf dem 2 bis 4 Klemmen mit je 2 oder 3 Schrauben angebracht sind. Fig. 143 a, b.

Neben den gebräuchlichsten Isolierrohren verwendet man lackierte Eisenrohre, geschlossene Eisenrohre mit Papierauskleidung (Stahlpanzerrohre) für Werkstätten und feuchte Räume oder auch Gummirohre.

In ein und dasselbe Rohr dürfen nur Leitungen verlegt werden, die zu dem gleichen Stromkreis gehören. Drahtverbindungen und Abzweigungen innerhalb des Rohrsystems sind nur in Dosen, Abzweigkästen, T- und Kreuzstücken und nur durch Verschraubung auf isolierender Unterlage zulässig. Rohre sollen so verlegt werden, daß sich in ihnen kein Wasser ansammeln kann. Dieses erreicht man am besten, wenn man die Rohre tunlichst nicht an die Außenwände verlegt, die oberen Rohrenden verschließt, die unteren frei läßt und Wassersäcke in der Leitung vermeidet.

Ist die Rohrleitung verlegt, so werden nachher die Drähte mittels Stahlband eingezogen. Es ist gut, die Drähte vorher mit Talgpulver einzureiben, um das Einziehen zu erleichtern, besonders dann, wenn im Zug sich Krümmer und Knie befinden. — Rohrenden müssen mit Tüllen versehen sein. Unter Putz verlegte Rohre sollen mindestens 11 mm lichte Weite haben. — Im wagrechten Rohrzug wird man die einlappigen Schellen so setzen, daß sie das Rohr tragen, also so, daß die Schelle das Rohr von unten umfaßt. Die Schellen sollen nicht soweit voneinander stehen, im Mittel 75 cm. — Bei Rohrenden, Winkeln und T-Stücken, bei Abzweigdosen soll der Abstand der Schelle vom genannten Stück höchstens 10 cm betragen.

In feuchten Räumen wird man keine einfachen Isolierrohre verwenden, sondern eisene Rohre vorziehen.

Werden Rohre unter Eisenträgern befestigt, so schlägt man um den Fuß des I-Trägers ein Bandeisen, daß dasselbe passend und gespannt anliegt. Auf das Bandeisen werden dann zweilappige oder Mehrfachschellen angeschraubt.

Vielfach findet man, daß bei Verlegung von Rohren unter Putz statt eines guten Mörtels Gips verwendet wird. Gips saugt Feuchtigkeit auf, so daß die Rohre anrosten, das Papier mit der Zeit verfällt.

Nachfolgende Tabelle gibt für die verschiedenen Kupferquerschnitte den Durchmesser der Röhre in Millimetern an und die Anzahl der Drähte in einem Rohr.

Kupfer-querschnitt	1 Draht		2 Drähte		3 Drähte		4 Drähte	
	in einem Rohr							
	an der Wand	in der Wand	an der Wand	in der Wand	an der Wand	in der Wand	an der Wand	in der Wand
	Durchmesser in mm							
1	9	13,5	13,5	13,5	13,5	13,5	13,5	16
1,5	9	13,5	13,5	16	16	16	16	16
2,5	9	13,5	16	16	16	21	21	21
4	11	13,5	16	21	21	23	21	21
6	13,5	13,5	21	21	21	29	21	29
10	13,5	16	23	29	23	29	27	27
16	16	21	23	29	29	36	29	36
25	16	21	29	36	36	36	36	—
35	21	23	36	36	36	—	48	—
50	23	23	48	48	48	—	48	—
70	23	29	48	—	48	—	—	—

Eine gefällige und gute Art der Verlegung ist die mit Rohrdrähten, auch Manteldrähte genannt. Diese Drähte sind Einfach- oder Mehrfach-Gummiaderleitungen mit Blechmantel. Dieser besteht nach Ausführung der Siemens-Schuckertwerke aus verbleitem Eisenblech, Messing- oder Feinzinkblech und ist um die Leitungen so gepreßt, daß er eine Art Kabel bildet. Sie eignen sich zur festen Verlegung in trockenen Räumen bis 500 Volt. Fig. 144 a b zeigt solche Manteldrähte.

Die Verlegung unter Putz ist nicht zulässig. — Der Blechmantel kann nicht nur zum Schutz der isolierten Leitung, er kann auch in Gleich- und Drehstromnetzen mit Nulleiter als solcher verwendet werden.

Die leitende Verbindung ist dann von Mantel zu Mantel durch Verbindungsstücke an den Klemmhäuschen herzustellen. Der Anschluß des Mantels an Klemmen, Steckdosen, Beleuchtungskörper geschieht durch Schellen und Hülsen. Führen mehrere Rohrdrähte nebeneinander, so werden deren Mäntel durch Mantelverbinder kurzgeschlossen.

Fig. 144a. Fig. 144b.

Der Rohrdraht wird fast ebenso wie Isolierrohr verlegt. Er schmiegt sich leicht vorhandenen Linien in den Wohnräumen an, da er mit der Hand oder Biegezange gebogen werden kann. Winkelstücke und Übergangsbogen fallen weg. Wanddurchführungen kleidet man mit einem Rohr aus und schließt die Maueröffnungen mit einem Klemmhäuschen ab. Die Rohrdrähte können in der Farbe der Wand oder der Tapete gestrichen werden. Am besten ist es, wenn sie einen Ölanstrich erhalten.

Eine teure, aber ausgezeichnete Verlegung von Gummiaderleitungen ist die Verlegung in Peschelrohren. Peschelrohre sind Stahlrohre ohne Papierauskleidung. Sie sind geschlitzt oder geschlitzt und überlappt.

Das Rohr läßt sich federnd zusammendrücken und preßt sich stark an die Innenwand der Muffen und anderen Verbindungsstücken. Überlappte Rohre können auch unter Putz verlegt werden. Das Rohr selbst kann in Gleich- und Drehstromnetzen mit Nulleiter als Nullleiter verwendet werden. Durch Ersparnis der halben Leitungslänge und die Verwendung engerer Rohre werden die Verlegungskosten nicht zu teuer. Der Metallquerschnitt der Rohrwand ist reichlich, so daß der Leitwert des Rohres mindestens dem Leitwerte der Kupferleitung gleichkommt. In feuchten, durchtränkten oder in Räumen mit ätzenden Dünsten sind Peschelrohre nicht zu verwenden.

Die Verlegung blanker oder isolierter Leitungen auf Isolierglocken kommt bei Installationen für kurze Freileitungsstrecken in Frage, z. B. beim Kreuzen von Höfen usw., ferner für Installationen in feuchten Räumen.

Die einfachste Befestigung isolierter Leitungen geschieht durch Isolierrollen aus Porzellan (Fig. 145). Diese Isolierrollen werden mittels Schrauben auf Holz- oder Eisendübel, die in die Wand eingegipst werden, aufgeschraubt (Fig. 146 a, b, c).

Fig. 145. Fig. 146 a. Fig. 146 b. Fig. 146 c.

Die Befestigung der Isolierrollen durch Nägel ist verboten. An Trägern werden Schellen angeklammert. Der Abstand der Isolierrollen darf nicht mehr als 1 m betragen. Als Bindedraht verwendet man weichen, verzinnten Kupferdraht von 1,5 mm² Querschnitt.

Für Installationen kommen noch folgende Leitungsmaterialien in Betracht:

Panzeradern (P. A.) für Spannungen bis 1000 Volt. Es sind Gummiaderleitungen mit einer Hülle von Metalldrähten zum Schutz gegen mechanische Verletzungen.

Fassungsadern (F. A.) zur Installation nur in und an Beleuchtungskörpern in Niederspannungsanlagen. Sie haben einen Querschnitt von 0,5 oder 0,75 mm². Die Kupferseele ist mit einer vulkanisierten Gummihülle von 0,6 mm Wandstärke umgeben. Über der Gummihülle eine Umklöppelung aus Hanf, die imprägniert sein kann.

Pendelschnüre (P. L.) zur Installation von Schnurpendeln in Niederspannungsanlagen. Der Querschnitt ist 0,75 mm². Die Kupferseele besteht aus Drähten von höchstens 0,2 mm Durchmesser. Die Kupferseele ist mit Baumwolle umsponnen und darüber mit einer vulkanisierten Gummihülle von 0,6 mm Wandstärke umgeben. Zwei Adern sind mit einer Tragschnur aus geeignetem Material verseilt.

Gummiaderschnüre (S. A.) für geringe mechanische Beanspruchung in trockenen Wohnräumen in Niederspannungsanlagen.

Werkstattschnüre (W. K.) für mittlere mechanische Beanspruchung in Werkstätten in Niederspannungsanlagen.

Der Querschnitt ist 1 bis 16 mm². Die Bauart des Kupferleiters ist die gleiche wie bei den Gummiaderschnüren, jedoch ist bei Querschnitten über 6 mm² ein Drahtdurchmesser von 0,4 mm zulässig. Die Gummihülle jeder einzelnen Ader ist mit gummiertem Band zu umwickeln; zwei oder mehr solcher Adern sind rund zu verseilen und mit einer dichten Umklöppelung aus Fasermaterial zu versehen. Darüber ist eine zweite Umklöppelung aus besonders widerstandsfähigem Material anzubringen.

Fig. 147.

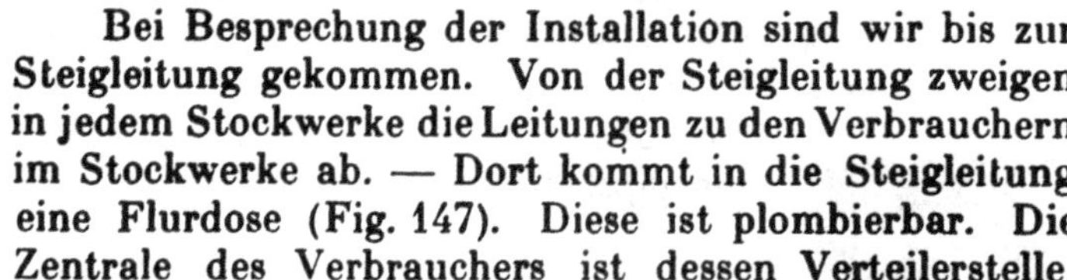

Bei Besprechung der Installation sind wir bis zur Steigleitung gekommen. Von der Steigleitung zweigen in jedem Stockwerke die Leitungen zu den Verbrauchern im Stockwerke ab. — Dort kommt in die Steigleitung eine Flurdose (Fig. 147). Diese ist plombierbar. Die Zentrale des Verbrauchers ist dessen Verteilerstelle.

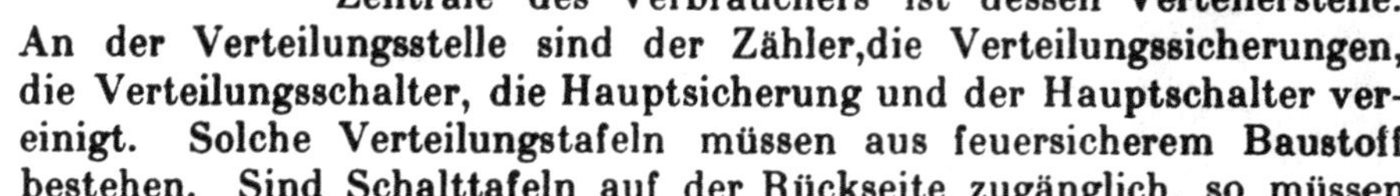

An der Verteilungsstelle sind der Zähler,die Verteilungssicherungen, die Verteilungsschalter, die Hauptsicherung und der Hauptschalter vereinigt. Solche Verteilungstafeln müssen aus feuersicherem Baustoff bestehen. Sind Schalttafeln auf der Rückseite zugänglich, so müssen die Gänge hinreichend breit sein. An Verteilungstafeln, die nicht von der Rückseite zugänglich sind, sollen die Leitungen erst nach Befestigung der Tafel an diese herangeführt und angeschlossen werden.

Die Siemens-Schuckertwerke vereinigen ihre Uzed-Zählertafeln mit den Verteilungstafeln zu neuzeitlich ausgeführten Verteilungsstellen (Fig. 148 a, b).

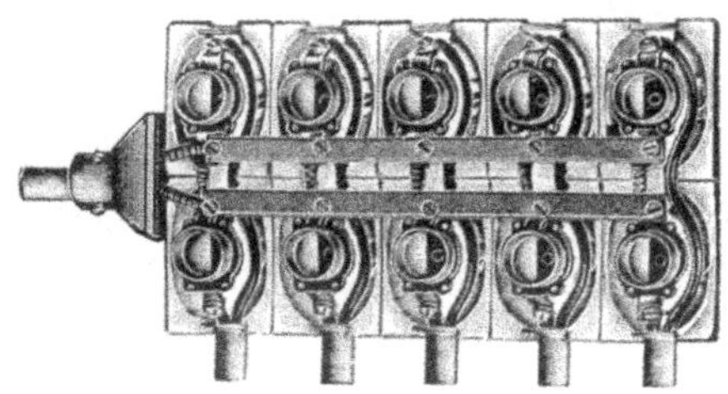

Fig. 148 a.

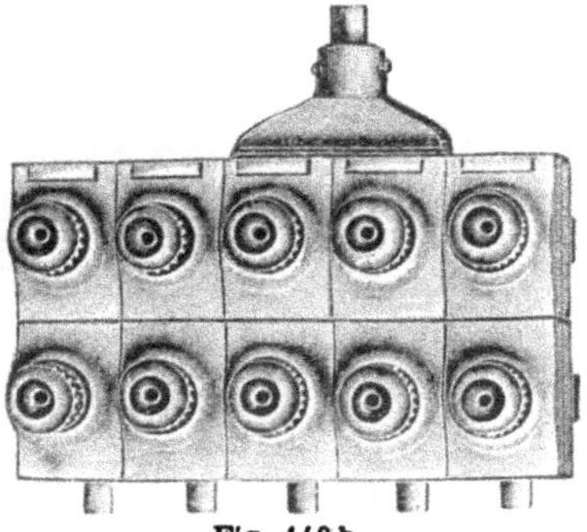

Fig. 148 b.

Die Sicherungen haben wir bereits auf S. 24 behandelt.

Das Diazed-Sicherungssystem der Siemens-Schuckertwerke entspricht vollkommen den Verbandvorschriften. — Die Kurzschlußsicherheit der Patrone wird durch deren Länge, die für höhere Spannungen größer gemacht wird, ferner durch deren starke Wandungen und gute Abschlüsse an beiden Stirnseiten erreicht.

Die Schraubenstöpsel haben für Stromstärken bis 25 Ampere das Normal-Edisongewinde. Die stärkeren Patronen werden bis 60 Ampere in großen Edisongewinden verwendet.

S t e c k v o r r i c h t u n g e n. Sie dienen zum Anschluß beweglicher Verbraucher, wie Tischlampen, Bügeleisen, Heizapparaten usw. Sie sind zwei- oder dreipolig, meist durch Schmelzstreifen gesichert. — Fig. 149 a zeigt eine Zeta-Steckdose der Siemens-Schuckertwerke, Fig. 149 b den dazugehörigen Stecker für Zimmerschnur.

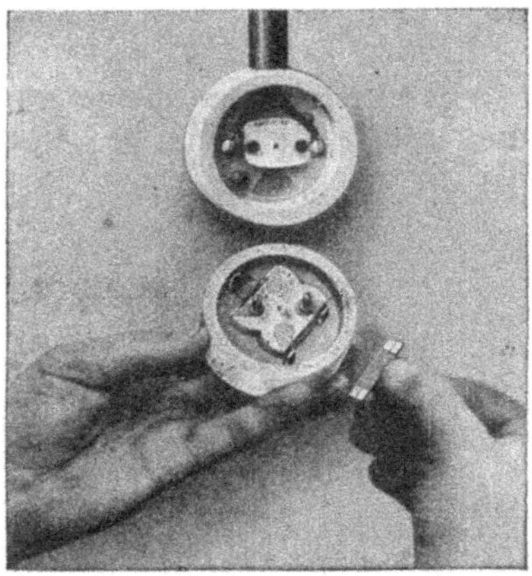

Fig. 149 a.

Steckvorrichtungen, bei denen der Stecker nur ausgezogen werden kann, wenn sie spannungslos sind, nennt man blockierbar.

Fig. 149 b.

P e n d e l d o s e n verbinden die Drähte der Beleuchtungskörper mit den Zuleitungen. Die Zeta-Pendel-

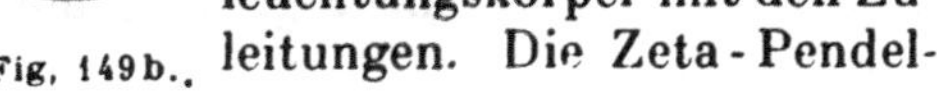

dose ist zweiteilig. Die Anschlußklemmen für das Pendel befinden sich im Kopf (Fig. 150). Statt der Pendeldosen kann man Lüsterklemmen und Nippel verwenden.

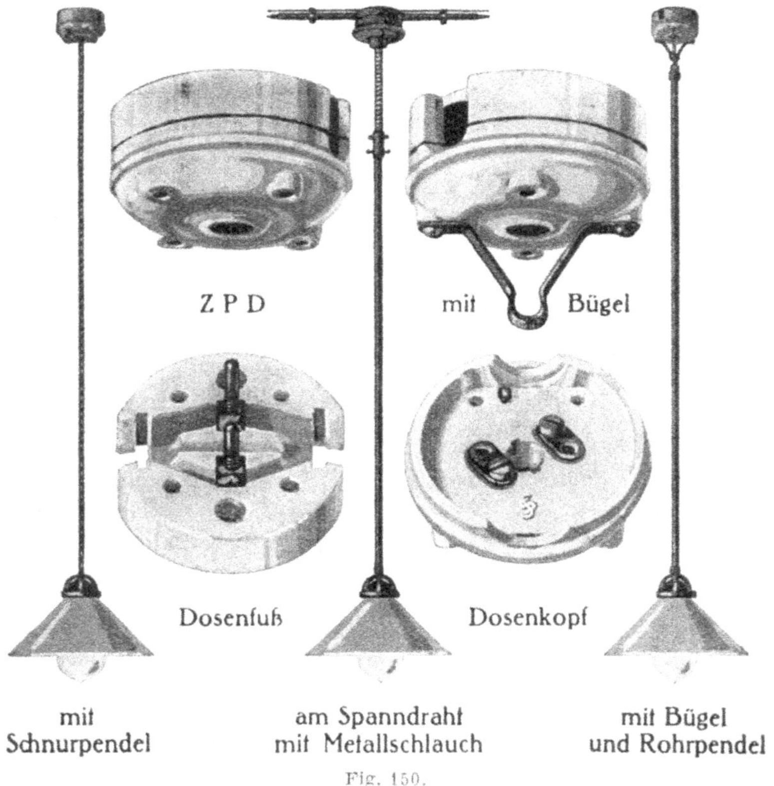

Fig. 150.

Fassungen dienen zur Aufnahme der Glühlampen. Sie werden mit und ohne Hahn geliefert. Fig. 151 a zeigt die Verbands-Edison-

Fig. 151 a. Fig. 151 b. Fig. 151 c.

fassung, Fig. 151 b die Savafassung der S. S. Werke und Fig. 151 c eine Fassung für feuchte Räume mit Porzellanmantel.

Drehschalter dienen zur Schaltung von Licht und Kraft bis zu 15 kW. Er ist der am häufigsten beanspruchte Teil der elektrischen Anlage. Man verlangt daher mit Recht eine große mechanische Halt-

Fig. 152 a.

Fig. 152 b.

Fig. 152 c.

barkeit, die nach den Prüfvorschriften des V. D. E. 20 000 Schaltungen gewährleisten muß. Ein guter Schalter ist der Zetaschalter der Siemens-Schuckertwerke (Fig. 152 a, b, c).

Die möglichen Schaltungen zeigt folgende Tafel.

Die Installationsschaltungen verfolgen verschiedene Zwecke. Es soll eine Lampengruppe von ein oder mehreren Stellen geschaltet werden können, oder es sollen mehrere Lampengruppen abwechselnd hinter- oder nebengeschaltet werden. — Für die verschiedenen Schaltungen haben sich bestimmte Bezeichnungen eingebürgert. Um die Schaltungen auszuführen, benötigt man bestimmte Schalter. Der Schalter hat auf seiner Grundplatte vier Kontakte. Auf den Kontakten springen die Schaltfedern. Entweder sind zwei um 180° versetzte Schaltfedern oder zwei um 90° versetzte Schaltfedern oder drei um 90° versetzte Schaltfedern vorhanden. Bei den gekuppelten Schaltern sind auf einer Drehachse zwei Schalter aufgebaut. — Die Bezeichnung der Schalter als Wechsel-, Kronen-, Kreuz- und Hebelschalter wird von den verschiedenen Firmen ziemlich willkürlich gewählt, so daß eine Normierung dringend nötig erscheint. Eine solche ist im Wiener Elektrotechniker, Heft 20, 1924, von Prof. Ing. Edler in mustergültiger Weise ausgearbeitet worden.

In den Figuren *b* bis *n* ist immer die grundsätzliche Schaltung und die wirkliche Schaltung gezeichnet worden. Jeder Schalter zeigt doppelte Stromunterbrechung, die der einfachen Stromunterbrechung (Achsanschluß) vorzuziehen ist.—

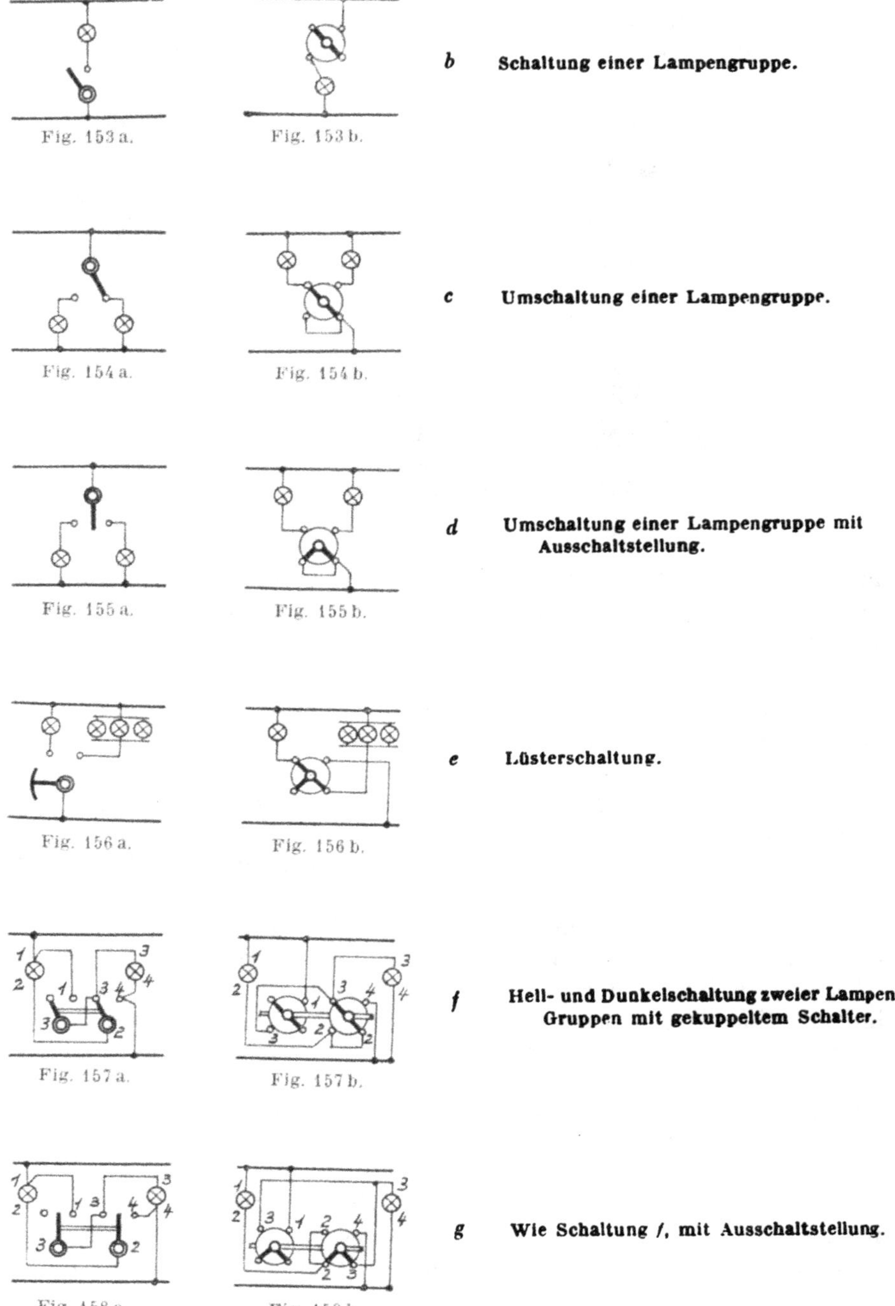

Fig. 153 a. Fig. 153 b.

b **Schaltung einer Lampengruppe.**

Fig. 154 a. Fig. 154 b.

c **Umschaltung einer Lampengruppe.**

Fig. 155 a. Fig. 155 b.

d **Umschaltung einer Lampengruppe mit Ausschaltstellung.**

Fig. 156 a. Fig. 156 b.

e **Lüsterschaltung.**

Fig. 157 a. Fig. 157 b.

f **Hell- und Dunkelschaltung zweier Lampen, Gruppen mit gekuppeltem Schalter.**

Fig. 158 a. Fig. 158 b.

g **Wie Schaltung *f*, mit Ausschaltstellung.**

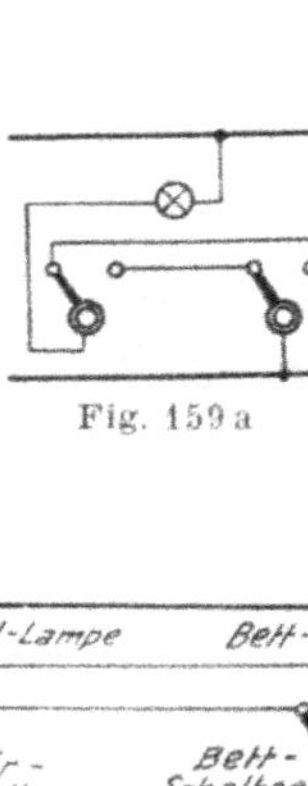

Fig. 159 a

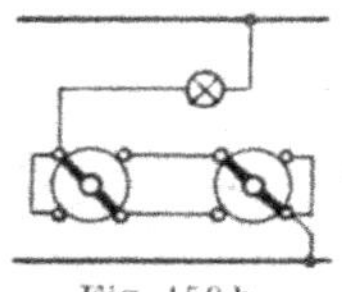

Fig. 159 b.

h **Schaltung einer Lampengruppe von zwei oder mehreren Stellen aus.**

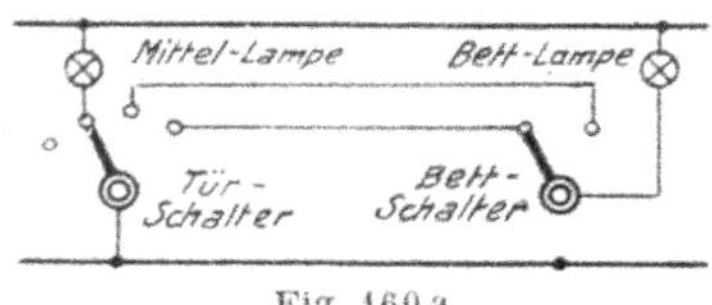

Fig. 160 a.

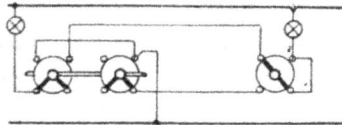

Fig. 160 b.

i **Schaltung zweier Lampengruppen von zwei Stellen aus, sogen. normale Hotelschaltung.**

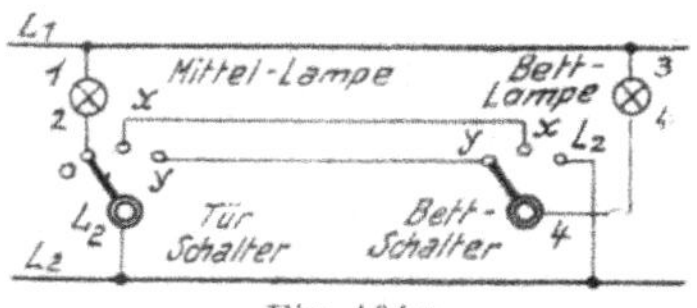

Fig. 161 a.

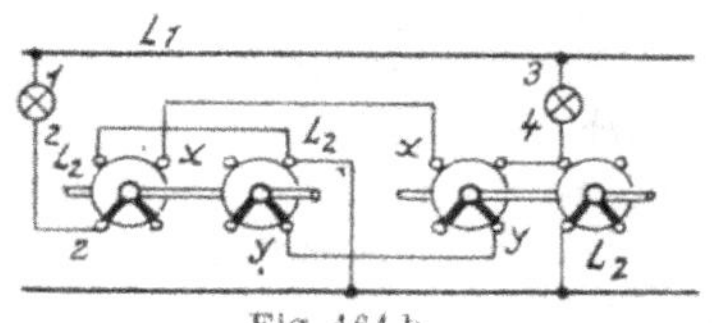

Fig. 161 b.

k **Erweiterte Hotelschaltung mittels zweier gekuppelter Schalter.**

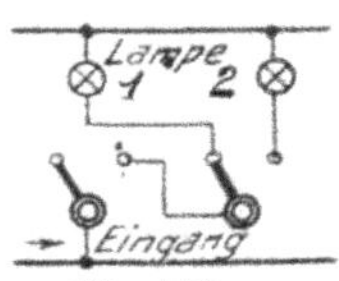

Fig. 162 a.

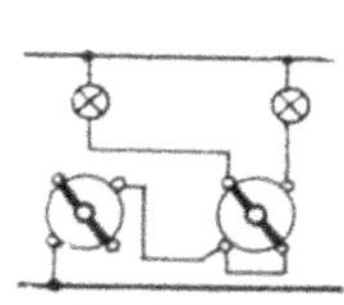

Fig. 162 b.

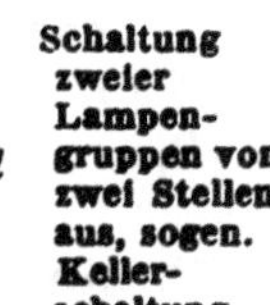

l **Schaltung zweier Lampengruppen von zwei Stellen aus, sogen. Kellerschaltung.**

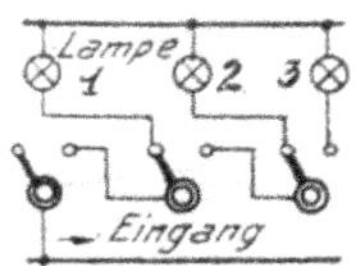

Fig. 163 a.

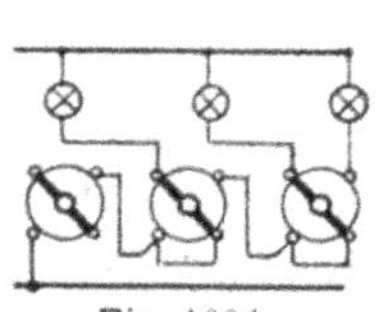

Fig. 163 b.

m **Wie *l*, mit drei Gruppen und drei Schaltstellen.**

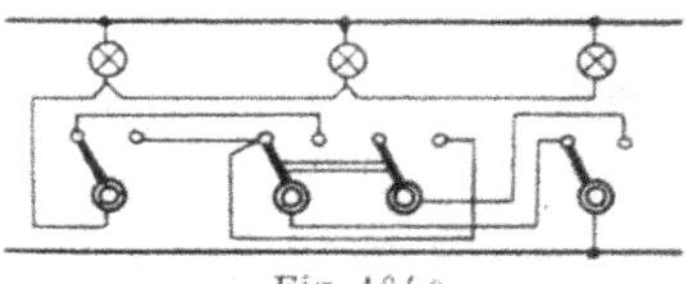

Fig. 164 a.

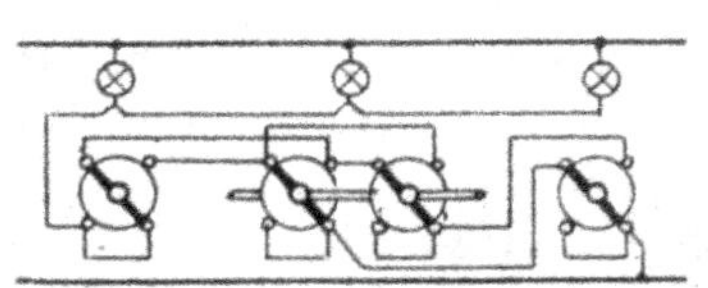

Fig. 164 b.

n **Schaltung einer Lampengruppe von mehreren Stellen aus, sogenannte Treppenhausschaltung.**

Zur Kostenveranschlagung von Hausanschlüssen können folgende Tabellen benutzt werden:

1. Man rechne für einen gewöhnlichen Lichtauslaß für trockene Räume mit Glühlichtschnur 2 × 1,5 mm² ohne Beleuchtungskörper und Glühlampen:

9 m Kupferlitze,
16 Glasrollen,
21 Stahldübel, 85 mm lang,
3 Stahldübelschrauben, 10 mm lang,
17 Stahldübelschrauben, 25 mm lang,
1 Stahldübelschraube, 35 mm lang,
1 Abzweigdose mit Klemmen,
1 Dosenschalter für 4 Ampere und 250 Volt,
½ m Hartgummirohr 10/13,
2 Porzellaneinführungen,
1 m Isolierrohr, verbleit,
1 gerade Porzellanendhülle,
3 Rohrschellen, 11 mm,
1 Lüsterhaken ohne Ansatz,
4 Holzschrauben für die Decke,
2 Holzschrauben für den Schalter,
1 Porzellan-Lüsterklemme, zweipolig,
1 Schalterpacke,
1 kg Gips,
0,5 m Isolierband.

2. Man rechne für einen gewöhnlichen Lichtauslaß in Rohr offen verlegt:

20 m isolierter Kupferdraht (G. A.), 1,5 mm²,
10 m Isolierrohr, verbleit, 11 mm,
16 Rohrschellen für 11 mm Rohr,
1 Abzweigdose samt Deckel,
1 Porzellan-Abzweigklemme,
1 gerade Porzellantülle samt Muffe, 11 mm,
1 T-Stück, aufklappbar,
2 T-Stücke,
16 Stahldübel, 35 mm lang,
16 Stahldübelschrauben, 10 mm lang,
1 Dosenschalter, 4 Ampere und 250 Volt,
1 Unterlagscheibe,
2 Holzschrauben 31/35,
4 Holzschrauben für Decke 38/70,

1 kg Gips,
1 Schalterpacke,
½ m Isolierband.

3. Man rechne für einen gewöhnlichen Lichtauslaß in offener Rollenverlegung:

14 m isolierter Kupferdraht (G. A.), 1,5 mm²,
10 Gußeisendübel,
20 Eisengewindeschrauben hiezu,
20 Porzellanrollen,
1 m Hartgummirohr, 10/13 mm,
1 m Isolierrohr, verbleit, 11 mm,
3 einfache Rohrschellen für 11 mm Rohr,
1 halbkreisförmig gebogene Endtülle samt Muffe für 11 mm Rohr,
2 Porzellanpfeifen,
2 Abzweigklemmen,
1 Dosenschalter, 4 Ampere, 250 Volt,
1 Unterlagscheibe,
3 Stahldübel, 35 mm lang,
3 Stahldübel, 10 mm lang,
5 Holzschrauben 42/40,
2 Holzschrauben für Schalter 31/35,
4 Holzschrauben für die Decke 38/70,
1 kg Gips,
0,4 m Isolierband,
6 m Bindedraht, 1 mm²,
1 Schalterpacke.

Mindestabstände von Leitungen bei Niederspannung.

Abstand	Offen verlegte Leitungen			Ungeerdete blanke Leitungen bei Spannweiten von			
	im Freien	in Gebäuden	in feuchten Räumen	bis 1 m	1—4 m	4—6 m	über 6 m
voneinander	Gegeb. durch die Befestigung		5 cm	5 cm	10 cm	15 cm	20 cm
v. Erdboden im Freien	2,5 m	Außer Handbereich	2,5 m	2,5 m	2,5 m	2,5 m	2,5 m
von Wänden u. Gebäudeteilen	2 cm	1 cm	5 cm	5 cm	5 cm	5 cm	5 cm

Eine besondere Art der Installation ist die Installation für Kinotheater. — Neben der Saalbeleuchtung (die sich beim Verlöschen der

Projektionslampe selbsttätig durch einen Automaten einschalten muß), kommt die Notbeleuchtung, die Stromlieferung für die Projektionslampe und den Motor für den Betrieb des Laufwerks des Apparates in Frage.

Der Bilderschirm muß einen gewissen Lichtstrom empfangen, damit die auf den Schirm geworfenen Bilder deutlich sichtbar werden sollen. Die Helligkeit des Schirmes soll etwa 200 Lux betragen.

Der Schirm selbst, der bei gleichmäßiger Beleuchtung vollkommen zerstreute Rückstrahlung haben soll, verschluckt einen Teil des empfangenen Lichtstroms. Bei den gebräuchlichen Schirmen sind es etwa 15 %. Der Lichtstrom, der von der Lampe selbst ausgeht, hat von dieser bis zum Schirm selbst Verluste aufzuweisen. Erstens wird ein Teil des Lichtstroms durch die staubige Luft des Saales verschluckt, ein Teil wird durch sich drehende Blende aufgefangen, einen geringen Teil verschluckt das Objektiv und der Kondenser, ein sehr beträchtlicher Teil wird überhaupt nicht vom Kondenser aufgenommen und strahlt nach rück- und seitwärts des Lampengehäuses aus. Berücksichtigt man alle diese Verluste, so wird sich bei mittlerer Saallänge ein Wirkungsgrad von etwa 0,15 ergeben. Nehmen wir an, daß ein 16 m^2 großer Schirm mit 200 Lux zu beleuchten wäre. Das gibt einen Lichtfluß von $200 \times 16 = 3200$ Lumen. Die Lampe hat dann ohne Scheinwerfer $\frac{3200}{0{,}15} = 21\,500$ Lumen zu erzeugen. Das gibt eine mittlere räumliche Lichtstärke von $\frac{21\,500}{4\,\pi} = 1800$ HK oder eine hemisphärische Lichtstärke von 3600 HK, da das Verhältnis

$$Jo : J_{\sigma} = 2 : 1,$$

wenn gleicher Lichtfluß erzeugt werden soll. — Bei einer hemisphärischen Lichtstärke von 3600 HK wird man für eine Kerze höchstens einen Aufwand von 0,4 Watt/HK haben. Das ergäbe einen reinen Lampenaufwand von $3600 \times 0{,}4 = 1440$ Watt.[1]) Bei 47 Volt Lampenspannung wird der Lampenstrom $\frac{1440}{47} = 30{,}5$ Ampere sein. Ein Teil der Spannung ($60 - 47 = 13$ Volt) wird im Beruhigungswiderstand vernichtet. Die von der Gleichstromseite eines Umformers abgegebene Leistung $30{,}5 \times 60 = 1830$ Watt und die von einem Drehstrom-Gleichstromumformer aufgenommene Leistung ($\eta = 0{,}8 \times 0{,}8 = 0{,}64$)

$$\frac{1830}{0{,}64} = 2860 \text{ Watt.}$$

---

[1]) Als Höchstwert rechnet man bei Effektkohlen-Bogenlampen 40 Lumen für ein Watt, gewöhnlich aber nur 15 Lumen/Watt.

Dann ist auch

$$N = P \cdot J \cdot \sqrt{3} \cdot \cos \varphi$$

$$J = \frac{N}{P \cdot \sqrt{3} \cdot \cos \varphi}$$

$$J = \frac{1830}{380 \cdot 1{,}73 \cdot 0{,}8} = 5{,}2 \text{ Amp.}$$

Ampere, wenn die Spannung zwischen zwei Leitern des Drehstromnetzes mit 380 Volt angenommen wird.

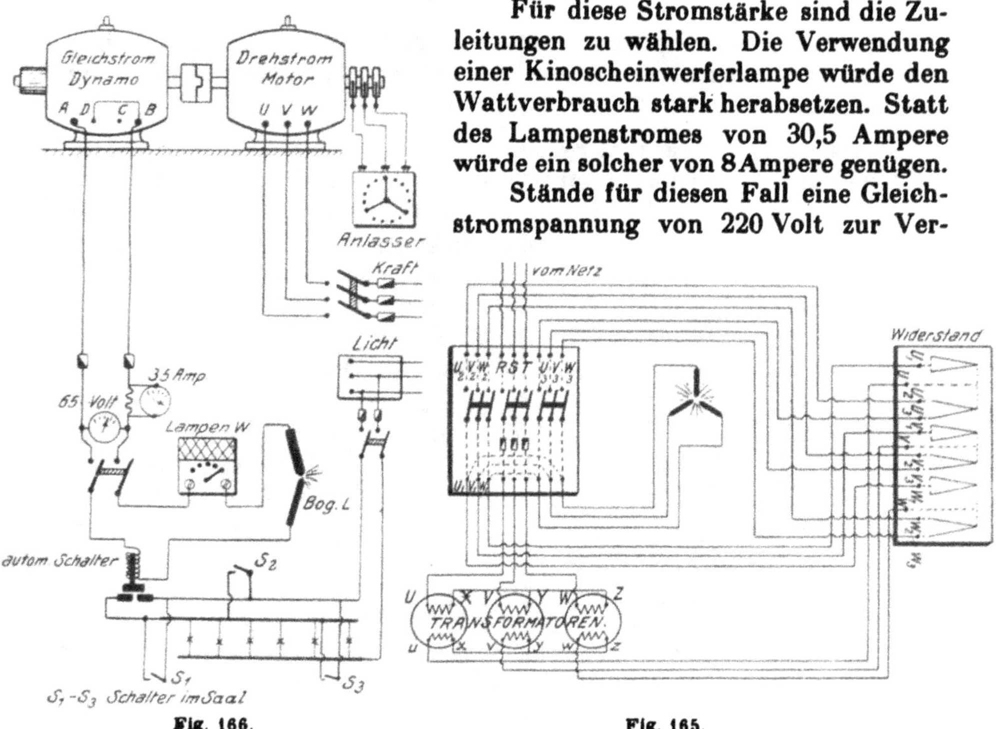

Fig. 166.

Fig. 165.

Für diese Stromstärke sind die Zuleitungen zu wählen. Die Verwendung einer Kinoscheinwerferlampe würde den Wattverbrauch stark herabsetzen. Statt des Lampenstromes von 30,5 Ampere würde ein solcher von 8 Ampere genügen.

Stände für diesen Fall eine Gleichstromspannung von 220 Volt zur Verfügung, so wäre es besser, statt eines Umformers die restliche Spannung im Beruhigungswiderstand zu vernichten und während des Betriebes die Ladung der Akkumulatoren der Notbeleuchtung durch den Betriebsstrom vorzunehmen.

Für Drehstromnetze bauen die Siemens-Schuckertwerke Drehstrom-Projektionslampen (Fig. 165).

Die drei Kohlenstifte sind im Stern geschaltet. Der Nullpunkt liegt im Lichtbogen. Zum Herabsetzen der Netzspannung auf die Lampenspannung dienen drei kleine, im Stern geschaltete Transformatoren.

Die nächste Abbildung (Fig. 166) zeigt eine Installationsanlage für Kino mit Umformer.

Solange durch die Lampe Strom fließt, zieht die Spule des Automaten den Anker hoch. Verlischt der Lampenstrom, so schließt der Anker die beiden Kontakte und die Saalbeleuchtung ist eingeschaltet. Außderdem muß es möglich sein, die Saalbeleuchtung, unabhängig vom Automaten, an mehreren Stellen durch die Schalter S_1 und S_2 zu betätigen.

Freileitungen.

Die Transformatorenstationen. Leitungsmaterial. Durchhang und Seilzug. Masten. Isolatorenträger. Abzweigklemmen. Einführungsköpfe. Ortsbeleuchtung. Bemerkung über Hochspannungszentralen und Leitungen.

Wir besprechen nur jene Freileitungen, die von der Transformatorenstation ausgehen, um die Anschlüsse mit elektrischer Energie zu versorgen.

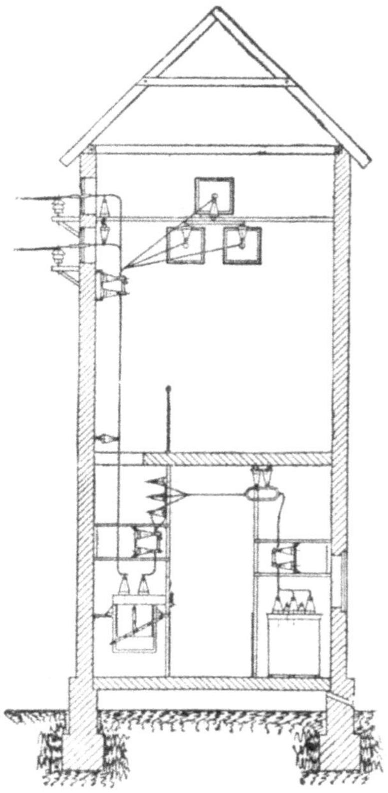

Fig. 167.

Die Transformatorenstation bildet die elektrische Zentrale des Ortes. Fig. 167 zeigt eine solche Transformatorenstation nach Voigt und Haeffner.

Die Hochspannungsleitung ist durch das Häuschen geführt. Durch einen im oberen Stockwerk befindlichen Trennschalter geht die Hochspannungsleitung zu dem darunter befindlichen Ölschalter und von dort zu den Sammelschienen. An diese ist unter Zwischenführung von Drosselspulen und Trennschaltern der Transformator angeschlossen. Die im unteren Stockwerke befindlichen Schaltzellen sind auf den mittleren Seiten eines Ganges, von dem aus alle Betätigungen ausgeführt werden können, untergebracht.

Trennschalter werden verwendet, um die Station in einzelnen Teilen oder ganz von der Hochspannung abtrennen zu können. Die Trennschalter gehören also nicht dazu, einen Stromkreis zu unterbrechen. Das besorgt der Hauptschalter. Der Trennschalter wird erst betätigt, wenn zwecks Untersuchung der Anlage vorerst der Hauptschalter den Stromkreis unterbrochen hat. Fig. 168 zeigt einen einpoligen Trennschalter.

Der Hauptschalter der Transformatorenstation ist ein Ölschalter Fig. 169 zeigt einen solchen.

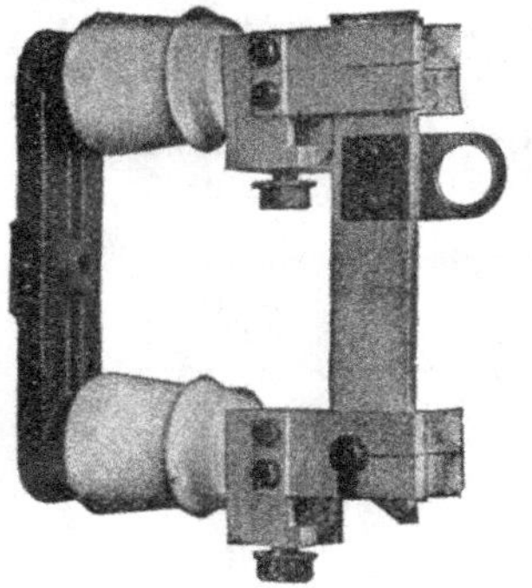

Fig. 168.

Fig. 169.

Die Anschlußkontakte sind am Boden des Kessels angebracht. — Man kann zum Auswechseln der Schmelzeinsätze den Kasten nur öffnen, wenn der Schalter ausgeschaltet ist. Auch das Zuklappen des Deckels kann nur bei geöffnetem Schalter geschehen.

Drosselspulen dienen zum Überspannungsschutz. Jede Überspannung rührt von einem elektrischen Ausgleich hoher Frequenz her. Für hohe Frequenzen ist eine Kupferspirale mit etlichen Windungen eine Drosselspule. Die erzeugte elektromotorische Gegenkraft

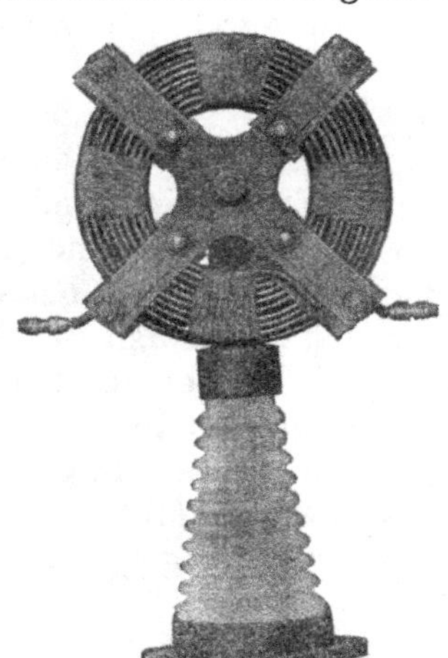

Fig. 170.

Fig. 171.

läßt den Hochfrequenzstrom nicht durch, während der Betriebsstrom durch diese Spule fließen kann. Damit der Hochfrequenzstrom eine

Ableitung findet, wird man vor der Drosselspule eine Funkenstrecke mit Silitwiderstand zur Erde führen. Fig. 170 zeigt eine Drosselspule für 20 000 Volt Spannung und höchstens 60 Ampere, Fig. 171 eine Drosselspule für 35 000 Volt.

Die Drosselspule hat sich im Verein mit dem Hörnerblitzableiter auch für die höchsten Spannungen bewährt.

Man bemißt heute die Isolation der Maschinen und Transformatoren so stark, daß die Erscheinungen der Überspannung unschädlich werden und so der Überspannungsschutz wesentlich vereinfacht wurde.

Als Leitungsmaterial für Freileitungen kommt Kupfer, Aluminium, Bronze und Monnotmetall in Betracht.

	Kupfer	Aluminium	Bronze	Monnotmetall
Spezifisches Gewicht . . .	8,93	2,7	8,92	8,3
Bruchfestigkeit kg/mm^2 .	40	18	70	90
Zulässige Beanspruchung in kg/mm^2.	12 16	7	25	45
Spezifische Leitfähigkeit .	57	34,8	35,3	21

Die kleinsten Querschnitte für Kupferleiter sind 10 mm^2 und 16 mm^2. Diese Leiter werden als volle Drähte hergestellt und dürfen nur mit 12 kg/mm^2 beansprucht werden. — Größere Querschnitte werden nur verseilt hergestellt.

Wenn eine Leitung gespannt wird, so hängt sie durch. Je größer man den Durchhang wählt, desto geringer ist der Zug im Seil. Ist somit die Spannweite gegeben, ferner der erlaubte Zug im Seil, so gehört dazu ein ganz bestimmter Durchhang. — Nun ist aber der Durchhang sehr wichtig. Der tiefste Punkt vom Seil muß bis zur Erde einen Mindestabstand von 6 m haben. — Durchhang ist der lotrechte Abstand des tiefsten Punktes von der wagrechten Verbindungslinie der beiden Bunde. Die Spannweite ist die wagrechte Entfernung der beiden Bunde. Die Spannung, das ist der Zug für einen Quadratmillimeter des Querschnittes, ist an den Bunden am größten und am tiefsten Punkte am kleinsten. In der Praxis spielt dieser Unterschied keine Rolle. Je größer die Spannweite und je kleiner der Durchhang, desto größer ist die Spannung. Nennen wir die Spannweite a, den Durchhang f, so tritt die Spannung

$$s = \frac{a^2 \cdot g}{8 \cdot f}$$

ein, wenn g das Gewicht der Leitung in Kilo für die Längeneinheit und 1 mm^2 Querschnitt bedeutet.

Ist also beispielsweise a bei einer Leitung 100 m, der Querschnitt der Kupferleitung 35 mm², das Gewicht 0,0089 kg/m, mm², soll ferner die Höchstspannung im Kupfer 6,5 kg/mm² nicht überschreiten, so ist der sich selbsttätig einstellende Durchhang

$$f = \frac{a^2 \cdot g}{8 \cdot s} = \frac{100^2 \cdot 0{,}0089}{8 \cdot 6{,}5} = 1{,}71 \text{ m}.$$

Dieser Durchhang muß nun eingestellt werden. Dies wird bei einer bestimmten Leitungslänge der Fall sein. Diese Länge

$$L = a + \frac{8 f^2}{3 a}$$

$$L = 100 + \frac{8 \cdot 1{,}71^2}{3 \cdot 100} =$$

$$L = 100 + 0{,}11 = 100{,}11 \text{ m}.$$

Bei Montage wird nun der gesamte Seilzug, das wäre in unserem Beispiel

$$35 \cdot 6{,}5 \Rightarrow 224 \text{ kg}$$

an einer Federwage gemessen.

Bei ungleicher Höhe der Stützpumkte tritt am höheren Stützpunkt auch die höhere Spannung ein. Nehmen wir nun an, daß bei Verlegung der berechneten Leitung eine Außentemperatur von + 20° C herrschte. Wie wird nun die Spannung und der Durchhang an einem Wintertage werden, und zwar bei — 20° C? Das Seil wird sich in der Kälte zusammenziehen, es wird kürzer werden. Dadurch wird der Durchhang kleiner, die Spannung des Seils größer. An einem Wintertage mit Rauhreif (der bei etwa — 5° C auftritt) kommt noch die Zusatzlast durch den Rauhreif hinzu. Auch dann wird die Spannung des Seils größer werden. Die Normalien des Vereins deutscher Ingenieure geben für verschiedene Querschnitte eines Leitungsmaterials die Durchhänge und Spannungen in Kilogramm an.

Bei großen Spannweiten spielen diese Faktoren eine gewichtige Rolle. Bei Besprechung der Hochspannungsleitungen kommen wir noch darauf zurück.

Die Tragkonstruktionen haben den Zug, das Gewicht Wind- und Eislast aufzunehmen. Am meisten beansprucht werden die End- und Abspannmaste, wie die Eckmaste, am wenigsten beansprucht werden die Mittelmaste im geraden Leitungszug. Da der Zug nicht in der Achse des Mastes, sondern in einem bestimmten Abstande von der Achse wirkt, können die Maste auch auf Drehung beansprucht werden.

In ländlichen Orten kommen zumeist Holzmaste, seltener eiserne Rohrmaste zur Aufstellung. Längs der Häuserfronten wird man Wandständer und schmiedeeiserne Isolatorenständer verwenden.

Die Holzmaste müssen mindestens 13 cm Zopfstärke aufweisen. Bei A-förmigen Masten und gekuppelten Masten genügen 12 cm Zopfstärke. Der Zopf wird meist kegelförmig zugeschnitten und erhält einen Teeranstrich. Die Holzmasten werden mit Kupfervitriol oder mit Quecksilberchlorid getränkt, um sie widerstandsfähiger zu machen. Oder man bohrt sie neuerdings radial an und spritzt in die feinen Bohrlöcher unter Druck die betreffende Lösung ein.

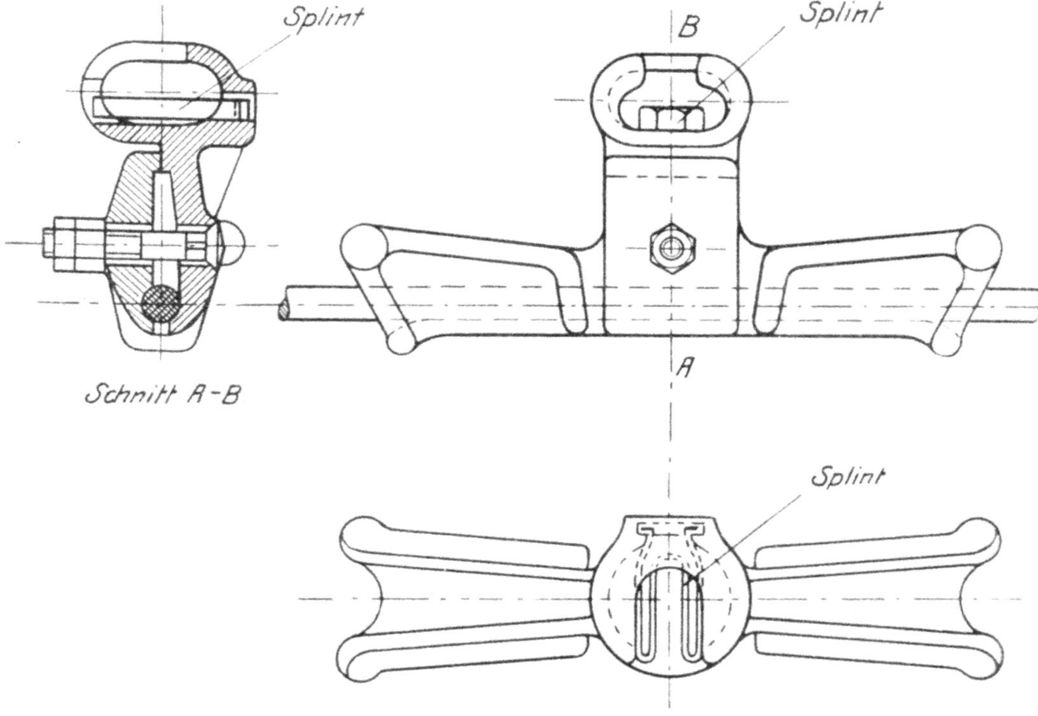

Fig. 172 a, b, c.

Die wunde Stelle des Holzmastes ist der Übergang aus der Erde in die Luft. Da setzt die Fäulnis ein. Man verwendet eiserne Klemmschuhe, deren eiserne Träger einbetoniert werden. Der Klemmschuh umfaßt den Mast, der den Boden nicht berührt.

In die Holzmaste werden nun entweder die Hakenstütze, mit Holzgewinde versehen, in den Holzmast geschraubt, oder er erhält eiserne Traversen.

Um von den Freileitungen abzuzweigen, verwendet man Klemmen (s. Fig. 172 a, b, c).

Zu Dachständern verwendet man schmiedeeiserne Röhren von 76 mm Durchmesser und 5 mm Wandstärke. Der Dachdurchbruch wird wasserdicht mit ein oder zwei Eisenblechmanschetten hergestellt. Das Dachständerrohr wird am Dachgebälk unter Benutzung von Querriegeln, Bandeisen, Schellen und Muttern befestigt. Die Isolatorstützen werden mit Schellen am Rohr befestigt.

Die Masten und Ständer haben neben den Netzleitungen noch die Leitungen für die Straßenbeleuchtung aufzunehmen, wenn die Lampen in halbnächtige und ganznächtige Lampen unterteilt sind und von einer Zentralstelle aus gleichzeitig bedient werden sollen. Verzichtet man auf das letztere und schaltet die Lampen einzeln, so wird die Anlage am einfachsten und erfordert nur eine Abzweigung am Mast selbst.

Die vielseitige Verwendung der elektrischen Energie machte diese zum Hauptträger der Energiewirtschaft überhaupt. Heute stehen wir im Zeitalter der elektrischen Großwirtschaft. Ganze Ländergebiete werden von einer kleinen Anzahl von Großkraftwerken mit elektrischer Energie versorgt. Diese Werke arbeiten auf die Höchstspannungsleitungen parallel.

Die Großkraftwerke können Dampf- oder Wasserkraftzentralen sein.

Die Dampfzentralen arbeiten nur mit Dampfturbinen, die mit den Generatoren direkt gekuppelt sind. Die Dampfturbinen arbeiten um so wirtschaftlicher, je höher deren Drehzahl ist. Die Dynamobauer haben nun dieser Tatsache Rechnung tragend, die schnellaufenden Großgeneratoren dementsprechend ausgebildet, so daß heute Aggregate mit 25 000 kVA mit einer Drehzahl von 3000 gebaut werden können. Das größte Aggregat hat aber 60 000 kVA bei 1000 U/min.

Ebenso schnell haben sich die Großwasserkraftzentralen entwickelt. Es werden zwei Turbinenarten verwendet. Die Freistrahlturbinen (Becherräder) und die Francisturbinen. Beide Turbinenarten baben eine ganz hervorragende Regelfähigkeit und hohe spezifische Drehzahlen.[1]) Mit solchen Turbinen hat man in einer Stufe Gefälle bis 1650 m ausgenutzt und die Einzelleistungen bewegen sich zwischen 6000 bis 25 000 PS, obzwar in Amerika Einheiten mit 52 000 und 70 000 PS tätig sind.

Zur Übertragung solcher großer Leistungen gehören auch wesentlich höhere Spannungen, als man sonst gewöhnt war. Galt vor zehn Jahren 100 000 Volt (100 kV) noch als höchste Übertragungsspannung, so ist man heute schon bei 220 kV angelangt, und die nächste Zukunft läßt noch höhere Übertragungsspannungen erwarten. Dazu sei bemerkt, daß zu jedem Werte einer Spannung eine bestimmte Stromstärke, also

[1]) Ist beispielsweise die spezifische Drehzahl 600, so heißt das, daß man bei 1 m Gefälle eine Leistung von einer Pferdestärke mit einer Drehzahl von 600 U/min entwickeln kann.

auch eine bestimmte übertragene Leistung gehört, bei der die Leitung am günstigsten arbeitet. Diese günstigste Leistung ist ungefähr durch folgende Faustformel bestimmt:

$$N = 2 \cdot 5\, E^2,$$

wenn N die Leistung in Kilowattampere und E die Übertragungsspannung in Kilovolt bedeutet. So ergäbe sich beispielsweise für 220 kV eine Leistung von 122 000 kVA. — Mit einer Spannung von 220 kV wird man eine Übertragungslänge von etwa 400 km bewältigen können.

Es ist klar, daß dadurch dem Elektrotechniker eine Reihe neuer Aufgaben gestellt wurden und noch gestellt werden. Diese Aufgaben betreffen den Dynamo-, Transformatoren- und Schalterbau, den Leitungsbau und der Konstruktion der Isolatoren, wie auch den Schutz der Zentralen und Leitungen gegen die Überspannungen.

Der Isolator ist der wichtigste Bestandteil einer Hochspannungsanlage. Die Deltaglocken kommen für so hohe Spannungen nicht mehr in Betracht. Hier werden nur Hängeisolatoren verwendet (Fig. 173), die zu Ketten bis zu 7 solcher Isolatoren vereinigt werden (Fig. 174). Die neueste und beste Form ist der Kugelisolator. Der Kopf ist kugelförmig ausgebildet und im Hohlraum des Kopfes eine Porzellankugel eingelagert. Die Mutter ist in Form eines Kugelabschnittes ausgebildet und wird vollkommen mit Pappe umkleidet. Ebenso wird der Stützenschaft, soweit er in den Isolator hineinragt, mit Pappe umkleidet. Um eine gleichmäßige Übertragung der Belastung von der Kugel auf den äußeren Teil zu erreichen, wird der Zwischenraum zwischen Porzellankugel und Kopf mit einem elastischen Bindemittel ausgegossen. Die Bruchfestigkeit des Isolators liegt zwischen 5000 bis 6000 kg, wobei meist die eiserne Stütze entzweireißt. Die Kette erhält, wenn nötig, oben und unten einen eisernen Schutzring, der den Lichtbogen vom Isolator ablenkt.

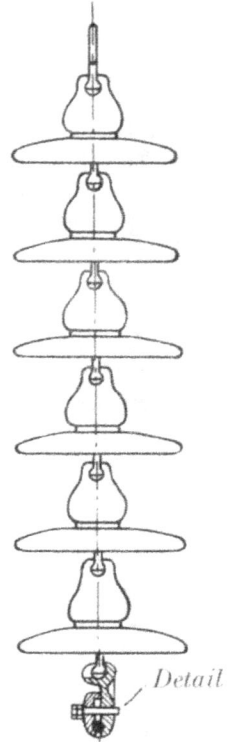

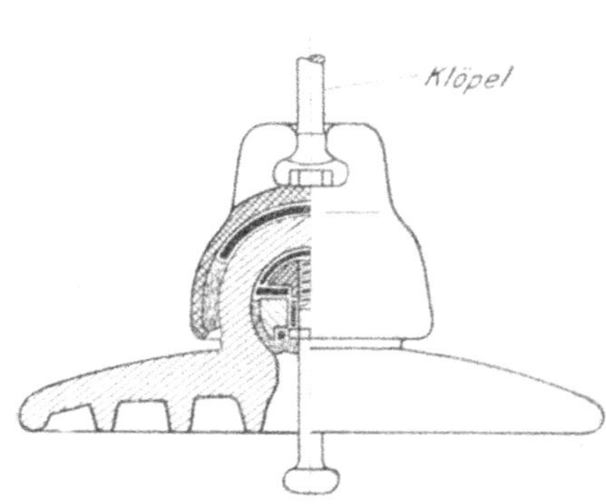

Fig. 173.

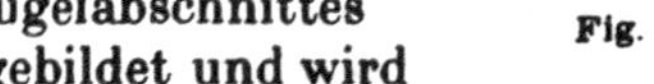

Fig. 174.

Die Spannweiten sind bei Höchstspannungsleitungen bedeutend größer. Zu besonders großen Spannweiten kommt man bei Überspannen von Strömen und Tälern. Im gebirgigen Gelände, wo durch die ungleiche Höhe der Aufhängspunkte und die sich ergebenden großen Unterschiede in den benachbarten Spannweiten statt Hängeketten Abspannketten verwendet werden müssen, machen die Leitungslegung schwierig und teuer. Hier müssen auch für jeden einzelnen Fall besondere Berechnungen angestellt werden. — Der Durchhang und die Spannung erhalten hier höhere Bedeutung. Diese sind nun nicht nur vom Eigengewicht, dem Winddruck und der Eislast, sondern auch von der Temperatur abhängig. Erhöht sich die Temperatur, so dehnt sich die Leitung aus, der Durchhang wird größer und die Spannung geringer. Indessen muß man bedenken, daß das elastisch gespannte Seil bei Abnahme der Spannung sich wieder verkürzen will. Wärmeausdehnung und Elastizität wirken also im entgegengesetzten Sinn.

Die Normalien schreiben vor, daß man bei Berechnung von Leitungen eine Zusatzlast einsetzen soll, die für 1 m Länge $180\sqrt{d}$ g beträgt, wo der Durchmesser d der Leitung in Millimetern einzusetzen ist.

Nach den Vorschriften des Verbandes deutscher Elektrotechniker muß der Berechnung eine Temperatur von — 20° C zugrunde gelegt werden. Da aber der Rauhreif bei einer Temperatur von etwa — 5° C eintritt, so soll die Berechnung auch für — 5° C bei Zusatzlast durchgeführt werden. Es gibt nun eine gewisse Spannweite, bei der beide Rechnungen dieselbe Spannung ergeben. Man nennt diese Spannweite die kritische. Diese kritischen Spannweiten sind folgender Tabelle zu entnehmen:

	35	50	70	95	120	150	185	240	mm²-Seil
Kupfer									
16 kg/mm² . .	56 m	70 m	84 m	95 m	105 m	116 m	133 m	147 m	
12 kg/mm² . .	42 „	53 „	63 „	71 „	78 „	88 „	100 „	119 „	
Aluminium									
7 kg/mm² . .	32 „	48 „	59 „	68 „	77 „	88 „	106 „	116 „	

Bei einer Spannung von 16 kg/mm² und bei einem Leitungsquerschnitt von 120 mm² ist die kritische Spannweite nach Tabelle 105 m. Ist die auszuführende Spannweite kleiner als 105 m, so wird die höchste Spannung bei — 20° C auftreten, bei Spannweiten über 105 m wird man der Berechnung — 5° C und Zusatzlast zugrunde legen. Bei Höchstspannungsleitungen wird man Aluminium-Stahlleitungen gewöhnlichen Aluminiumleitungen vorziehen, besonders aber dann, wenn die Querschnitte nicht zu groß sind. Bei solchem Leitungsdraht ist ein Aluminiummantel um eine Stahlseele gepreßt. Der Gesamtzug verteilt sich auf Stahlseele und Mantel dem Elastizitätsmodul entsprechend.

Die großen Spannweiten und die Hängeketten bedingen besondere Mastkonstruktionen. — Auf gerader Strecke und bei gleichen Spannweiten werden die Tragmaste am wenigsten beansprucht. Reißt aber in einem Felde die Leitung, so werden die beiden angrenzenden Maste auf Biegung beansprucht, da der Zug am Kopf leicht 500 bis 600 kg ausmachen kann. Sind nun die Maste in der Leitungsrichtung elastisch, so geben sie dem Leitungszug nach. An dieser Durchbiegung nehmen auch die Nachbarmaste teil. Je weiter die Maste von dem Felde entfernt sind, desto geringer werden deren Durchbiegungen, bis sie ganz verschwinden. Bei langen Querarmen werden die Maste auch stark auf Verdrehung beansprucht.

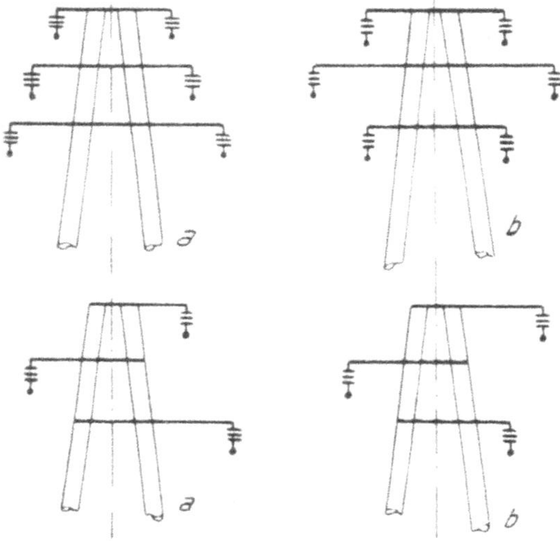

Fig. 175 a, b, c, d.

Am meisten sind für Trag- und Abspannmaste Fachwerkkonstruktionen gebräuchlich. Das Mastkopfbild ergibt sich aus der Anzahl der zu verlegenden Leitungen, aus der Länge der Isolatorketten. Die Anordnung hat so zu erfolgen, daß sich die Leitungen beim Pendeln nicht auf Überschlagsentfernung nähern (für je 1000 Volt 1 cm Überschlagsentfernung) und daß auch bei seitlichen Winddrücken und dementsprechenden Ausschwingen der Ketten kein Überschlag nach Arm und Mast stattfinden kann. Das Ausschwingen kann bis zu 60° erfolgen. Bei übereinanderliegenden Strängen wird der Arm lang gemacht, um zu verhindern, daß bei Abwerfen der Eislast die emporschnellende untere Leitung mit der oberen zusammenschlägt. Bei großen Spannweiten kann diese Schnellung 4 m erreichen. Daraus ergibt sich bei 2 × Dreiphasenleitungen die Tannenbaumform des Mastkopfbildes (Fig. 175 a, b, c, d).

Bei einfacher Leitung 1 × Dreiphasen verlängert man den oberen oder den unteren Arm.

Bei *a* sind die Drehmomente geringer, bei *b* wird die Montage leichter. Den mindesten Abstand *a* zweier Leitungsstränge bestimmt man nach folgenden Formeln:

$$a = 0{,}75 \sqrt{f} + \frac{E^2}{20\,000}$$

für Kupferleitungen und

$$a = \sqrt{f} + \frac{E^2}{20000} \text{ m}$$

für Aluminiumleitungen. E ist die verkettete Spannung in Volt, f der Durchhang in Meter.

Zur Fundierung der Maste haben sich die Schwellenfundamente bewährt, doch bedient man sich auch oft der Betonblockfundamente.

Neben der Fachwerkkonstruktion kommt der Eisenbetonmast in Betracht. (Fig. 176 a, b.) Er besitzt meist doppel-T-förmigen Querschnitt. Er kann entweder an Ort und Stelle hergestellt werden, oder er wird besser in der Fabrik gemacht und versendet.

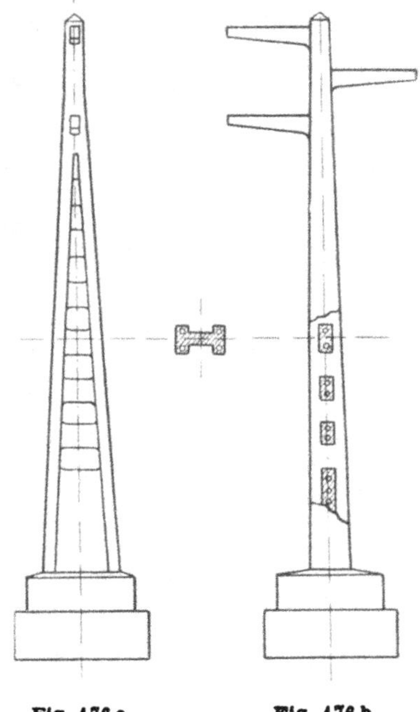

Fig. 176 a. Fig. 176 b.

Hochspannungsmaste müssen geerdet werden. Der geringste Kupferquerschnitt für die Erdleitung beträgt 25 mm².

Freileitungen nehmen aus dem elektrischen Felde der Erde statische Ladungen auf, die unbedingt abgeführt werden müssen. Bei dreiphasigen Leitungen erdet man den Nullpunkt mit Erddrosseln oder durch Erdschlußlöscher, seltener über hochohmige Widerstände.

Blitzschläge in der Leitung werden, wie bereits erwähnt, durch Hörnerableiter unschädlich gemacht.

Man hat Blitzschläge durch ein oben am Mast geführtes, geerdetes Schutzseil, oder besser durch drei Schutzseile, die die Leitung käfigartig umhüllen, unschädlich gemacht. In der Praxis beschränkt man sich der Kosten wegen auf die erstere Art, manche Großfirmen halten das Erdseil gerade bei Höchstspannungen überflüssig.

Die großen übertragenen Leistungen machen auch den Überstromschutz nötig, da durch Überströme Überspannungen entstehen können. Man hat Einrichtungen geschaffen, die die Fehlerstelle eingrenzt und zur Abtrennung bringt.

Schlußbemerkung.

Das Studium der Vorschriften für die Errichtung und dem Betrieb elektrischer Starkstromanlagen, der Leitsätze, Normen und Normalien ist für den Praktiker unerläßlich. — Die Durchsicht der Preislisten, der technischen Mitteilungen und der Prospekte der elektrotechnischen Firmen vermittelt das Bekanntwerden mit allen Neuheiten auf dem Markte elektrischer Maschinen und elektrischer Bedarfsartikel.

www.ingramcontent.com/pod-product-compliance
Lightning Source LLC
Chambersburg PA
CBHW081542190326
41458CB00015B/5622

* 9 7 8 3 4 8 6 7 5 0 9 0 4 *